西安交通大学 本科"十四五"规划教材

# STM32CubeMX基础教程

主编 金印彬 刘宁艳
参编 王建校

U0282326

西安交通大学出版社
XI'AN JIAOTONG UNIVERSITY PRESS

# 内 容 简 介

本书从快速掌握 STM32 单片机的角度出发,借助 STM32CubeMX 平台快速建立基于 STM32 单片机的程序框架。采用精讲多练的模式,建立理论与实践之间的桥梁。利用实例介绍 STM32 单片机的基础知识和资源。旨在帮助读者面向开发,尽快地步入应用境界。主要思路是"图形化建立程序框架、例程引导、快速掌握。"通过例程深入理解 STM32 的内部结构,建立硬件结构与参数配置之间的联系。大量的设计实例有助于读者掌握 STM32 单片机的硬件框架、设计思路和开发流程。本书可作为高等院校学生的必修或选修教材,也可作为课程设计、毕业设计及电子竞赛的参考资料。本书可以帮助微控制器的初学者快速掌握 STM32 单片机,也可以帮助从事单片机应用开发的科技人员快速转向 STM32 单片机,使用 STM32 单片机搭建自己的开发平台。

**图书在版编目(CIP)数据**

STM32CubeMX 基础教程/金印彬,刘宁艳主编.—西安:
西安交通大学出版社,2024.4
ISBN 978 - 7 - 5693 - 1994 - 1

Ⅰ.①S… Ⅱ.①金…②刘… Ⅲ.①微控制器—教材
Ⅳ.①TP332.3

中国版本图书馆 CIP 数据核字(2021)第 026545 号

| | |
|---|---|
| 书　　名 | STM32CubeMX 基础教程 |
| | STM32CubeMX JICHU JIAOCHENG |
| 主　　编 | 金印彬　刘宁艳 |
| 责任编辑 | 李　佳 |
| 责任校对 | 毛帆 |

出版发行　西安交通大学出版社
　　　　　(西安市兴庆南路 1 号　邮政编码 710048)
网　　址　http://www.xjtupress.com
电　　话　(029)82668357　82667874(市场营销中心)
　　　　　(029)82668315(总编办)
传　　真　(029)82668280
印　　刷　西安日报社印务中心

开　　本　787mm×1092mm　1/16　　印张 18.75　　字数 472 千字
版次印次　2024 年 4 月第 1 版　2024 年 4 月第 1 次印刷
书　　号　ISBN 978 - 7 - 5693 - 1994 - 1
定　　价　54.80 元

如发现印装质量问题,请与本社市场营销中心联系。
订购热线:(029)82665248　(029)82667874
投稿热线:(029)82668818
QQ:19773706
电子信箱:19773706@qq.com

# 前　言

从只有 5 个中断源的 8 位 51 单片机,到现在的有众多中断源的 32 位 ARM 单片机,单片机的快速发展给电子系统设计者带来了多种选择,也给电子系统设计中的微处理器选型带来了一些困惑。对于一些初学者来说,更是不知如何入手。51 单片机结构简单,只需要掌握 5 个特殊功能寄存器(TMOD、TCON、IP、IE、SCON)的使用,就可以用好 51 单片机了。但是 51 单片机资源有限,面对复杂的测量、控制系统就会显得捉襟见肘。

众多的 16 位和 32 位微控制器有着比 51 单片机丰富的内部和接口资源,但其结构都比 51 单片机复杂很多,动辄上百个特殊功能寄存器,复杂的时钟系统就够初学者头痛一阵子。虽然现在的单片机都可以用 C 语言进行程序设计,但是初学者往往需要经过一个漫长而痛苦的摸索阶段。尽管一些常用的单片机都有比较丰富的用户资料和例程,但使用者必须熟悉各个资源背后的控制机理后才能灵活方便地使用它。

有这样一款单片机,我们不需要太多地了解其资源的控制机理,仅通过简单配置就可以使用它,这款单片机就是意法半导体公司(ST)的 STM32 系列单片机。它通过 STM32CubeMX 给用户提供了图形化的开发环境,用户只需要经过简单地配置,STM32CubeMX 就可以生成程序框架,用户只需要在规定的地方添加自己的程序就可以了。这样就大大地简化了一个电子系统应用程序的开发过程,使开发者能够把主要精力放在所设计电子系统要解决的问题上,而不是该怎么用单片机的某个资源。STM32CubeMX 很容易实现不同型号 STM32 单片机之间的程序迁移,为产品的更新换代提供了方便。

未来 MCU 有三个主要发展方向:一是更高的性能;二是更强的通信功能,因为未来所有的设备都会联网,而且联网的同时还需要处理数据;三是安全性。我们已经进入物联网(IoT: Internet of Things)时代,IoT 不仅需要低成本、低功耗的 MCU 做节点,还需要 MCU 做网关,做实时控制处理。因为 IoT 是生态系统,包括应用端、处理端、云端、再回到最终的控制端,都离不开 MCU。STM32 单片机采用 ARM Cortex 内核,其低功耗、低成本、高性能,以及完整的生态链,使其成为单片机家族中的佼佼者,并在物联网领域崭露头角,深受广大科技工作者的青睐。在 STM32 发展的这些年间,已经有 11 个系列产品量产,2018 年 STM32 家族有了第 12 个系列——STM32WB,W 代表无线,B 代表蓝牙。STM32WB 有 2 个 CPU,2 个调制解调器和射频收发器,能够覆盖更多的应用,特别是无线的应用,大家可以基于不同的应用选择不同的产品或者解决方案。

如今,随着人工智能(AI)的发展,ST 公司想通过一些简单的工具来实现 STM32 上的人工智能。2018 年,ST 推出了 STM32Cube.AI 工具,该工具可帮助工程师将运行在其他平台上的 AI 算法转换成可以在 STM32 MCU 上运行的算法。可以运行的人工智能算法包括图像分类、语音识别等。

STM32 单片机有两种开发方式:第一种是基于寄存器的开发方式,这种开发方式要求开发者必须对单片机的控制寄存器了如指掌,STM32 有数百个控制寄存器,要达到这一步需要克服许多困难。虽然这样写出的程序执行效率高,但可移植性差,难以维护。第二种是基于库函数的开发方式,意法半导体推出了官方固件库,固件库将这些控制寄存器的底层操作都封装成 API 函数,提供了一整套接口(API)供开发者调用,大多数情况下,开发者不需要知道要操作哪个寄存器,只需要知道调用哪个函数即可。

目前 ST 公司已经停止了对老的标准库函数(StdLib 库)的更新和支持,主推的是 HAL(Hardware Abstraction Layer)库函数和 LL(Low-Layer)库函数。LL 库函数可以访问到寄存器,采用 LL 库函数生成的代码只有 HAL 库函数生成代码体积的 1/3,其代码执行效率较高。对于初学者先从 HAL 库学起比较好,当遇到确实要减小生成代码的量时,再去了解 LL库函数。

编者认为,学习单片机应该首先学习最基本的功能,掌握面向问题、面向功能、面向应用的学习方法。对于初学者来说,有些理论细节没有必要去深究,只要搞清楚如何配置来实现功能以及配置与资源结构和控制流程之间的关系即可。我们的目的是使用单片机解决一些具体问题,不能等到把所有问题都搞清楚之后才开始使用单片机。

本书从快速掌握 STM32 单片机角度出发,借助 STM32CubeMX 平台快速建立基于STM32 单片机的程序框架,采用精讲多练,建立理论与实践之间的桥梁,利用实例介绍STM32 单片机的基础知识和资源,旨在帮助读者面向开发,尽快掌握并应用。主要思路是"图形化建立程序框架、例程引导、快速掌握。"通过例程深入理解 STM32 的内部结构,建立硬件结构与参数配置之间的联系,用程序实例来帮助理解,通过大量的设计实例来掌握 STM32 单片机的硬件框架、设计思路和开发流程,帮助读者快速搭建自己的开发平台。

对于初学者,建议先不求甚解、跟着练,要能够举一反三,勤学多练才能做实验不看书。书中针对重点、难点问题,尽量不从原理上多讲,原理上做到点到为止,更多的是用程序实例来说话,引导读者通过实验现象来理解其中的控制原理。对于一些无法深究的控制原理,读者只要通过实验知道这样做可以得到自己想要的结果就行,回避了学习该单片机的难点,使读者用最少的时间获得最好的学习效果。学习本没有捷径,但是具备良好的学习方法和与之相应的参考书,就能达到事半功倍的效果。

书中对所介绍的内容,均以具体程序(在 STM32F107 单片机上调试通过)加以证明和体现。许多读者会遇到这样的问题,虽然实现了单个模块的功能,但在将多个功能模块组合成一个系统时却不知所措。为此书中给出了一些包含多个功能模块的复杂系统的实例,尽量使读者对学习该款单片机有一种轻松的感觉,不再产生望而却步的心理。

本书以大量的实例作为学习的参考,避开了逐一枯燥的介绍,尤其针对应用越来越广泛的A/D、D/A、UART、SPI 等常用外设及通信接口,书中举例较为详细,这对于工程应用方面的读者来说,很值得学习。

感谢沈瑶、王超、高昕悦等老师对本书的校审。由于编者水平有限,书中难免有疏漏,恳请读者批评指正。

编者

# 目 录

**第1章 ARM 及 STM32 单片机概述** ·································································· (1)

1.1 ARM 概述 ·································································································· (1)

1.2 STM32 及 STM32F107 概述 ········································································ (3)

1.3 STM32CubeMx 和 HAL 固件库简介 ···························································· (8)

1.4 STM32 开发平台、开发方式、仿真器 ···························································· (11)

1.5 STM32F107 的结构 ·················································································· (16)

1.6 STM32 的存储器 ······················································································ (17)

1.7 STM32 时钟系统结构 ················································································ (18)

1.8 启动配置 ································································································· (20)

1.9 电源管理 ································································································· (21)

1.10 上电复位和掉电复位 ·············································································· (21)

1.11 低功耗模式 ··························································································· (22)

1.12 STM32F107 最小系统 ············································································ (23)

1.13 如何快速掌握 STM32CubeMX ·································································· (25)

学习与练习 ···································································································· (25)


**第2章 STM32F107VCT6 实验板介绍** ··························································· (27)

2.1 STM32F107VCT6 实验板资源简介 ······························································ (28)

2.2 硬件配置说明 ·························································································· (28)

2.3 开发板元器件位置图和开发板原理图 ···························································· (40)


**第3章 STM32CubeMX 开发环境安装** ························································ (41)

3.1 下载并安装最新版的 MDK-ARM 软件和器件支持包 ········································ (41)

3.2 下载并安装最新版的 STM32CubeMX ·························································· (42)

3.3 拷贝并解压 en. stm32cubef1. zip ································································ (43)

3.4 安装 STM32_Jlink_V9 ·············································································· (43)


**第4章 STM32CubeMX 入门** ···································································· (44)

4.1 LED 闪烁工程 ·························································································· (44)

4.2 如何修改工程 ·························································································· (58)

4.3 如何打开旧版本的 STM32CubeMX 工程 ······················································ (59)

学习与练习 ···································································································· (60)

**第 5 章　读写 GPIO 口** ……………………………………………………… (61)

5.1　通用输入输出端口结构 …………………………………………………… (61)

5.2　GPIO 的 8 种工作模式 …………………………………………………… (62)

5.3　GPIO 口相关的寄存器 ……………………………………………………… (63)

5.4　GPIO 口配置 ……………………………………………………………… (64)

5.5　通过 HAL 库函数读写 GPIO 口 ………………………………………… (65)

5.6　采用端口寄存器读写 GPIO 口 …………………………………………… (67)

5.7　跑马灯 ……………………………………………………………………… (69)

学习与练习 ………………………………………………………………………… (71)

**第 6 章　串口通信** ……………………………………………………………… (72)

6.1　串行通信基本概念与串口工作原理 ……………………………………… (72)

6.2　用 USART1 实现 printf 功能 …………………………………………… (76)

6.3　用 USART1 实现轮询发送、中断接收 …………………………………… (78)

6.4　用 USART1 实现任意长度数据的接收和发送 …………………………… (81)

6.5　用 USART1 实现串口的 DMA 发送和接收 ……………………………… (83)

6.6　观察 USART1 的 DMA 发送 …………………………………………… (86)

学习与练习 ………………………………………………………………………… (89)

**第 7 章　NVIC 与外部中断** ………………………………………………… (90)

7.1　STM32 的中断控制 ………………………………………………………… (90)

7.2　STM32 外部中断 …………………………………………………………… (96)

7.3　单按键中断实验 …………………………………………………………… (100)

7.4　按键去抖动实验 …………………………………………………………… (104)

7.5　四按键两组中断线实验 …………………………………………………… (107)

7.6　四按键四组中断线实验 …………………………………………………… (111)

7.7　中断优先级演示实验 ……………………………………………………… (114)

学习与练习 ………………………………………………………………………… (117)

**第 8 章　定时器** ……………………………………………………………… (119)

8.1　定时器功能简介 …………………………………………………………… (119)

8.2　定时器的结构与工作分析 ………………………………………………… (120)

8.3　定时器中断实验(TIM7) ………………………………………………… (125)

8.4　通用定时器计数方式实验(TIM2) ……………………………………… (129)

8.5　两定时器中断实验(TIM7+TIM2) ……………………………………… (131)

8.6　PWM 实验(TIM5) ………………………………………………………… (135)

8.7　呼吸灯实验(TIM2_PWM)(通过 CCR1 调整脉冲宽度) ……………… (138)

8.8　呼吸灯实验(TIM2_PWM)(通过用户函数调整脉冲宽度) …………… (140)

8.9　呼吸灯实验(TIM2_PWM)(通过宏定义调整脉冲宽度) ……………… (143)

8.10 四通道 PWM 波(脉宽固定)·····················(144)

8.11 四通道 PWM(占空比变化)·····················(146)

8.12 输入捕获实验·····························(148)

学习与练习·······························(158)

**第 9 章 模数转换**··························(159)

9.1 模数转换器结构与原理·······················(159)

9.2 模数转换轮询方式测温·······················(161)

9.3 模数转换轮询方式多通道采集····················(163)

9.4 模数转换中断方式·························(168)

9.5 模数转换 DMA 方式·······················(169)

9.6 使用定时器触发 ADC 转换(DMA_TIM3_Trig)············(172)

学习与练习·······························(180)

**第 10 章 数模转换**·························(181)

10.1 STM32 的数模转换器······················(181)

10.2 数模转换产生 1Hz 方波·····················(183)

10.3 数模转换产生正弦波·······················(184)

10.4 定时中断控制数模转换(TIM6)··················(186)

10.5 数模转换 DMA+定时触发方式···················(188)

学习与练习·······························(193)

**第 11 章 I2C 接口**·························(194)

11.1 I2C 总线简介··························(194)

11.2 I2C 总线的数据传输·······················(195)

11.3 I2C 总线寻址·························(197)

11.4 STM32 的 I2C 总线原理图····················(198)

11.5 CAT24WC02 简介·······················(199)

11.6 CAT24WC02 读写操作·····················(199)

学习与练习·······························(204)

**第 12 章 SPI 接口**························(205)

12.1 SPI 总线··························(205)

12.2 STM32 单片机的 SPI 总线····················(207)

12.3 W25Q16 简介·························(209)

12.4 W25Q16 读写操作·······················(209)

12.5 W25Qx 模块化程序设计·····················(215)

学习与练习·······························(220)

**第 13 章　HAL 库开发 C 语言基础简介** ·································· (221)

　　13.1　HAL 数据类型介绍 ·································· (221)

　　13.2　指针、指针变量、指向指针的指针 ·································· (227)

　　13.3　结构体 ·································· (232)

　　13.4　句柄(handle) ·································· (240)

　　13.5　弱函数和回调函数 ·································· (241)

　　13.6　MSP 函数 ·································· (245)

　　13.7　宏定义(__ HAL_) ·································· (246)

　　13.8　STM32_HAL 库开发方式 ·································· (246)

**第 14 章　综合设计举例** ·································· (254)

　　14.1　等精度频率计 ·································· (254)

　　14.2　函数信号发生器 ·································· (263)

　　14.3　生理信号的采集与显示 ·································· (274)

　　学习与练习 ·································· (287)

**附录 A:STM32F107 开发板元器件位置图** ·································· (288)

**附录 B:STM32F107 开发板原理图** ·································· (289)

**参考文献** ·································· (292)

# 第1章 ARM 及 STM32 单片机概述

ARM 处理器在手机上的成功应用使得 ARM 公司举世闻名,ARM 处理器的低功耗特性使得其在手持设备、可穿戴设备、电池供电设备等应用领域大显身手,虽然 ARM 公司不生产微处理器,但它的名字与 Intel 已经并驾齐驱了。

意法半导体公司基于 ARM 公司的 Cortex-M 架构生产的 STM32 单片机与一般的单片机相比较,功能更为强大、外设更为丰富,而且片内存储器容量更大,用户几乎不需要添加外设和存储器就能构成功能齐全的电子产品。

## 1.1 ARM 概述

### 1. ARM 的历史

ARM 公司的前身是成立于 1978 年的 CPU(Cambridge Processing Unit)公司。该公司是由物理学家 Hermann Hauser 和工程师 Chris Curry 在英国剑桥创办的,当时的主要业务是为当地市场供应电子设备。

CPU 公司 1979 年改名为 Acorn 计算机公司,Acorn 公司的 logo 是树枝上接了个青苹果,预示着 Acorn 公司和苹果公司是有渊源的。起初,Acorn 公司打算使用摩托罗拉公司的 16 位芯片,但是发现这种芯片速度太慢且价格太贵,一台售价 500 英镑的机器,不可能使用价格 100 英镑的 CPU,他们转而向 Intel 公司索要 80286 芯片的设计资料,但是遭到拒绝,于是被迫自行研发。

1985 年 Roger Wilson 和 Steve Furber 设计出了他们自己的第一代 32 位 6 MHz 的处理器,用它做出了一台 RISC 指令集的计算机,简称 ARM(Acorn RISC Machine),这就是 ARM 这个名字的由来。RISC 的全称是精简指令集计算机(Reduced Instruction Set Computer),它支持的指令比较简单,所以功耗小、价格便宜,特别适合移动设备。最早使用 ARM 芯片的典型设备,就是苹果公司的牛顿 PDA。

1990 年 11 月,Acorn 改组为 ARM(Advanced RISC Machines)计算机公司。苹果公司出资 150 万英镑,芯片厂商 VLSI 出资 25 万英镑,Acorn 本身则以 150 万英镑的知识产权和 12 名工程师入股。公司的办公地点非常简陋,就是一个谷仓。公司成立后,业务一度很不景气,工程师们人心惶惶,担心将要失业。由于缺乏资金,ARM 做出了一个意义深远的决定:自己不制造芯片,只将芯片的设计方案授权给其他公司,由他们来生产。正是这个模式,最终使得 ARM 芯片遍地开花。

### 2. ARM 的现状

ARM 公司通过授权 CPU 的设计方案建立了自己的生态圈,如图 1-1 所示。ARM 公司将 ARM 架构授权给其合作方,合作方采用 ARM 公司的 CPU 内核设计自己的片上系统,这样培养起了其下游公司对 ARM 的依赖度,ARM 下游公司与 ARM 之间的互动推动了 ARM

架构的发展,目前 ARM 公司已经推出了支持 64 位指令集的处理器架构 ARMv8-A。ARM 下游 CPU 制造商拓展了众多的 ARM CPU 应用领域,下游 CPU 制造商通过其 OEM(Original Equipment Manufacturer)客户拓展细分领域,ARM 公司协同下游 CPU 制造商培育市场,市场也推动了 ARM 的架构研发。

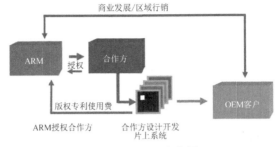

图 1-1 ARM 生态圈

ARM 公司在 20 世纪 90 年代业绩平平,处理器的出货量徘徊不前,但是进入 21 世纪之后,由于手机的快速发展,出货量呈现爆炸式增长,ARM 处理器占领了全球手机绝大部分市场。2006 年,全球 ARM 芯片出货量为 20 亿片,2010 年达到了 45 亿片。目前世界上超过 95% 的智能手机和平板电脑都采用 ARM 的架构。

ARM 主导的产业生态圈正在中国迅速扩展。2009 年,ARM 在华合作伙伴已经达到了 700 家。而在 2010 年,除了新岸线和瑞芯微这些更注重 PC 类领域市场的公司,ARM 在中国还扩展了海思、晶晨半导体、中天联科、海尔等合作伙伴在数字家庭领域的应用。

展望未来,即使 Intel 成功地实施了 Atom 战略,将 X86 芯片的功耗和价格大大降低,它与 ARM 竞争也将非常吃力。因为 ARM 的商业模式是开放的,任何厂商都可以购买授权,所以未来并不是 Intel 对 ARM,而是 Intel 对世界上所有其他半导体公司。Intel 的空间被压缩于台式计算机和服务器领域,移动通信几乎与它无缘。

2016 年 7 月,ARM 被软银收购,收购总价约为 240 亿英镑。ARM 被软银收购后,首款 ARMv8-R 架构处理器发布,将用于汽车物联网。ARM 不再仅仅是出售版权,还将生产处理器,对象是物联网(IoT)+AI。2020 年 9 月 NVIDIA 决定斥资 400 亿美元收购 ARM,ARM 将在多核并行处理领域大显身手。

**3. ARM CPU 结构**

CPU 的基本结构有两种:冯·诺依曼结构和哈佛结构。冯·诺依曼结构,又称为普林斯顿体系结构,是一种将程序指令存储器和数据存储器合并在一起的存储器结构。取指令和取操作数都在同一总线上,通过分时复用的方式进行;缺点是在高速运行时,不能达到同时取指令和取操作数,从而形成了传输过程的瓶颈。由于程序指令存储地址和数据存储地址指向同一个存储器的不同物理位置,因此程序指令和数据的宽度相同,如英特尔公司的 8086 中央处理器的程序指令和数据都是 16 位宽。目前使用冯·诺依曼结构的 CPU 和微控制器有很多,包括英特尔公司的 8086 及其他 CPU、德州仪器的 MSP430 处理器、ARM 公司的 ARM7 处理器、美普思公司的 MIPS 处理器等。哈佛结构是一种将程序指令存储和数据存储分开的存储器结构,它的主要特点是将程序和数据存储在不同的存储空间中,即程序存储器和数据存储器是两个独立的存储器,每个存储器独立编址、独立访问,目的是减轻程序运行时的访存瓶颈。哈佛结构的计算机由 CPU、程序存储器和数据存储器组成,程序存储器和数据存储器采用不同的总线,从而提供了较大的存储器带宽,使数据的移动和交换更加方便,还提供了较高的数字信号处理性能。目前使用哈佛结构的中央处理器和微控制器有很多,如 Microchip 公司的 PIC 系列芯片,摩托罗拉公司的 MC68 系列,Zilog 公司的 Z8 系列,ATMEL 公司的 AVR 系列,ARM 公司的 ARM9、ARM10 和 ARM11 等。

随着 CPU 设计的发展,流水线的增加,指令和数据的互斥读取影响 CPU 指令执行的效率。哈佛结构中数据存储器与程序存储器分开,各自有自己的数据总线与地址总线,取操作数与取指令能同时进行,但这需要 CPU 提供大量的数据线,因而很少使用哈佛结构作为 CPU 外部构架来使用。对于 CPU 内部,通过使用不同的数据和指令 cache,可以有效提高指令执行的效率,因而目前大部分计算机体系都是在 CPU 内部使用哈佛结构,在 CPU 外部使用冯·诺依曼结构。

对于 51 单片机结构的理解:从其 P0 口的地址数据复用来看,它是冯·诺依曼结构;从其程序存储器和数据存储器地址空间是分开的来看,它应当是哈佛结构。

ARM7 为冯·诺依曼结构,ARM9～ARM11 为哈佛结构,Cortex - M3 为冯·诺依曼结构。

**4. 精简指令集 RSIC 的特点**

相比 X86 架构所采用的复杂指令集,ARM 架构采用的精简指令集,指令数目一般小于 100 条,而采用复杂指令集的最简单的 51 单片机也有 101 条指令。RISC 微处理器精简了指令系统,采用超标量和超级流水线结构,它们的指令数目只有几十条,却大大增强了并行处理能力。

**5. ARM 总线**

ARM 总线——AMBA(Advanced Microcontroller Bus Architecture,高级微控制器总线架构)是 1996 年提出的,最初包括 ASB(Arm System Bus,ARM 系统总线)和 APB(Arm Peripheral Bus,ARM 外围总线),后来将 ASB 改进成 AHB(Arm High Performance Bus,ARM 高性能总线)。AMBA 将处理器和设备连接在一起,AHB 连接片内高速设备,APB 连接片内低速设备,APB 通过"APB - AHB 桥"连接 AHB,片外设备通过"外部总线- APH 桥"连入 AHB。

**6. ARM 家族**

自 ARM 经典处理器 ARM11 后,ARM 产品线就开始以 Cortex - A、Cortex - R、Cortex - M 三个系列命名。

(1)Cortex - A——高性能,面向性能密集型系统的应用处理器内核;

(2)Cortex - R——快速响应,面向实时应用的高性能内核;

(3)Cortex - M——小型、低功耗,面向各类嵌入式应用的微控制器内核。

Cortex - A 的典型应用就是手机、PAD 等多媒体领域,其上可以跑比较复杂的操作系统,例如,Android 和 IOS。Cortex - R 的典型应用是自动驾驶,强调的是实时响应。Cortex - M 的典型应用是手环、虚拟现实(Virtual Reality)等工控领域。本书所使用的 STM32F107 就是 Cortex - M3 内核,也请读者关注国产 MM32 MCU。

# 1. 2　STM32 及 STM32F107 概述

STM32,从字面上来理解,ST 是意法半导体公司,M 是 Microelectronics 的缩写,32 表示 32 位,STM32 就是指 ST 公司开发的 32 位微控制器。STM32 系列单片机运行速度高、功耗低、外设丰富。在如今的 32 位控制器当中,STM32 可以说是璀璨的星,大受工程师和市场的青睐。

**1. STM32 诞生的背景**

51 单片机是电子系统设计中一款入门级的经典 MCU,因其结构简单,易于教学,且可以通过串口编程而不需要额外的仿真器,所以在教学时被大量采用,至今很多大学讲授的还是 51 单片机。51 单片机诞生于 20 世纪 80 年代,是单片机的鼻祖。现在的市场产品竞争越来越激烈,对成本极其敏感,相应地对 MCU 的性能要求也更苛刻:更多功能,更低功耗,易用界面和多任务。面对这些要求,51 单片机现有的资源就显得捉襟见肘,所以无论是教学还是市场需求,都急需一款新的 MCU 来为这个领域注入新的活力。

基于这样的市场需求,ARM 公司推出了全新的基于 ARMv7 架构的 32 位 CortexM3 微控制器内核。紧随其后,ST(意法半导体)公司就推出了基于 Cortex - M3 内核的 MCU——STM32。STM32 凭借其产品线的多样化、极高的性价比、简单易用的库开发方式,迅速在众多 Cortex - M3 的 MCU 中脱颖而出,一上市就迅速占领了中低端 MCU 市场,受到人们的青睐。

**2. STM32 的用途**

STM32 微控制器有非常丰富的接口资源,比如 USART、I2C、SPI 等常用通信接口,可接非常多的传感器,可以控制很多设备。现实生活中,我们接触到的很多电器产品都有 STM32 的身影,比如智能手环、微型四轴飞行器、平衡车、移动 POS 机、智能电饭锅、3D 打印机等。在中低端控制领域几乎没有它不能完成的事情。

**3. STM32 单片机家族**

作为目前广泛使用的单片机,STM32 单片机分为高性能系列、主流系列、超低功耗系列、无线通信系列,其家族截图如图 1-2 所示。每个使用 STM32 单片机的开发者,都应该了解其家族。

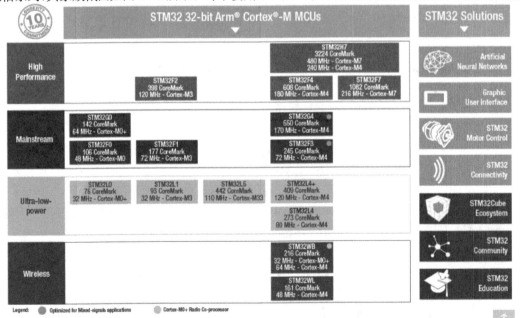

图 1-2　STM32 家族截图

1)高性能系列

(1)STM32F7：极高性能的 MCU 类别，支持高级特性；Cortex - M7 内核；512 KB 到 1 MB 的 Flash。

(2)STM32F4：支持访问高级特性的高性能 DSP 和 FPU 指令；Cortex - M4 内核；128 KB 到 2 MB 的 Flash。

(3)STM32F2：性价比极高的中档 MCU 类别；Cortex - M3 内核；128 KB 到 1 MB 的 Flash。

2)主流系列

(1)STM32F3：升级 F1 系列各级别的先进模拟外设；Cortex - M4 内核；16 KB 到 512 KB 的 Flash。

(2)STM32F1：基础系列；基于 Cortex - M3 内核；16 KB 到 1 MB 的 Flash。这是当前最热门的 STM32 系列，应用广泛，学习资料、学习板非常多，推荐初学者使用这款单片机学习。

(3)STM32F0：入门级别的 MCU，扩展了 8/16 位处理器；Cortex - M0 内核；16 KB 到 256 KB 的 Flash。

3)超低功耗系列

(1)STM32L4：优秀的超低功耗性能；Cortex - M4 内核；128 KB 到 1 MB 的 Flash。

(2)STM32L1：获得市场广泛应用的 32 位超低功耗系列；Cortex - M3 内核；32 KB 到 512 KB 的 Flash。

(3)STM32L0：符合 8/16 位应用而且性价比超值的系列；Cortex - M0＋内核；16 KB 到 192 KB 的 Flash。

4)无线通信系列

无线通信系列的 MCU 主要有 STM32WB、STM32WL。

**4. STM32 型号命名规则**

以 STM32F107VCT6 型号的芯片为例，STM32F107VCT6 为 Flash 容量为 256 KB、封装为 LQFP100 的单片机。该型号芯片由 7 个部分组成，其命名规则如下：

(1)STM32 代表 ARM Cortex - M3 内核的 32 位微控制器；

(2)F 这一项代表芯片子系列；

(3)107 这一项代表增强型系列；

(4)V 这一项代表引脚数，其中 T 代表 36 脚，C 代表 48 脚，R 代表 64 脚，V 代表 100 脚，Z 代表 144 脚；

(5)C 这一项代表内嵌 Flash 容量，其中 6 代表 32 KB，8 代表 64 KB，B 代表 128 KB，C 代表 256 KB，D 代表 384 KB，E 代表 512 KB；

(6)T 这一项代表封装，其中 H 代表 BGA 封装，T 代表 LQFP 封装，U 代表 VFQFPN 封装；

(7)6 这一项代表工作温度范围，其中 6 代表－40～＋80 ℃，7 代表－40～＋105 ℃。

**5. STM32 封装形式**

STM32 常用的封装形式有 LQFP 和 LFBGA 两种，如图 1 - 3 所示。STM32F107 单片机的封装形式规格分别是 LQFP64、LQFP100 和 LFBGA100 三种，分别对应于图 1 - 4、图

1-5和图1-6。请读者注意,封装不同,其引脚数就不同,同样都是 STM32F107 单片机,但其可使用的外设资源存在很大差异。

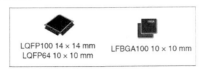

图1-4　STM32 封装形式

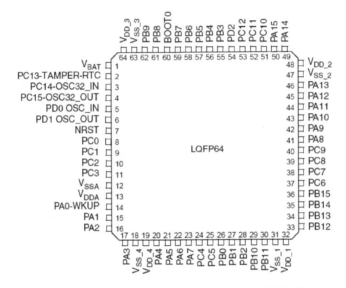

图1-4　STM32F107 单片机的 LQFP64 封装外形

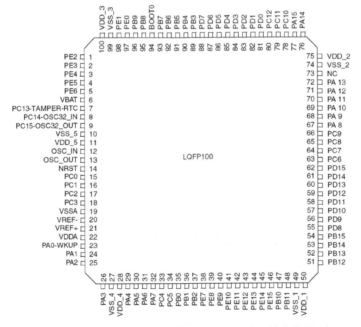

图1-5　STM32F107 单片机的 LQFP100 封装外形

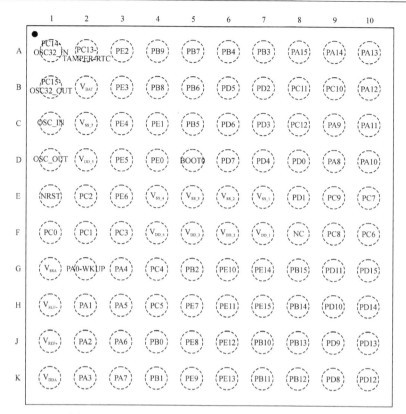

图 1-6　STM32F107 单片机的 LFBGA100 封装外形

**6. STM32F107 的特性**

1)核心

(1)MCU 采用 ARM32 位的 Cortex-M3 架构;

(2)最大主频为 72 MHz,Dhrystone 2.1 测试的整数计算能力为 $1.25 \times 10^6$ 条指令/秒 ,0 等待状态访问存储器;

(3)有单周期乘法和硬件除法器。

2)存储器

(1)64~256 KB 的闪存;

(2)64 KB 的通用静态存储器。

3)时钟、复位和电源管理

(1)2.0~3.6 V 电源供电和 I/O 端口电平;

(2)POR(上电复位)、PDR(掉电复位)和可编程电压探测器(PVD);

(3)3~25 MHz 晶体振荡器;

(4)内部 8 MHz RC 振荡器;

(5)带校准的内部 40 kHz RC 振荡器;

(6)32 kHz 振荡器,用于带校准的 RTC。

4)低功率

(1)睡眠、停止和待机模式;

(2)用于 RTC 和备份寄存器的 VBAT 电源。

5)2 个 12 位、1 μs 模数转换器(16 通道)

(1)转换范围:0~3.6 V;

(2)带采样/保持电路;

(3)有温度传感器;

(4)交错模式下最高 2 MSPS。

6)2 个 12 位 D/A 转换器

7)DMA:12 通道 DMA 控制器

支持的外设:定时器、模数转换器、数模转换器、I2S、SPI、I2C 和 USART。

8)调试模式

(1)采用串行线调试(SWD)和 JTAG 接口;

(2)采用 Cortex-M3 嵌入式宏单元跟踪调试。

9)80 个快速输入/输出端口

51/80 输入/输出端口,所有 I/O 可映射到 16 个外部中断向量上,具有 5 V 耐受能力。

10)96 位唯一标识循环冗余校验计算单元

11)10 个具有引脚复用功能的定时器

(1)4 个 16 位定时器,每个定时器最多 4 个 4 IC(输入捕获)/OC(输出互补)/PWM 或脉冲计数器和正交(增量)编码器输入;

(2)1 个 16 位电机控制脉宽调制定时器,内置死区时间控制和刹车功能;

(3)2 个看门狗定时器(独立和窗口);

(4)Systick(系统嘀嗒)定时器:24 位向下计数器;

(5)2 个 16 位基本定时器,可用于驱动 DAC。

12)14 个通信接口,具有引脚复用功能

(1)2 个 I2C 接口(SMBus/PMBus);

(2)5 个 USART(ISO 7816 接口,兼容 IrDA、调制解调器控制);

(3)3 个 SPI(18 Mbit/s),2 个带提供音频的多路复用 I2S 接口,通过先进的锁相环方案实现一流的精度;

(4)2 个 CAN 接口(2.0B 有源),带 512B 静态随机存储器(SRAM);

(5)USB 2.0 全速设备/主机/OTG 带片内 PHY 控制器支持,带 1.25 KB 专用静态随机存储器;

(6)10/100 以太网 MAC,带专用 DMA 和静态随机存储器(4 KB)。

## 1.3　STM32CubeMx 和 HAL 固件库简介

STM32 单片机之所以能够大行其道,一个重要的原因是它提供了一整套的基于标准外设库函数的开发思路,用户只需要建立一个工程框架,在这个工程框架中添加已知需要的硬件接口对应的标准库函数即可快速完成一个项目的开发。但标准库都是基于某个特定的器件来设计的,可移植性不强。即使把一个 STM32F103 下建立的工程移植到 STM32F107 下,

也是一件不太容易的事情。STM32 的标准库在 STM32 的各个系列之间兼容性不好,比如 F1 的标准库和 F4 的标准库的实现方式和函数名称都有差异,这样会导致学习 F1 的标准库后再使用 F4 的标准库需要重新学习。因此意法半导体(ST)公司对标准库从 3.5 版本之后不再提供更新,转而提供 HAL(Hardware Abstraction Layer)库和 LL(Low Layer)库,ST 公司现在只维护 HAL 库与 LL 库,因为他们认为 HAL 库可以完全替代标准库。所以在新的产品系列,比如 H7 中,就已经没有标准库的存在了,只有 HAL 和 LL 库。3.5 的标准库也只是 F1 系列比较全,如果今后要使用其他系列,比如 F7、H7 等,就必须使用 HAL 库或 LL 库。HAL 库在不同 STM32 系列之间兼容性很好,可以很方便地使用 STM32CubeMX 工具进行图形化配置,提高开发效率。通过 STM32CubeMX 图形化配置可以快速形成基于 HAL 库的工程代码框架,所形成的代码框架已经为用户完成了时钟系统、中断系统、外设端口等基本配置,用户只需要在规定的用户代码处添加少量的代码即可完成自己需要的设计,可以把设计者从底层解放出来,做到面向对象的设计,用户只要面向自己想要解决的问题即可,而不会陷于 STM32 处理器复杂的底层工作细节。STM32CubeMX 提供对 STM32 全系列单片机的支持,如图 1-7 所示。STM32CubeMX 提供基于硬件抽象层和中间件的初始化代码,提供大量的例程和设计范例。

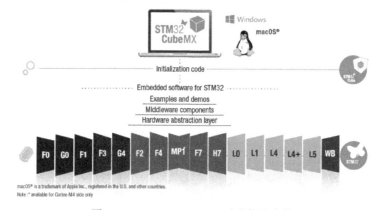

图 1-7　STM32CubeMX 对器件的支持

1)HAL 库

HAL 是 Hardware Abstraction Layer 的缩写,中文名:硬件抽象层。HAL 库是 STM32 最新推出的抽象层嵌入式函数库,可以更好地确保跨 STM32 产品的最大可移植性。该库提供了一整套一致的中间件组件,如 RTOS、USB、TCP/IP 和图形等。

HAL 库是基于一个非限制性的 BSD(Berkeley Software Distribution)许可协议发布的开源代码库。ST 公司制作的中间件堆栈(USB 主机/设备库、STemWin)带有允许轻松重用的许可模式,只要是在 ST 公司的 MCU 芯片上使用,库中的中间件(USB 主机/设备库,STemWin)协议栈即被允许任意修改,并可以反复使用。至于基于其他著名的开源解决方案商的中间件(FreeRTOS、FatFs、LwIP 和 PolarSSL)也都具有友好的用户许可条款。

相比标准外设库,STM32Cube 的 HAL 库表现出更高的抽象整合水平,HAL API 集中关注各外设的公共函数功能,这样便于定义一套通用的用户友好的 API 函数接口,从而可以轻松实现从一个 STM32 产品移植到另一个不同的 STM32 系列产品。从 2016 年开始意法半导体(ST)公司新出的芯片已经没有标准外设库了,比如 F7 系列。目前,HAL 库已经支持

STM32 全线产品。使用 HAL 库编程,应尽量符合 HAL 库编程的整体架构。

2)LL 库

LL 库(Low Layer)是 ST 公司最近新增的库,与 HAL 捆绑发布,文档也是和 HAL 文档在一起的,比如:在 STM32F3x 的 HAL 库说明文档中,ST 公司新增了 LL 库这一部分,但是在 F2x 的 HAL 文档中就没有 LL 库的内容。

LL 库更接近硬件层,对需要复杂上层协议栈的外设不适用,它直接操作寄存器。LL 库支持所有外设,该库可以独立使用,可以完全抛开 HAL 库,只用 LL 库编程。在使用 STM32CubeMX 生成项目时,直接选 LL 库即可。如果使用了复杂的外设,例如 USB,则 LL 库会自动调用 HAL 库混合使用。

LL 库文件的命名方式和 HAL 库基本相同。使用 LL 库编程和使用标准外设库的方式基本一样。可以认为,LL 库就是原来的标准外设库移植到 Cube 下的新的实现。

3)STM32CubeMX

ST 公司为新的标准库(HAL 和 LL)注册了一个新商标 STMCube,并且 ST 公司专门为其开发了配套的桌面软件 STMCubeMX,它是 ST 公司提供给开发人员的一款性能强大的免费开发工具,开发者可以直接使用该软件进行可视化配置,大大节省开发时间。

STM32Cube 主要由两个部分组成:

(1)图形配置工具 STM32CubeMX,用户可以通过此工具图形化配置 STM32 芯片的接口和引脚;

(2)嵌入式软件包,包括 HAL 库、LL 库、配套的协议库和许多完整的例程。

STM32CubeMX 可以基于 HAL 库和最近新增的 LL 库进行开发,如图 1-8 所示。

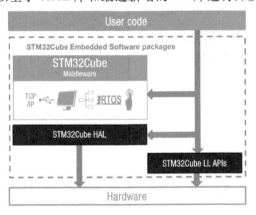

图 1-8　STM32CubeMX 对 HAL 和 LL 的支持

LL 库和 HAL 库两者相互独立,但 LL 库更底层,部分 HAL 库会调用 LL 库(如 USB 驱动),LL 库也会调用 HAL 库。

STM32CubeMX 集成了 HAL 库和 LL 库,生成的代码也是基于这两个库。HAL 库是 ST 标准库后推出的,设计采用高分层思想,当工程更改主控芯片后,所有函数几乎不需要任何更改。

由于 HAL 库的高封装性,必然导致代码执行效率不高,如果编译器优化等级低,产生的二进制文件就比较大。因此,ST 公司又推出了 LL 库,LL 库大多数 API 函数直接调用寄存器,且很多函数写成宏形式,或者采用__INLINE 内联函数,提高了代码执行效率。HAL 库和 LL 库按外设模块设计,配置不同模块时可选择用不同的库。

用户可以使用 STMCubeMX 直接生成对应芯片的整个项目(目前主流开发工具的项目基本全支持),STMCubeMX 负责给用户整理各种需要的源码文件,并创建一个项目所有需要的配置文件。STMCubeMX 在生成项目时,可以选择使用 HAL 库或者 LL 库,但是部分组件的 HAL 库会调用 LL 库。

小结:为什么要选择 STM32CubeMX?

①意法半导体不再提供标准库的更新;

②面向设计;

③资源管理一目了然;

④快速创建工程;

⑤便于修改资源分配,不需繁杂的程序工程框架修改;

⑥便于不同型号单片机之间程序的移植。

**注意:**由于 STM32CubeMx 是基于 Java 环境运行的,所以需要安装 JRE 才能使用,安装时会提示需要安装 Java 组件,可在线安装,安装好后会继续安装 STM32CubeMX。

# 1.4  STM32 开发平台、开发方式、仿真器

## 1. STM32 开发平台

目前用于 STM32 开发的平台有两种,分别是 Keil MDK-ARM 和 IAR EWARM(IAR Embedded Workbench for ARM)。本书选用的是 Keil MDK-ARM Version 5.29。

1)Keil MDK-ARM

Keil MDK-ARM(简称 Keil)是德国知名软件公司 Keil(现已并入 ARM 公司)开发的微控制器软件开发平台,是目前 ARM 内核单片机开发的主流工具。Keil 提供了包括 C 编译器、宏汇编、连接器、库管理和一个功能强大的仿真调试器在内的完整开发方案,通过一个集成开发环境将这些功能组合在一起。它的界面和常用的微软 VC++的界面相似,界面友好、易学易用,在调试程序、软件仿真方面的功能很强大。如果读者曾经使用过 Keil 开发其他的单片机产品,笔者建议继续使用 Keil 作为学习、开发 STM32 单片机的首选工具。

2)IAR EWARM

IAR EWARM 是 IAR Systems 公司为 ARM 微处理器开发的一个集成开发环境。与其他的 ARM 开发环境相比较,IAR EWARM 具有入门容易、使用方便和代码紧凑等特点。

IAR EWARM 的主要特点如下:

(1)高度优化的 IAR ARM C/C++ Compiler;

(2)IAR ARM Assembler;

(3)通用的 IAR XLINK Linker;

(4)XAR 和 XLIB 建库程序和 IAR DLIB C/C++运行库;

(5)功能强大的编辑器;

(6)项目管理器;

(7)可采用命令行程序设计;

(8)C-SPY 调试器(先进的高级语言调试器)。

如果读者没有任何单片机的学习和开发经历,笔者建议使用 IAR EWARM 作为学习和开发 STM32 单片机的首选工具。

**2. STM32 开发方式选择**

1)基于寄存器的开发方式(难度大)

基于寄存器的开发方式有两种,分别是汇编语言和 C 语言。汇编语言是所有微处理器最原始的开发方式,编程效率低,但代码运行效率高。目前大多数基于寄存器的开发方式都采用 C 语言来进行,例如 C51。寄存器开发方式要求开发者对 STM32 的内部结构和控制寄存器有深入理解。

2)基于标准库函数的开发方式(不建议)

如前所述,ST 已经不再支持标准库函数的更新了,新出的微控制器不再提供标准库函数,而且标准库函数移植比较困难,所以不建议初学者学习即将被淘汰的标准库函数。

3)基于 HAL 库函数的开发方式(建议)

ST 公司为用户免费提供了 STM32CubeMX 可视化工程配置工具,可以生成基于 HAL 库的 STM32 工程框架,STM32CubeMX 可以根据用户配置的参数生成已经配置好的时钟、接口功能、中断等工程文件系统,用户只需要在规定区域添加自己的代码即可。

**3. 创建 HAL 工程的方式选择**

除了前面介绍的用 STM32CubeMX 创建基于 HAL 库的工程项目外,还可以在 MDK-ARM 里面直接创建使用 HAL 库的 STM32 工程(不使用 STM32CubeMX)。直接在 Keil 工程里面勾选所要用到 HAL 库外设,不需要自己手动添加库文件,具体步骤如下:

(1)在 Keil 里面新建空白工程,选择要使用的单片机。

(2)在弹出的窗口中找到 Device,选择 Device 下面的 Startup,然后在右边的下拉菜单框中选择 Standalone。

(3)根据下方的 Validation Output 提示,勾选所有的依赖项。还要选择要用到的 HAL 库外设,如 USART。

(4)工程建好后,就可以新建空白的 main.c 源文件,编写代码。

(5)代码编写完成之后,必须配置项目属性才能编译成功。在 C/C++选项卡里面加上 USE_HAL_DRIVER。是否要加 USE_FULL_ASSERT 决定着是否开启 HAL 警告输出。

(6)在 Debug 选项卡内勾选 Reset and Run,这样程序下载后就能自动开始运行,不用按复位键。

这种在 MDK-ARM 中直接创建 STM32 工程的方法不够直观,建议采用 STM32CubeMX 创建工程,本书的所有例程都是基于 STM32CubeMX 创建的。

**4. 仿真器**

仿真器是学习、开发 STM32 单片机产品不可缺少的工具,目前市场上这类产品很多,有 ST-Link、J-Link、U-Link 等,价格差异也很大,从十几元到上百元都有。无论哪种仿真器,都是一端插入计算机的 USB 口,另一端连接到用户目标板的 JTAG 端口。计算机的 USB 接口输出电压为 5 V,最大输出电流为 500 mA,故仿真器一般都能给单片机提供少量电能,使用起来很方便。但是如果用户的目标板需要较大的电能,就必须自己解决供电问题,不能寄希望于仿真器提供电能。

1)JTAG 简介

JTAG 的全称是 Joint Test Action Group,即联合测试行动小组。目前,JTAG 已成为一种国际标准测试协议,主要用于各类芯片的内部测试。现在大多数高级器件(包括 FPGA、MCU、DSP、CPU 等)都支持 JTAG 协议。

标准的 JTAG 接口是 4 线接口:TMS、TCK、TDI 以及 TDO,分别为模式选择、时钟、数据输入和数据输出信号线。JTAG 内部有一个状态机,称为 TAP 控制器,TAP 控制数据和指令的输入。

JTAG 的 5 线接口增加了 TRST(Test Reset Input)信号,这个信号接口在 IEEE 1149.1 标准里是可选的,并不是强制要求的。

JTAG 有 10pin、14pin 和 20pin 接口,20pin 和 14pin 的接口如图 1-9 所示。

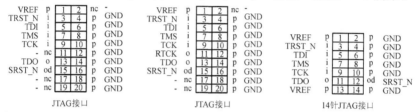

图 1-9　20pin 和 14pin JTAG 接口

尽管引脚数和引脚的排列顺序不同,但是它们的主要引脚是一样的,各个引脚的定义如下:

TMS(Test Mode Selection Input):TMS 信号在 TCK 的上升沿有效。TMS 在 IEEE1149.1 标准里是强制要求的。TMS 信号用来控制 TAP 状态机的转换。通过 TMS 信号,可以控制 TAP 在不同的状态间相互转换。

TCK(Test Clock Input):TCK 在 IEEE1149.1 标准里是强制要求的。TCK 为 TAP 的操作提供了一个独立的、基本的时钟信号,TAP 的所有操作都是通过这个时钟信号来驱动的。

TDI(Test Data Input):TDI 在 IEEE1149.1 标准里是强制要求的。TDI 是数据输入的接口,所有要输入到特定寄存器的数据都是通过 TDI 接口一位一位串行输入的(由 TCK 驱动)。

TDO(Test Data Output):TDO 在 IEEE1149.1 标准里是强制要求的。TDO 是数据输出接口,所有要从特定的寄存器中输出的数据都是通过 TDO 接口一位一位串行输出的(由 TCK 驱动)。

TRST(Test Reset Input):可选项,这个信号接口在 IEEE 1149.1 标准里是可选的,并不是强制要求的。TRST 可以用来对 TAP Controller 进行复位(初始化)。因为通过 TMS 也可以对 TAP Controll 进行复位(初始化),所以有四线 JTAG 与五线 JTAG 之分。

VTREF:强制要求,接口信号电平参考电压一般直接连接 Vsupply。这个可以用来确定 ARM 的 JTAG 接口使用的逻辑电平(比如是 3.3 V 还是 5.0 V)。

RTCK(Return Test Clock):可选项,由目标端反馈给仿真器的时钟信号,用来同步 TCK 信号的产生,不使用时直接接地。

nSRST(System Reset):可选项,与目标板上的系统复位信号相连,可以直接对目标系统复位。同时可以检测目标系统的复位情况,为了防止误触,应在目标端加上适当的上拉电阻。

USER IN:用户自定义输入。可以接到一个 I/O 上,用来接受上位机的控制。

USER OUT:用户自定义输出。可以接到一个 I/O 上,用来向上位机反馈一个状态。

由于 JTAG 经常使用排线连接,为了增强抗干扰能力,在每两条信号线间加上地线就出现了这种 20 pin 的接口。但事实上,RTCK、USER IN、USER OUT 一般都不使用,于是还有一种 14 pin 的接口,对于实际开发应用来说,由于实验室电源稳定、电磁环境较好、干扰不大,还可以简化成 10 pin 接口。

JTAG 最初是用来对芯片进行测试的,基本原理是在器件内部定义一个 TAP(Test Access Port,测试访问口)端口,通过专用的 JTAG 测试工具对内部节点进行测试。此外,JTAG 协议允许多个器件通过 JTAG 接口串联在一起,形成一个 JTAG 链,能实现对各个器件分别测试。此外,JTAG 接口还常用于实现 ISP(In System Programmable,在线编程),对 Flash 等器件进行编程。JTAG 在线编程的特征也改变了传统生产流程,将以前先对芯片进行预编程再装到板上的工艺简化为先固定器件到电路板上,再用 JTAG 编程,从而加快工程进度。

JTAG 通过其边界扫描电路对器件进行边界扫描测试(Boundary Sean Test,BST),一般采用 4 线接口(在 5 线接口中,有一条为主复位信号)。BST 标准接口是用来对电路板进行测试的,可在器件正常工作时捕获功能数据。器件的边界扫描单元能够迫使测试逻辑追踪引脚信号,或从器件核心逻辑信号中捕获数据,再将强行加入的测试数据串行移入边界扫描单元,将捕获的数据串行移出,并在器件外与预期结果进行比较,根据比较结果给出扫描状态,以提示用户设计的电路或软件是否正确。

JTAG 协议在定义时,由于当时的计算机(计算机)普遍带有并口,因而在连接计算机端是按并口定义的。而计算机发展到今天,并口很少了,取而代之的是越来越多的 USB 接口,那么能否让 JTAG 支持 USB 协议,用 USB 接口来调试 ARM 呢? 这就要看 J-Lin、U-Link 和 ST-Link 等仿真器了。

2)J-Link

J-Link 是德国 SEGGER 公司推出的基于 JTAG 的仿真器。简单地说,J-Link 是给 JTAG 协议设计一个转换盒,即一个小型 USB 到 JTAG 的转换盒,其连接到计算机用的是 USB 接口,而到目标板内部用的还是 JTAG 协议。它完成了一个从软件到硬件转换的工作。 J-Link 的主要特点如下:

(1)支持所有 ARM7 和 ARM9 体系;

(2)下载速度最高可达 50 KB/s;

(3)无需外接电源(USB 取电);

(4)最高 JTAG 速度达 8 MHz;

(5)自动速度识别;

(6)固件可升级;

(7)20 脚标准 JTAG 连接器;

(8)带 USB 连线和 20 脚的扁平线缆;

(9)可以用于 Keil、IAR、ADS 等平台,速度、效率、功能均比 U-Link 强;

(10)PNP(即插即用);

(11)支持 SWD 硬件接口标准,可采用 SWD 调试模式。

J-Link 是一个通用的开发工具,其速度、效率、功能都很好,几乎是众多仿真器里性能最强的。

3)J-Link ARM-OB STM32

J-Link ARM-OB STM32 是 SEGGER 公司为开发板定制的板载 J-link 调试方案,采用 SW 调试模式。除了不能测试目标板电压外,此 J-Link-OB 与正式版功能几乎一致(速度限制到 2 MHz)。

可以认为 J-Link-OB 是 J-Link 的简化版,性能稳定、携带方便、价格便宜,十几元就可以买到,建议初学者使用。其特点为:

(1)支持 IAR EWARM 和 Keil MDK;

(2)仅支持 SW 两线调试;

(3)工作稳定,无丢失固件现象;

(4)仅 U 盘大小,携带方便;

(5)直接与电脑 USB 接口连接,无需 USB 线缆;

(6)接口简化,仅用四根线(两根信号线、VCC、GND)即可完成高速下载和调试;

(7)仅需要四脚 XH2.54 连接器,大大节约 PCB 面积;

(8)与 JTAG 相比,仅需两根信号线(TMS/TCK),可节约若干条 I/O 口。

4)U-Link

U-Link 是 ARM/Keil 公司推出的仿真器,目前网上可找到的是其升级版本 U-Link2 和 U-LinkPro 仿真器。U-Link/U-Link2 可以配合 Keil 软件实现仿真功能,但只能在 Keil 软件上使用,在 ADS、IAR 编译调试环境中不能使用。U-Link 增加了串行调试(SWD)接口,SWD (Serial Wire Debug)串行调试是一种和 JTAG 不同的调试模式,使用的调试协议也不一样,所以最直接地体现在调试接口上,与 JTAG 的 20 个引脚相比,SWD 只需要 4 个(或者 5 个)引脚,结构简单,但是使用范围没有 JTAG 广泛,主流调试器上也是后来才加上了 SWD 调试模式。

SWD 和传统的调试方式区别:

在高速模式下 SWD 模式比 JTAG 更加可靠。在大数据量的情况下,JTAG 下载程序会失败,但是 SWD 下载失败的几率会小很多。基本上如果能使用 JTAG 仿真模式的,就可以直接使用 SWD 模式,故推荐这个模式。

在 GPIO 刚好缺一个的时候,可以使用 SWD 仿真,这种模式支持更少的引脚。在板子体积有限的时候推荐使用 SWD 模式,它需要的引脚少,故需要的 PCB 空间就小,如可以选择一个很小的 2.54 mm 间距的 4 芯端子做仿真接口。

5)ST-Link

ST-Link 是专门针对意法半导体 STM8 和 STM32 系列芯片的仿真器。ST-Link /V2 适用于 SWIM 标准接口和 JTAG/SWD 标准接口,其主要功能有:

(1)编程功能:可烧写 Flash Rom、EEPROM 等;

(2)仿真功能:支持全速运行、单步调试、断点调试等各种调试方法,可查看 I/O 状态和变量数据等;

(3)仿真性能:采用 USB2.0 接口,可进行仿真调试、单步调试、断点调试,反应速度快;

(4)编程性能:采用 USB2.0 接口,可进行 SWIM/JTAG/SWD 下载,下载速度快。

6)简述区别

(1)J-Link 的功能比 JTAG 强大,因为 JTAG 用的是并行口,所以使用时不方便,而且功能也不如 J-Link;

（2）JTAG 是通用的开发工具，可以用于 Keil、AR、ADS 等平台，速度、效率、功能均比 U-Link 强；

（3）J-Link-OB 是 J-Link 的简化版，体积小，仅需两根信号线；

（4）U-Link 是 Keil 公司开发的仿真器，专用于 Keil 平台下使用，ADS、IAR 下不能使用；

（5）ST-Link 是专门针对意法半导体 STM8 和 STM32 系列芯片设计的。

## 1.5　STM32F107 的结构

STM32 单片机是以 Cortex-M3 内核为基础，由总线矩阵和诸多外设构成的，其结构如图 1-10 所示。

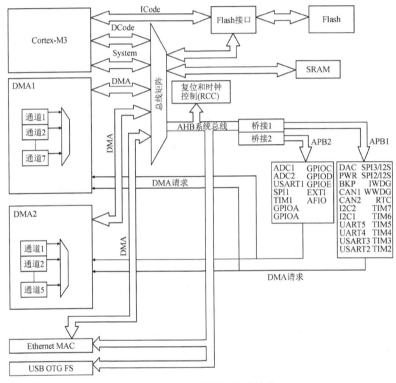

图 1-10　STM32F107 的结构

从图 1-10 中可以看到，Cortex-M3 内核通过三种总线与外部连接，即指令 ICode 总线、数据 Dcode 总线和系统 System 总线。Cortex-M3 内核通过指令 ICode 总线实现从 Flash 接口中预取指令；通过数据 Dcode 总线与 Flash 的数据端口相连接，以获得数据及调试访问。

除了 Dcode 总线和系统 System 总线之外，与总线矩阵连接的还有 DMA1、DMA2 和 Ethernet MAC。在总线矩阵的右侧，分别为连接 Flash 接口、SRAM 部件，并通过 AHB 系统总线分别连接 Ethernet MAC、USB OTG FS，以及桥 1（APB1）、桥 2（APB2）外设总线。

在图 1-10 中，桥 1 和桥 2 连接的外设最丰富。桥 1 分别连接的是数模转换、电源管理、现场总线接口、I2C 通信口、看门狗定时器、UART 异步通信口、I2S 接口等 22 个外设；桥 2 分别连接的是模数转换、UART 异步通信口、SPI 通信口、定时器、通用输入输出口、外部中断、事件处理器等 12 个外设。

# 1.6　STM32 的存储器

　　STM32 单片机将程序存储器、数据存储器、寄存器(绝大部分是可以按位寻址的,在以后遇到时再讨论)和输入/输出端口组织在同一个 4 GB 的线性地址空间内(如图 1 - 11 所示),这称为普林斯顿结构。STM32 单片机可访问的空间分为 8 个块,每块 512 MB,它们都有自己的专有功能。例如 0x4000 0000~0x5FFFFF FFFF 是总线管理区域,其中 0x4002 0000~0x5FFF FFFF 是系统内部总线 AHB,0x4000 0000~ 0x4000 FFFF 是外设总线 APB1,0x4001 0000~ 0x4001 FFFF 是外设总线 APB2。

　　值得指出的是,STM32 单片机并没有占满所有地址空间,留作后续开发。

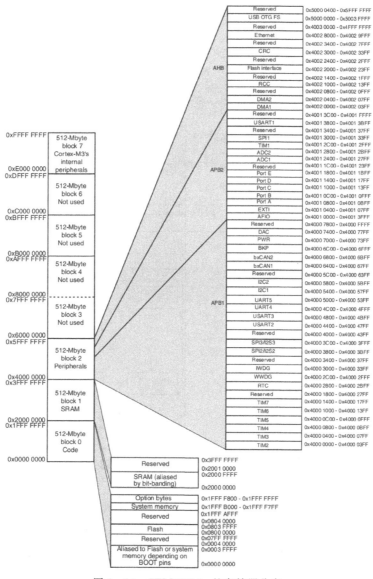

图 1 - 11　STM32F10x 的存储器分布

# 1.7　STM32 时钟系统结构

　　STM32 单片机的时钟系统由信号发生器、多路选择器、锁相环、分频器构成。除了 USB、RTC 和看门狗等 3 个模块外，其他片上外设的时钟信号均由 SYSCLK 提供。

　　STM32 单片机的时钟系统结构如图 1-12 所示。STM32 有 4 个时钟源，其中两个是完整的，它们是 8 MHz(HSI)和 40 kHz(LSI)的内部信号发生器；而另外两个必须外接晶振后才能正常工作，一个需要外接 3～25 MHz(HSE)的晶振，另一个需要外接 32.768 kHz(LSE)的晶振。

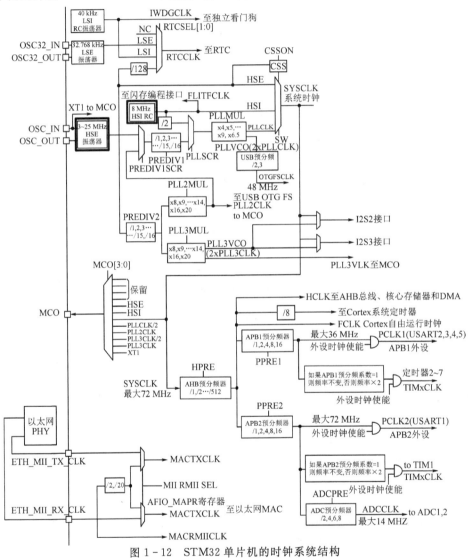

图 1-12　STM32 单片机的时钟系统结构

　　其中,高速时钟(HSE 和 HSI)是提供给芯片主体的主时钟。低速时钟(LSE 和 LSI)只提供给芯片中的 RTC(实时时钟)及独立看门狗使用,从图 1-12 可以看出高速时钟也可以提供给 RTC。

　　内部时钟是由芯片内部 RC 振荡器产生的,起振较快,所以在芯片刚上电的时候默认使用内部高速时钟。而外部时钟信号是由外部晶振输入的,在精度和稳定性上都有很大优势,所以上电之后系统再根据软件配置,转而采用外部时钟信号。采用 STM32CubeMX 时,这些都由系统自动配置和切换。

高速外部时钟(High Speed External Clock Signal,HSE):以外部晶振作时钟源,晶振频率可取范围为 3～25 MHz,一般采用 25 MHz 的晶振。外部晶振的选择需要均衡考虑系统的工作速度和功耗。

高速内部时钟(High Speed Internal Clock Signal,HSI):由内部 RC 振荡器产生,频率为 8 MHz,但不稳定。

低速外部时钟(Low Speed External Clock Signal,LSE):以外部晶振作时钟源,主要提供给实时时钟模块,所以一般采用 32.768 kHz。

低速内部时钟(Low Speed Internal Clock Signal,LSI):由内部 RC 振荡器产生,主要提供给实时时钟模块,频率大约为 40 kHz。

OSC_OUT 和 OSC_IN 两个引脚分别接到外部晶振 25 MHz,经过第一个分频器 PLLX-TPRE,遇到开关 PLLSRC(PLL Entry Clock Source),可以选择其输出为 HSE 或 HSI。这里选择输出为 HSE,接着遇到锁相环 PLL,具有倍频作用,输入倍频因子 PLLMUL。要是想超频,就得在这个寄存器上操作。

经过 PLL 的时钟称为 PLLCLK,倍频因子设定为 9 倍频,也就是说,经过 PLL 后,时钟从原来 8 MHz 的 HSE 变为 72 MHz 的 PLLCLK。紧接着又遇到了一个开关 SW,经过这个开关后就是 STM32 的系统时钟(SYSCLK)。通过这个开关,可以切换 SYSCLK 的时钟源,可以选择 HSI、PLLCLK、HSE。

图 1-12 中选择了 PLLCLK 时钟,所以 SYSCLK 为 72 MHz。PLLCLK 在输入到 SW 前,还流向了 USB 预分频器,这个分频器输出为 USB 外设的时钟(USBCLK)。回到 SYSCLK,SYSCLK 经过 AHB 预分频器分频后再输出到其他外设,如输出到 AHB 总线(HCLK 时钟)和内核(FCLK 时钟),还有直接输出到 SDIO 外设的 SDIOCLK 时钟、存储器控制器 FSMC 的 FSMCCLK 时钟和作为 APB1、APB2 的预分频器的输入端。GPIO 外设挂载在 APB2 总线上,APB2 的时钟是 APB2 预分频器的输出,而 APB2 预分频器的时钟来源是 AHB 预分频器。因此,把 APB2 预分频器设置为不分频,就可以得到 GPIO 外设的时钟频率与 HCLK 相同,为 72 MHz。

SYSCLK:系统时钟,STM32 大部分器件的时钟来源,主要由 AHB 预分频器分配到各个部件。

HCLK:由 AHB 预分频器直接输出得到,是高速总线 AHB 的时钟信号,提供给存储器、DMA 及 Cortex-M3 内核。HCLK 还是 Cortex-M3 内核的运行时钟,CPU 主频就是这个信号,它的快慢与 STM32 运算速度、数据存取速度密切相关。

FCLK:同样由 AHB 预分频器输出得到,是内核的"自由运行时钟"。"自由"表现在它不来自时钟 HCLK,因此在 HCLK 时钟停止时 FCLK 也能继续运行。它的存在,可以保证在处理器休眠时,也能够采样到中断和跟踪休眠事件,它与 HCLK 互相同步。

PCLK1:外设时钟,由 APB1 预分频器输出得到,最大频率为 36 MHz,但定时器时钟可达 72 MHz,提供给挂载在 APB1 总线上的外设,APB1 总线上的外设有:TIM2、TIM3、TIM4、WWDG、SPI2、USART2、USART3、UART4、UART5、I2C1、I2C2、USB、CAN、BKP、PWR 等,详见图 1-10。

PCLK2:外设时钟,由 APB2 预分频器输出得到,最大频率为 72 MHz,提供给挂载在 APB2 总线上的外设。APB2 总线上的外设如下:功能复用 I/O、GPIOA、GPIOB、GPIOC、GPIOD、GPIOE、ADC1、ADC2、TIM1、SPI1、USART1 等,详见图 1-10。

从图 1-12 中可以看到,40 kHz 信号源分别分为两路,一路直接馈送给内部的看门狗,而另一路则提供给多路选择器。

图 1-12 中内部实时时钟信号 RTCCLK 分别来自 LSI(40 kHz)、LSE(32.768 kHz)和 HSE/128(与外接晶振频率相同)。

图 1-12 中的 PLLCLK 来源比较复杂,可以是 HSI/2,也可以是 HSE 经过某种加工之后的信号。

在图 1-12 中,USB 的时钟是将 2XPLLCLK 信号分频后得到的,其余外设的时钟来自 SYSCLK,或经过分频(有的是多次倍频)得到,此处不再赘述,待到配置外设时,再结合具体实例一并介绍。

总体来看,STM32 单片机的时钟信号 SYSCLK,不外乎于 HSE、HSI、PLLCLK 三种,其余外设所使用的时钟信号均由 SYSCLK 而生成,这在后续的时钟配置中可以看到。

系统复位后,HSI 振荡器被选为系统时钟。在时钟源被直接或通过 PLL 间接作为系统时钟之前,它不能被停止。只有当目标时钟源准备就绪之后(经过启动稳定阶段的延迟或 PLL 稳定之后),从一个时钟源到另一个时钟源的切换才会发生,否则系统时钟的切换事件不会发生。

时钟安全系统(CSS)可以通过软件被激活。一旦 CSS 被激活,时钟监测器将在 HSE 振荡器启动延迟后被使能,并在 HSE 时钟关闭后关闭。如果 HSE 时钟发生故障,HSE 振荡器被自动关闭,时钟失效事件将被送到高级定时器(TIM1 和 TIM8)的刹车输入端,并产生时钟安全中断 CSSI,允许软件完成营救操作。此 CSSI 中断连接到 Cortex-M3 的 NMI 中断(不可屏蔽中断)。在此种情况下,HSI 时钟会被作为备用时钟源。

## 1.8　启动配置

STM32F107 单片机有三种启动模式,不同的启动模式其启动程序所处的物理存储器空间不同。可以通过 BOOT[1:0]引脚选择不同启动模式,如表 1-1 所示。

表 1-1　启动模式配置

| 引脚状态 | | 启动模式 | 说明 |
|---|---|---|---|
| BOOT1 | BOOT0 | | |
| × | 0 | 主闪存存储器 | 主闪存存储器被选为启动区域 |
| 0 | 1 | 系统存储器 | 系统存储器被选为启动区域 |
| 1 | 1 | 内置 SRAM | 内置 SRAM 被选为启动区域 |

对于 STM32F107 单片机而言,BOOT0 是专用引脚,而 BOOT1 则是复用的。具体设计电路时,可以将 BOOT0 引脚根据需要上拉成高电平或下拉成低电平。如果只限于使用从主闪存启动程序,直接将 BOOT0 引脚接地即可。可以看出,这是最简单的一种选择方式。STM32F107 单片机最常用的是主闪存存储器启动模式,将 BOOT0 接地,BOOT1 悬空即可,此时,BOOT1 可作其他功能。

因为存储器映像是固定的,程序代码区域总是起始于地址 0x0000 0000,而数据区(SRAM)则是从地址 0x2000 0000 开始的,欲实现从 RAM 区域启动,就必须采取一定的措施。为达此目的,厂家在制造 STM32 单片机时,专门设置了一个特殊的机制,使得系统可以从 Flash 存储器、系统存储器或从内置 SRAM 存储器的任意一处开始启动。

比较特殊的是系统存储器启动。厂家制造芯片时,就将自举程序代码固化在系统存储器中,用户可以通过 USART1、USART2、CAN2 或 USB OTG 全速接口的设备口启用自举程序。USART 接口依靠内部 8 MHz 振荡器(HSI)运行。CAN 和 USB OTG 接口只有当外部有一个 8 MHz、14.7456 MHz 或 25 MHz 时钟(HSE)时才能启用自举程序。

系统上电复位后,SYSCLK 的第 4 个上升沿,BOOT 引脚的值将被锁存。在从待机模式退出时,BOOT 引脚的值将被重新锁存。因此,在待机模式下 BOOT 引脚应保持为需要的启动配置状态。在启动延迟之后,CPU 从地址 0x0000 0000 获取堆栈顶的地址,并从启动存储器的 0x0000 0004 地址处开始执行程序。

## 1.9　电源管理

STM32F107 单片机有三组电源系统。第一组是 VDD、VSS(称为主电源);第二组是 VDDA、VSSA(称为模拟电源);第三组是电池组(称为备用电源),它比较特殊,是作为应急备用的。如图 1-13 所示是 STM32F107 单片机的电源供给框图。

VDD、VSS 是单片机正常工作时的能源供给中心,VDDA、VSSA 是模数转换和锁相环使用的一组独立电源,其目的是提高模数转换的精度。如有必要,锁相环也可以使用该组电源,以提高锁定频率的稳定度。一般 VREF+ 和 VREF- 均由此电源产生。

电池组电源是后备电源,当主电源因某种故障而停止时,便会投入使用,以保证必要的运行及少量用电。注意,不是所有的电子设备都需要使用这一组电源,如果不用备用电源,VBAT 引脚就必须连接到主电源上。

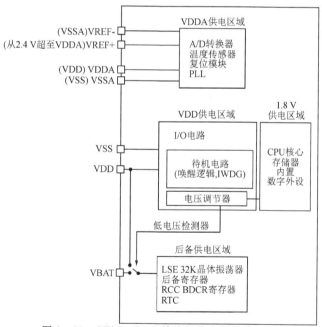

图 1-13　STM32F107 单片机的电源供给框图

## 1.10　上电复位和掉电复位

STM32 单片机内部有一个完整的上电复位(POR)和掉电复位(PDR)电路,而无需外部复位电路。当供电电压达到 2 V 时系统就可以正常工作。当 VDD/VDDA 低于指定的限位电压 VPOR/VPDR 时,系统保持为复位状态,而无需外部复位电路。

无论何种单片机,上电复位和掉电复位后都有其默认或缺省的状态,STM32 单片机也不例外,STM32 单片机 GPIO 上电复位后的初始化(默认)为悬空输入方式。

## 1.11　低功耗模式

在系统或电源复位以后,微控制器处于运行状态。当 CPU 不需继续运行时,就可以利用多种低功耗模式来节省功耗。STM32 单片机有 3 种低功耗模式,STM32L 型单片机有 5 种低功耗模式。不同的低功耗模式消耗的电能各不相同,用户可以根据需要选择不同的低功耗模式。STM32 的 3 种低功耗模式是:

(1)睡眠模式:Cortex-M3 内核停止,所有外设(包括 Cortex-M3 核心的外设,如 NVIC、系统时钟等)仍在运行。这是我们最希望的一种低功耗模式,希望中断系统和系统时钟是工作的。

(2)停止模式:所有的时钟都已停止,1.8 V 内核电源工作,PLL、HIS 和 HSERC 振荡器功能禁止,寄存器和 SRAM 内容保留。停止模式下 STM32 的电流约 20 μA。这种模式对于程序的正常运行是有影响的,因为所有的时钟都停止工作了。

(3)待机模式:1.8 V 内核电源关闭,只有备份寄存器和待机电路维持供电,寄存器和 SRAM 内容全部丢失,实现最低功耗。这种模式用处不多。

STM32 在待机模式下,除了复位引脚、被使能的唤醒引脚和 TAMPER 引脚外,所有的 I/O 引脚均处于高阻态。因此待机模式功耗最低,只有 2 μA 的电流。STM32 在进入待机模式前需要使能电源时钟,设置 WK_UP(PA0 引脚接一个唤醒按键)引脚作为唤醒源,设置 SLEEPDEEP 位,设置 PDDS 位,执行 WFI 指令,进入待机模式。

虽然待机模式电流最低,但待机模式时的 STM32 处于不受控制的状态,只有专门的几个引脚能够将 MCU 唤醒,而每次唤醒后相当于系统复位,RAM 中的数据全部丢失,所以要慎用待机方式。

STM32 的 3 种低功耗模式的唤醒方式见表 1-2。

1.8 V 区域包含的外设有 CPU 核心存储器和内置数字外设。VDD 区域包含的外设有 I/O电路、待机电路(唤醒、IWDG)和电压调节器。WFI 为中断唤醒,WFE 为事件唤醒,事件与中断可以来自同一个源头,通过写事件屏蔽寄存器开放事件产生源。

表 1-2　STM32 低功耗的唤醒方式

| 模式 | 进入 | 唤醒 | 对 1.8 V 区域时钟的影响 | 对 VDD 区域时钟的影响 | 电压调节器 |
|---|---|---|---|---|---|
| 睡眠<br>(SLEEP-NOW 或<br>SLEEP-ON-EXIT) | WFI | 任意中断 | CPU 时钟关,对其他时钟和 ADC 时钟无影响 | 无 | 开 |
| | WFE | 唤醒事件 | | | |

| 模式 | 进入 | 唤醒 | 对 1.8 V 区域时钟的影响 | 对 VDD 区域时钟的影响 | 电压调节器 |
|---|---|---|---|---|---|
| 停止 | PDDS 和 LPDS 位＋SLEEPDEEP 位＋WFI 或 WFE | 任意外部中断（在外部中断寄存器中设置） | 关闭所有 1.8 V 区域的时钟 | HSI 和 HSE 的振荡器关闭 | 开启或处于低功耗模式（依据电源控制寄存器 PWR_CR 的设定） |
| 待机 | PDDS 位＋SLEEPDEEP 位＋WFI 或 WFE | WKUP 引脚的上升沿、RTC 闹钟事件、NRST 引脚上的外部复位、IWDG 复位 | | | 关 |

此外，在运行模式下，还可以通过以下方式中的一种降低功耗：

（1）降低系统时钟；

（2）关闭 APB 和 AHB 总线上未被使用的外设时钟；

（3）可将所有不用的 GPIO 设置成模拟输入，如果不进行配置，将默认是浮空输入，此时电流比较大。

（4）将中断引脚设置成浮空或者上拉，这时，如果在中断引脚上未接任何东西，内部需要上拉或者下拉，这样才能保证最低功耗。

HAL 库进入中断可唤醒睡眠模式的函数是：

HAL_PWR_EnterSLEEPMode(PWR_MAINREGULATOR_ON, PWR_SLEEPENTRY_WFI);

在测试睡眠模式时会发现没有其他中断存在，但是系统还是退出了睡眠模式，系统并没有暂停运行，进入睡眠的原因是睡眠模式时，内核停止，外设继续运行（包括内核外设）。SysTick 是一个内核外设中断，因此睡眠会被 SysTick 中断不断唤醒，SysTick 是系统默认的嘀嗒时钟中断，无法关闭，所以只能通过测量用睡眠模式和不用睡眠模式时的板子功耗来感受睡眠模式带来的功耗改变。

## 1.12　STM32F107 最小系统

STM32F107VCT6 的最小系统原理图如图 1－14 所示。该最小系统设计作了如下考虑：

（1）任何电路系统工作都需要电源。该最小系统采用 LM1117MPX－3.3 为 STM32F107 提供 3.3 V 电源；

（2）由于 STM32 单片机内部有一个完整的上电复位电路模块，所以对于 STM32 单片机系统不需要考虑上电复位问题；

（3）启动模式配置：STM32F107VCT6 的启动模式配置引脚是 BOOT0 和 BOOT1(PB2)，从表 1－1 可以看出，只有采用主闪存存储器启动模式时，PB2 才不被占用，且最常用的也是主闪存存储器启动模式。因此，只需要将 BOOT0 引脚接 GND 即可；

（4）STM32 内部有 8 MHz 和 40 kHz 的 RC 振荡器，所以即使不外接晶振，STM32 也是

可以工作的。但是内部的 RC 振荡器产生的时钟信号稳定度不够,所以一般都要外接高速晶振以提高系统时钟的稳定度;

（5）该最小系统电路没有区分模拟电源和数字电源,一般应用中最好区分模拟电源和数字电源;

（6）JTAG 调试接口,占用 5 个 GPIO 口(PA13、PA14、PA15、PB3、PB4);

（7）电源指示电路;

（8）手动复位电路;

（9）程序运行指示电路。

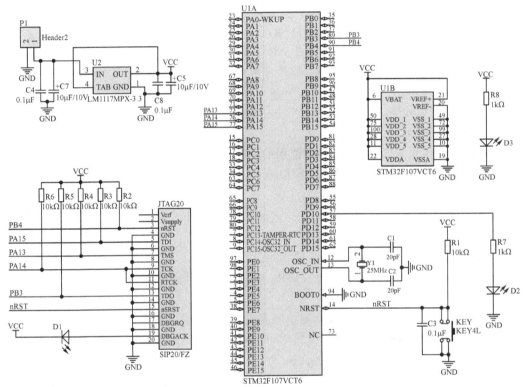

图 1-14  STM32F107VCT6 最小系统原理图

总结:为什么选择 STM32?

（1）完整的产品链条;

（2）成熟的国内市场(大量、广泛使用);

（3）STM32CubeMX 可视化配置工具,具有快速、方便、易移植的特点;

（4）降低了使用外设的门槛,所有配置一目了然,面向问题,有成熟的设计套路;

（5）HAL(硬件抽象层)库对底层进行了抽象,将每个外设抽象成了一个称为 ppp_HandleTypeDef 的结构体,其中 ppp 就是每个外设的名字,所有的函数都工作在 ppp_HandleTypeDef 指针下;

（6）统一了代码的架构和风格。

## 1.13　如何快速掌握 STM32CubeMX

STM32CubeMX 看似简单、上手容易,但要利用好它快速形成自己的设计却不容易。从标准库函数转到 STM32CubeMX 的初学者,坚持不下去,返回去再用标准库的比比皆是,一个很大的原因是标准库有非常多的资源、代码、例程和设计范例,几乎所有的 STM32F1 系列的接口都能很快找到例程。而深入介绍 STM32CubeMX 的例程不多,设计范例就更少了。使用 STM32CubeMX 进行配置、开发时,相信大家都遇到过各种各样的问题。作者在趟过许多坑后,力图让想学习基于 HAL 库开发的读者能够快速掌握 STM32CubeMX,并逐步掌握 HAL 库开发的要义。STM32 的初学者可以从以下几个方面来学习 STM32CubeMX:

(1)最好能掌握一个比较简单的微处理器,如 51 单片机,然后过渡到 STM32。作者在配套资源中详细介绍了如何从简单的 51 单片机过渡到 STM32CubeMX。所有微控制器都有 GPIO、定时器、中断、串口,掌握了这些才能去体会 STM32 单片机的一些资源和功能。

(2)通过 datasheet 了解自己要用的 STM32 处理器的资源,简单了解,没有必要仔细阅读,STM32 MCU 的 datasheet 动辄上百页到几百页。

(3)根据自己项目设计的需要,快速读完本书的相关例程,这样你就会快速掌握基于 STM32CubeMX 的开发方式,想开发 STM32 的任何单片机都行。

(4)HAL 库适合有一定 C 语言功底的人学习。你需要对指针、结构体、句柄、弱函数、回调函数等这类 C 语言知识有一定掌握才行。本书没有把这些 C 语言的内容放在学习 STM32CubeMX 的最开始,避免读者望而生畏,而是通过大量由易到难的实例循序渐进地引导读者如何用 STM32CubeMX 实现接口功能,这样即使 C 语言基础不怎么好,也能很快上手 STM32CubeMX,做自己的设计。本书在第 13 章介绍了 HAL 库开发的 C 语言基础知识,读者在上手 STM32CubeMX 后,再阅读第 13 章,学习 HAL 库开发相关的 C 语言基础知识。读者需要在设计过程中反复体会 HAL 库开发的精要,不断加深对 HAL 库的理解,通过实例去理解指针、结构体、句柄、弱函数、回调函数等概念。这样才能在程序出问题的时候去寻找问题的根源。

(5)多做练习。本书中例程和作业的难度是不断迭代和演进的,许多设计方法和思路都是可以直接用于自己的电子系统设计。

## 学习与练习

1. STM32 单片机具有 2 个 DMA 控制器,试从图 1-10 中找出它们的位置,并指出它们各自的通道数目。

2. STM32 单片机具有 3 个 USART(同步、异步串行通信外设)和 2 个(异步串行通信外设),试从图 1-10 中找出它们分别连接在哪个桥接总线上(APB1、APB2)。

3. STM32 单片机具有 2 个模数转换器,试从图 1-10 中找出它们分别连接在哪个桥接总线上。

4. STM32 单片机具有 5 个通用端口,试从图 1-10 中找出它们分别连接在哪个桥接总线上。

5. STM32 单片机具有 8 个定时器,试从图 1-10 中找出它们分别连接在哪个桥接总线上。

6. STM32 单片机具有 3 个 SPI 外设接口,试从图 1-10 中找出它们分别连接在哪个桥接总线上。

7. STM32 单片机具有 2 个 I2C 外设接口,试从图 1-10 中找出它们分别连接在哪个桥接总线上。

8. STM32 单片机具有 2 个 CAN 外设接口,试从图 1-10 中找出它们分别连接在哪个桥接总线上。

9. STM32 单片机具有 2 个 I2S 外设接口,试从图 1-10 中找出它们分别连接在哪个桥接总线上,与什么外设分时复用。

10. STM32 单片机的事件、中断控制器连接在哪个桥接总线上?

11. 试从图 1-11 中找出 STM32 单片机的 SRAM 所在区域,其地址范围是什么?

12. 试从图 1-11 中找出 STM32 单片机未使用的 Flash 区域,其地址范围是什么?

# 第2章 STM32F107VCT6 实验板介绍

本章主要介绍模块化实验平台中 STM32F107VCT6 实验板的组成及功能。该实验板用 STM32F107VCT6 芯片作为处理器，具有多种功能及丰富的外设接口，用于学习 STM32 各个模块调试及系统搭建。

STM32F107VCT6 实验板如图 2-1 所示，其外形尺寸是 143 mm×114 mm，实验板设计时充分考虑了实际使用需求，除网络功能外，其他内部资源均可使用该实验板进行调试。此外，实验板提供了丰富的功能模块接口，并将 GPIO、I2C、SPI、CAN、USB-UART 等多种接口以插针的方式引出，便于进行模块调试及外设扩展。

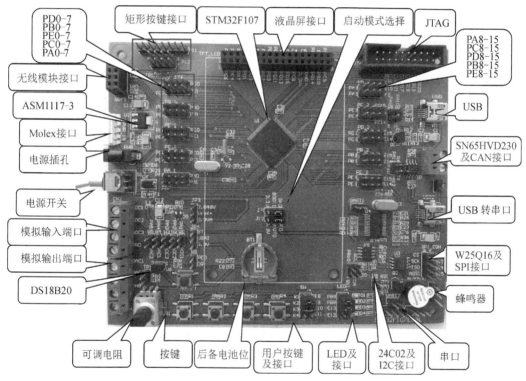

图 2-1　STM32F107VCT6 实验板

STM32F107VCT6 实验板有如下特点：

（1）资源丰富：实验板提供丰富的硬件资源，有利于各内部资源的调试和学习；

（2）配置灵活：实验板多个预留接口均可灵活配置，以满足不同的使用需求；

（3）设计合理：接口位置设计合理，便于接线或接插外设模块，明确标注各引脚，便于调试过程中检测及接线；

（4）下载方式灵活：可采用 JTAG 或 USB 下载程序，方便 STM32 实验板的开发调试。

注：实验中使用的实验板与该图部分位置略有出入，以最终实物为主。

## 2.1　STM32F107VCT6 实验板资源简介

STM32F107VCT6 实验板配置如下：

(1)1 片 STM32F107VCT6 芯片；

(2)1 片 SPI FLASH 芯片 W25Q16 及接线端口；

(3)1 片 I2C EEPROM 芯片 24C02 及接线端口；

(4)1 片 CAN 总线接口芯片 SN65HVD230 及接线端口；

(5)1 个电源指示灯；

(6)1 个蜂鸣器；

(7)1 路数字温度传感器 DS18B20；

(8)5 组引出的 GPIO 端口；

(9)1 个无线模块接口，可接 nRF24L01 模块；

(10)1 个标准的 3.2 寸 TFT LCD 液晶屏接口；

(11)1 个 USB - UART 接口，可用于程序下载和代码调试；

(12)1 个标准的 JTAG/SWD 调试下载口；

(13)1 组模拟输入端口(ADC12_IN1～ADC12_IN3)；

(14)1 组模拟输出端口(DAC_OUT1～DAC_OUT2)；

(15)2 路 5 V 电源接口，可使用电源插孔或 Molex 插座；

(16)1 个电源开关，控制整个板的系统供电；

(17)1 个 2.048 V 基准电压芯片及接口；

(18)1 个 RTC 后备电池座，并带电池；

(19)1 个参考电压设置端口；

(20)2 个启动模式选择配置接口；

(21)1 个 RESET 按键，用于 STM32 和 LCD 复位；

(22)4 个用户按钮，用户可自定义按键功能；

(23)4 个用户指示灯，用于用户调试时使用。

## 2.2　硬件配置说明

2.1 节中简要介绍了实验板上具有的硬件配置，在本节中详细介绍实验板各部分的硬件原理图，让大家对硬件电路有一定的了解。

### 1. STM32F107VCT6

实验板选用 STM32F107VCT6 作为处理器，该处理器是 ARM 32 位的 Coretx - M3 内核，内部资源丰富，包括了 256 KB 的 FLASH、64 KB 的 SRAM、2 个 12 位模数转换器、2 个 12 位数模转换器、80 个 GPIO 端口、10 个定时器。通信资源也非常丰富，包括 2 个 I2C 接口、5 个 USART 接口、3 个 SPI 接口、2 个 CAN 接口、10/100 以太网 MAC(该实验板未设计以太网接口)等。

核心处理器部分的电路图如图 2 - 2 所示，其中 U1A 是 STM32F107VCT6 的 GPIO 管脚及外围器件,U1B 是 STM32F107VCT6 的供电部分电路。为了减小噪声干扰,电源和地之间有滤波电容,确保系统稳定可靠运行。

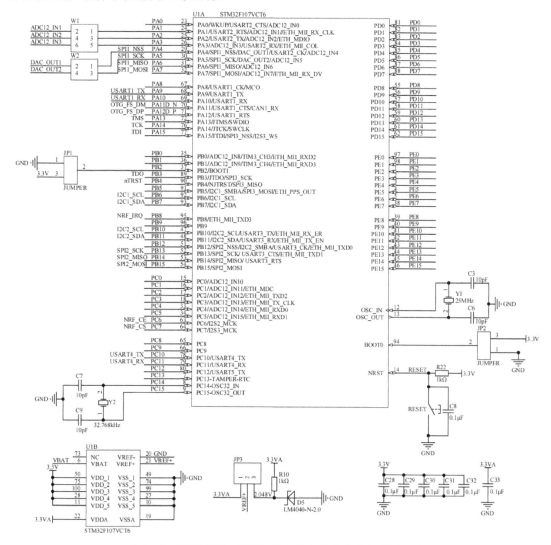

图 2-2　STM32F107VCT6 核心处理器部分的电路原理图

STM32F107VCT6 芯片需要两个晶振,频率分别为 25 MHz 和 32.768 kHz。25 MHz 晶振为整个系统和所有外设(包括以太网和全速 USB OTG)提供时钟源。32.768 kHz 晶振为实时时钟或者其他定时功能提供精确的时钟源。

VBAT 为 RTC 和后备寄存器供电,在实验板中使用了 3.3 V 电源和 CR1220 纽扣电池两种供电方式,一般使用 3.3 V 电源供电,当外部电源断开时,可采用 VBAT 供电,以保证 RTC 的持续运行及后备寄存器的内容不丢失。在附录 B 原理图中通过 JP4 的跳线帽选择供电方式,当实验板安装纽扣电池时,跳线帽将 1-2 短接,可实现 RTC 实时时钟运行。

实验板的启动模式选择端口 BOOT1 和 BOOT0,用于选择复位后 STM32F107VCT6 的启动模式,启动模式和跳线设置关系见表 2-1。

表 2-1　启动模式及跳线设置

| BOOT1(JP1) | BOOT0(JP2) | 启动模式 |
|---|---|---|
| × | 1-2(0V) | 主闪存存储器 |
| 1-2(0V) | 2-3(3.3V) | 系统存储器 |
| 2-3(3.3V) | 2-3(3.3V) | 内置 SRAM |

因此在使用系统调试前,根据需求设置跳线 JP1 和 JP2。一般情况下,将 1-2 短接,选择主闪存存储器模式启动。

**2. SPI Flash**

实验板上的存储器选用了 W25Q16 芯片,它是 SPI 接口的串行 Flash 存储器,引脚定义如表 2-2 所示。该芯片每页 256 KB,共 8192 页,总容量为 2 MB,用于存储数据。

表 2-2　W25Q16 芯片引脚定义

| 序号 | 定义 | 说明 |
|---|---|---|
| 1 | $\overline{CS}$ | 片选信号 |
| 2 | DO | 数据输出 |
| 3 | $\overline{WP}$ | 写保护输入 |
| 4 | GND | 地 |
| 5 | DI | 数据输入 |
| 6 | CLK | 串行时钟输入 |
| 7 | $\overline{HOLD}$ | 保持输入信号 |
| 8 | VCC | 电源 |

在电路中,将 W25Q16 所需的数据、时钟及片选信号接到 SPI_CON 双排插针的一侧,双排插针的另一侧分别连接 PB12-15,具体的原理图如图 2-3 所示。

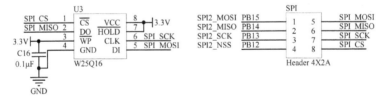

图 2-3　SPI FLASH 原理图

使用时,可使用跳线帽将 SPI_CON 端口的 1 和 5、2 和 6、3 和 7、4 和 8 引脚短接,直接使用 SPI2 的控制信号,也可以将 5~8 引脚用杜邦线与 SPI1 或 SPI3 相应信号的管脚相连。因此,在使用 SPI Flash 时,可以根据设计需求灵活选择 SPI 接线端口,避免端口复用时冲突。

**3. I2C EEPROM**

实验板上使用了一片 CAT24WC02,容量为 256 KB 的 I2C 接口的串行 EEPROM,用于实现数据保存。I2C 总线是由数据线 SDA 和时钟线 SCL 构成的两线式串行总线,可实现数据发送和接收,用于连接微处理器及其外围设备。I2C 总线具有接口线少,硬件控制简单,器件封装小、通信速率高、可扩展性强等优点。CAT24WC02 芯片引脚定义见表 2-3。

表 2 - 3　CAT24W02 芯片引脚定义

| 序号 | 定义 | 说明 |
|---|---|---|
| 1、2、3 | A0、A1、A2 | 器件地址选择 |
| 4 | VSS | 地 |
| 5 | SDA | 串行数据/地址 |
| 6 | SCL | 串行时钟 |
| 7 | WP | 写保护 |
| 8 | VCC | 电源,1.8～6V 工作电压 |

A0、A1、A2:器件地址选择端。使用 24WC02 时,总线上最大可级联 8 个器件,当总线上只有一个 24WC02 时,A0～A2 悬空或接 VSS。

SDA:串行数据/地址引脚,用于器件上所有数据的发送或接收,SDA 为开漏输出引脚,需接上拉电阻,可与其他开漏输出或集电极开路输出进行线或。

SCL:串行时钟,用于产生数据发送或接收的时钟信号,需接上拉电阻。

WP:写保护引脚,当 WP 接 VCC 时,所有的内容都被写保护,此时只能进行读操作;当 WP 接 VSS 或悬空时,允许进行读/写操作。

CAT24WC02 芯片的电路原理图如图 2 - 4 所示。

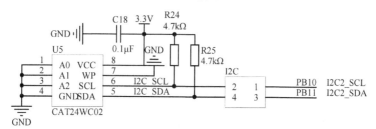

图 2 - 4　CAT24WC02 芯片的电路原理图

图中 A0～A2 接地,即 24C02 的地址设置为 0。该芯片的 SCL 和 SDA 信号引出到 I2C_PORT 双排插针的 2、4 管脚上,使用时可直接用跳线块将 1 和 2,3 和 4 短接,把两个信号线与 STM32 的 I2C 控制信号 PB10、PB11 管脚相连,也可使用杜邦线与其他 I2C 的对应管脚相连。SCL 和 SDA 信号需使用电阻进行上拉,才能保证芯片正常工作。

**4. CAN 总线接口**

CAN(Controller Area Network)是控制器局域网络,是一种串行通信协议,该总线通信速率较高、抗干扰能力强。实验板上使用了 SN65HVD230 的 CAN 总线收发器,引脚定义如表2-4所示,该收发器具有差分收发能力,最高传输速度可达 1 MB/s,广泛用于汽车、工业自动化及 UPS 控制等领域。

表 2－4　SN65HVD230 芯片引脚定义

| 序号 | 定义 | 说明 |
|---|---|---|
| 1 | D/TXD | CAN 发送数据输入端 |
| 2 | GND | 地 |
| 3 | VCC | 电源，接 3.3 V |
| 4 | R/RXD | CAN 接收数据输出端 |
| 5 | VREF | VCC/2 基准电压输出端 |
| 6 | CANL | CAN 总线低电平输出端 |
| 7 | CANH | CAN 总线高电平输出端 |
| 8 | Rs | 模式选择端：<br>强下拉至 GND 时为高速模式；<br>强上拉至 VCC 时为低功耗模式；<br>通过 10～100 kΩ 电阻下拉至 GND 时为斜率控制模式 |

　　CAN 控制器的输出引脚 Tx 接 SN65HVD230 的数据输入端 RXD，可将 CAN 节点发送的数据传送到 CAN 网络中；CAN 控制器的接收引脚 Rx 与该芯片的数据输出端 TXD 相连，用于接收数据。CAN 总线有两根信号线 CANH 和 CANL，控制器根据这两根线上的电位差来判断总线电平。

　　CAN 总线的电路原理图如图 2－5 所示，经过 CAN 收发器转换后的 CAN_RXD 和 CAN_TXD 信号引出到 CAN 双排插针上，可直接使用跳线帽将 1 和 3、2 和 4 短接，与STM32F107VCT6 的 PB12、PB13 连接，KF1 是经过收发器后的 CAN 总线信号，与 CAN 外设相连。Rs 端直接接 GND，控制器工作为高速模式。

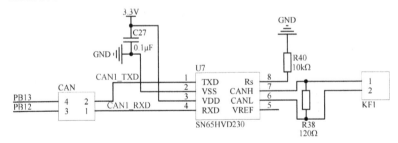

图 2－5　CAN 总线电路原理图

　　查看管脚定义可知，CAN2 总线控制信号与 USB_D＋/USB_D－管脚复用，因此，当PB12、PB13 管脚被作为 USB 数据口时，可使用杜邦线将 CAN 的收发信号与 PA12、PA13（CAN1_RXD\CAN1_TXD）相连，实现 CAN1 的收发控制，避免管脚冲突。

**5. 蜂鸣器**

　　实验板上使用了有源蜂鸣器，通过 STM32F107VCT6 的 GPIO 口进行驱动。由于STM32F107VCT6 的 GPIO 口最大能提供 25 mA 的电流，蜂鸣器的驱动电流约 30 mA，若直接使用 I/O 口进行驱动，可能会导致其他 GPIO 不稳定。因此系统通过一个三极管进行电流放大后，再驱动蜂鸣器，这样 GPIO 只需要很小的电流就可以驱动蜂鸣器。

在图 2-6 中,使用 9013 三极管放大电流驱动蜂鸣器,可使用跳线帽与 PE15 口短接,即可通过 PE15 端口输出电平控制蜂鸣器,蜂鸣器用于声音提示。当输出为高电平时,蜂鸣器响;当输出为低电平时,蜂鸣器不响。

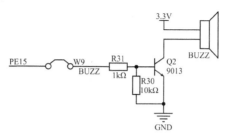

图 2-6　蜂鸣器电路原理图

### 6. 温度传感器

STM32F107VCT6 芯片有一个内部温度传感器,连接到 ADCx_IN16 的输入通道上,可以用来测量 CPU 及周围的温度,该引脚可将温度传感器测量的电压转为数值直接输出。但因为芯片温升较大、精度差等问题,测量值与实际温度差别较大,因此实验板上使用了一款常用的数字温度传感器 DS18B20。该芯片体积小,单线接口方式,仅需一条信号线就可与处理器进行双向通信,支持多点组网功能,测量温度范围为 $-55\sim+125$ ℃ ,精度为 $\pm0.5$ ℃。

DS18B20 的电路原理图如图 2-7 所示,其中,DQ 为传感器的数据输入/输出端,可输出 $9\sim12$ 位的数字结果,默认为 12 位,使用时仅与一个 GPIO 口连接,单线方式读写数据,使用方便、灵活。

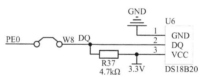

图 2-7　DS18B20 电路原理图

### 7. GPIO 扩展接口

实验板将 PA~PE 共 5 组 GPIO 端口通过 10 个标准双排插针引出,并按照管脚顺序排列,如图 2-8 所示。每个 GPIOX 端口分为两部分 PX_1、PX_2,分别是 PX 的 $0\sim7$ 引脚、$8\sim15$ 引脚,印制板上也明确标出各端口对应管脚号。

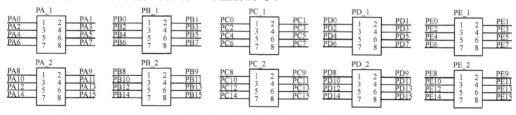

图 2-8　GPIO 扩展接口原理图

这里将 GPIO 端口全部引出,在进行系统调试时可使用配套的排线或杜邦线接线,能够方便、快捷地实现与外设连接或扩展,也有利于在调试过程中对所需管脚信号实时检测。

### 8. 无线模块接口

实验板上预留了一个无线传输模块接线端口,采用 2×4 的双排插针方式与无线模块 nRF24L01 相连,用于实现实验板与其他无线设备的数据传输。nRF24L01 是工作在 2.4~2.5 GHz ISM 频段的单片无线收发器芯片,无线传输模块最大通信速率可达 2 Mbps。

nRF24L01 无线模块使用 SPI 总线方式与 STM32F107VCT6 进行通信,最大的 SPI 速率可达 10 MHz。无线模块接口部分的电路图如图 2-9 所示,无线传输模块的 SPI 信号与 STM32F107VCT6 的 SPI1 控制端口相连,其他控制信号与 PC、PB 口相连。在使用无线模块通信时,需要使用两块实验板及无线模块,用于进行无线数据的传输。该模块各引脚定义如表 2-5 所示。

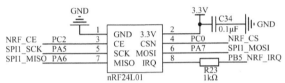

图 2-9 无线模块接口部分的电路图

**表 2-5 NRF24L01 模块各引脚定义**

| 序号 | 定义 | 说明 |
|---|---|---|
| 1 | GND | 地 |
| 2 | VCC | 电源,接 3.3 V |
| 3 | CE | SPI 片选信号 |
| 4 | CSN | 模块控制端,CSN 为低单片机时,CE 协同 Config 寄存器共同决定模块的工作状态 |
| 5 | SCK | SPI 时钟线 |
| 6 | MOSI | SPI 数据线(主机输出、从机输入) |
| 7 | MISO | SPI 数据线(主机输入、从机输出) |
| 8 | IRQ | 中断信号,在以下三种情况时,该引脚变为低电平产生中断:当 Tx FIFO 发完并且收到 ACK(使能 ACK 情况下)、Rx FIFO 收到数据、达到最大重发次数 |

### 9. LCD 模块接口

实验板上预留了液晶屏模块接口,使用 2×17 的插座,可接 TFT LCD 液晶屏。该系统选用 3.2 寸、分辨率 240×320 的液晶屏,其控制芯片为 ILI9341,该液晶屏为电阻式触摸屏,具有触摸功能用于菜单、文字显示、实现触摸屏控制或输入功能,具体电路如图 2-10 所示。

从图中可知,TFT LCD 液晶显示屏模块的 16 位并行数据总线 DB0-DB15 与 STM32F107VCT6 的 PD0-15 连接。显示屏的触摸控制部分接口方式为 SPI 接口,与 SPI2(PB) 对应引脚相接,用于实现对液晶触摸屏的控制,其数据线少、驱动简单。所选液晶屏带有独立的 SD 卡模块,方便存储图片等大容量数据,因此液晶屏 22 脚 SDCS 与 PB9 连接,可显示 SD 卡中的图片或数据。BL 用于控制液晶屏的背光,RESET 复位键同时也控制着液晶屏的复位,其他的控制信号与 PC 相连。TFT_LCD 模块触摸屏部分共 5 根控制信号线 MISO、MOSI、TP_PEN、TP_CS 及 SCLK，分别与 STM32F107VCT6 的 PB14、PB15、PB10、PC9、PC12 引脚相连。

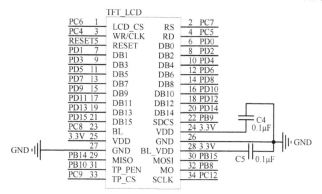

图 2-10　液晶屏接口电路

TFT_LCD 管脚定义如表 2-6 所示。

表 2-6　液晶屏引脚定义

| 管脚号 | 名称 | 描述 |
|---|---|---|
| 1 | LCD_CS | 液晶片选，低电平有效 |
| 2 | RS | 命令/数据标志，0：读写命令；1：读写数据 |
| 3 | WR/CLK | 写信号，低电平有效 |
| 4 | RD | 读信号，低电平有效 |
| 5 | RESET | 液晶复位，低电平复位 |
| 6～21 | DB0～DB15 | 数据端口 |
| 22 | SDCS | SD 卡片选信号，低电平有效 |
| 23 | BL | 背光控制端，0—关闭，1—开启 |
| 24～25 | BL_VDD | 3.3 V |
| 26～27 | GND | 地 |
| 28 | VDD | 3.3 V |
| 29 | MISO | SPI 总线 MISO |
| 30 | MOSI | SPI 总线 MOSI |
| 31 | TP_PEN | 触摸屏中断信号 |
| 32 | MO | 扩展 FLASH 片选信号 |
| 33 | TP_CS | 触摸芯片片选信号 |
| 34 | SCLK | SPI 总线 SCLK |

**10. USB-UART**

实验板上使用 PL_2303 芯片实现 USB 转串口，如图 2-11 所示。PL_2303 的串行收发端口通过 UART1 插针引出，标号分别为 UART_TX1 和 UART_RX1，使用时可用跳线块将 1 和 3、2 和 4 短接，使其与 UART1 的收发端口 PA10 和 PA9 相接，或使用杜邦线与

STM32F107VCT6 的其他串口进行连接。实验板上的 USB2 提供 PL_2303 和电脑通信的接口,便于使用笔记本电脑时进行串口通信。同时,USB 口可以给实验板供电,VUSB 就是来自电脑 USB 的电源,可作为实验板主要供电接口。

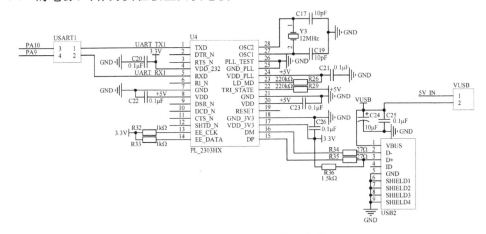

图 2-11　USB-UART 接口电路

## 11. JTAG

实验板预留了标准 20 针的 JTAG/SWD 下载线接口,用于程序调试及下载,JTAG 电路如图2-12所示。

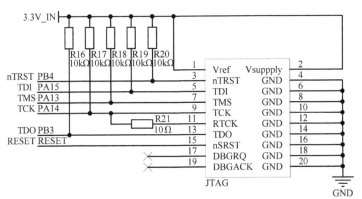

图 2-12　JTAG 接口电路

标准的 JTAG 接口是 4 线,分别为模式选择 TMS、时钟 TCK、数据输入 TDI 和数据输出 TDO。nTRST 和 RTCK 是可选项。相关 JTAG 引脚的定义为:

　　TMS:测试模式选择,用于设置 JTAG 接口处于某种特定的测试模式;

　　TCK:测试时钟输入;

　　TDI:测试数据输入,数据通过 TDI 引脚串行输入 JTAG 接口;

　　TDO:测试数据输出,数据通过 TDO 引脚从 JTAG 接口串行输出;

　　nTRST:用于对 JTAG 进行复位或初始化;

　　RTCK:由目标板反馈给仿真器的时钟信号,用于同步 TCK 信号的产生,不用时可直接接地。

　　调试过程中使用的仿真器 JTAG-V8 能非常好地支持 SWD(Serial Wire Debug,串行调试)模式,利用 J-Link 也可使用 SWD 模式实现程序下载、单步调试等功能。标准的 JTAG 口占用了 5 个 I/O 口,而 J-Link 的 SWD 模式只需要使用 2 个 I/O 端口,即 PA13/JTMS/SWDIO——串行数据线、PA14/JTCK/SWCLK——串行时钟线,该模式下 PA15、PB3 和 PB4 均可作为通用 I/O 口使用,此时可选用 4 芯端子(包括电源、地)做调试端口,节省印制板空间。而且,SWD 模式比 JTAG 在高速模式时更加可靠。JTAG 和 SWD 两种调试模式均可实现调试下载功能。SWD 结构简单,当印制板尺寸较小时,可使用 SWD 模式进行系统调试。

**12. 模拟输入/输出接口**

STM32F107VCT6 内部有 2 个 12 位的模拟/数字转换器(ADC),每个 ADC 共用 16 个外部通道,可以实现单次或多次扫描转换。STM32F107VCT6 内部还有 2 个 12 位的 DAC 模块,可用于将 2 路数字信号转换成 2 个模拟电压输出。

模拟接口电路如图 2-13 所示,实验板上预留了 3 路模拟输入、2 路模拟输出的接线端子,便于将 AD 转换的模拟输入信号或 DA 转换的模拟输出信号引入或引出。

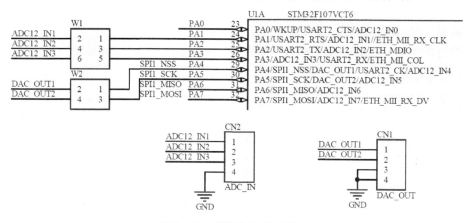

图 2-13　模拟输入/输出接口

在进行模数转换时,当用 PA1~PA3 作模拟输入端口时,只需将 W1 短接即可;若要使用其他模拟输入端口,则将 W1 接线端子的 2、4、6 引脚直接接到所需 GPIO 端口上。

在进行数模转换时,PA4、PA5 作为模拟输出口,使用时需将 W2 进行短接,即可在 CN1 接线端子上得到 DAC_OUT1 和 DAC_OUT2 信号。

**13. 系统供电电路**

STM32F107VC76 实验板输入电压为 5 V,可通过电源插孔(PWR)、MiniUSB(VSB2)或 PWR_IN 接插件供电,如图 2-14 所示。

PWR_IN 是 4 芯的 MOLEX 插座,具有防插错功能,可以通过特制电源线从专用电源板上供电。外部电源输入口 PWR,采用电源插座接口供电,使用该端口供电时,可用特制的 USB 电源线与计算机的 USB 口相连,或使用合适的 5 V 电源适配器进行供电。在使用 MiniUSB(USB2)供电时,最大电流不能超过 500 mA。因此在耗电比较大的情况下,建议使用 PWR_IN 外部电源供电,以便给实验板提供足够的电流。V9.0 的 J-Link 仿真器可给实验板提供 3.3 V 的电源,插上仿真器后系统即可上电。

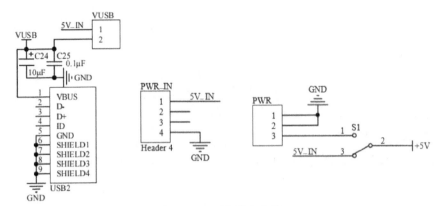

图 2-14　系统供电电路

在实验板中,使用开关 S1 进行通断电控制,当使用电源插孔供电时,开关向下拨动,系统断电;开关向上拨动时系统上电。当使用 MiniUSB(USB2)或 V9.0 的 J-Link 时,将 USB 线插入计算机 USB 口即可供电,无需拨动开关。

当系统接入 5 V 电源时,ASM1117 将转换出 3.3 V 的电源给 STM32F107VCT6 及外围芯片使用,经过滤波后的 3.3 V 的电源用做模拟电源给 VDDA 供电,如图 2-15 所示。

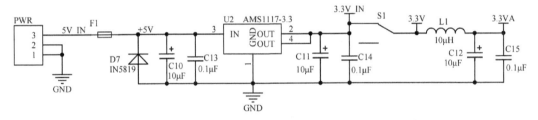

图 2-15　AMS1117-3.3 V 电路图

图 2-15 中,F1 为 500 mA 可恢复保险丝,D7 为二极管 IN5819,当直流电源正、负极接反时,二极管导通,此时对负载两端的电压进行钳位,流过保险丝的电流变大,使保险丝熔断,用于保护实验板。

若需要从实验板上向其他设备提供电源和地时,可从实验板右下角处 5 V、3.3 V 和 GND 的接线端子上接线,勿从其他端口上接线,防止线间短路烧毁器件。

在实验板接电时应注意,不要同时使用多种方式给系统供电,防止烧坏板子。

**14. 参考电压选择电路**

VREF+和 VREF-是 ADC 的正、负极参考电压,实验板上 STM32F107VCT6 芯片的参考电压选择电路如图 2-16 所示,VREF+可通过跳线帽接 3.3 V 或基准电压 2.048 V,默认 JP3 的 1-2 脚短路,VREF+接 3.3 V(VDDA)。

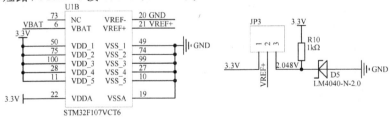

图 2-16　参考电压选择电路

图 2-16 中,LM4040 是一款微功耗、高精度电压基准芯片,采用固定反向击穿电压,可为 STM32F107VCT6 提供高精度的 2.048 V 参考电压。LM4040 电路简单、体积小,无需任何输入/输出滤波电容即可输出稳定的电压,不同型号可提供 2.048 V、2.5 V、4.096 V 和 5 V 等多种参考电压。

### 15. 按键电路

实验板上有 RESET(系统复位)按键及四个用户按键,如图 2-17 所示。RESET 按键用于系统硬件复位,当按下 RESET 键时,STM32F107VCT6、液晶等进行复位。SW 双排针的一侧与四个用户按键连接,另一侧与 PE8~PE11 连接。在使用用户按键时,可用跳线帽短接 SW 的 1 和 5、2 和 6、3 和 7、4 和 8 管脚,即可直接使用 PE8~PE11 管脚读取按键状态,也可使用杜邦线将 K1~K4 与 GPIO 其他端口连接使用,方便灵活。

四个用户按键的功能由用户自行定义,主要用作人机交互输入使用。按键未按下时,相连的 GPIO 管脚为高电平;按键按下时,管脚为低电平。

实验板上的 P11 为单排插针,用于外接矩阵键盘,该端口与 P12 端口的各引脚依次相连,在使用矩阵键盘时,利用杜邦线将 P12 端口的 8 个引脚与 STM32 的 GPIO 口相连。

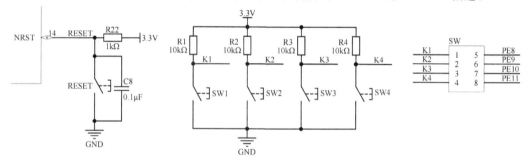

图 2-17　按键电路

### 16. LED 接口

实验板上共有 5 个 LED。D6 用于指示系统供电状态及 ASM1117 工作是否正常。当系统中 3.3 V 供电正常时 D6 亮,否则 D6 不亮。通过该发光二极管可以判断实验板的系统供电情况,当上电后发现 D6 不能正常点亮时,请迅速断电,检查电源是否与地短路,5 V 和 3.3 V 供电是否正常。系统供电正常时,电源指示灯亮,其他 4 个 LED 供用户调试时使用,预留 4 个接口,接 LED 双排插针 5~8,插针的另一端接 PB9、PB8、PE13 及 PE12,如图 2-18 所示。

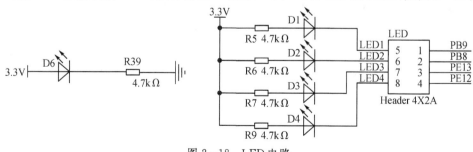

图 2-18　LED 电路

在使用 LED 时,可用跳线帽将双排针的 1 和 5、2 和 6、3 和 7、4 和 8 管脚短接,4 个 LED 将由 PB8/PB9、PE12/PE13 管脚控制。也可用杜邦线将 LED1～LED4 端口与其他 GPIO 口相连,控制 LED。当对应的 GPIO 管脚为低电平时,LED 亮;GPIO 管脚为高电平时,LED 灭。

**17. 可调电阻**

实验板上提供了一个可调电阻 VR1,可用于生成模拟电压信号,如图 2-19 所示。电位器两固定端,分别接 3.3 V 和 GND,电位器滑动端的输出电压通过 ADC_IN 接线端子与 STM32F107VCT6 可作模数转换输入端口的 GPIO 相连。通过调节电阻值,为 AD 转换提供不同的电压信号,便于进行模数转换时系统调试。

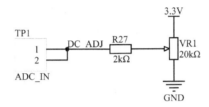

图 2-19　可调电阻电路

**18. 开发板使用注意事项**

为了更好地使用 STM32 实验板,现列出一些使用中的注意事项,以减少不必要的问题。

(1)当实验板电源指示灯 D6 不亮时,迅速断电,测量电源、地是否短路。

(2)实验板上有多个供电接口,每个接口都可以给系统提供正常供电,请勿同时使用多种方式供电,避免因电流回路问题烧毁芯片。

(3)在使用 PWR_IN 端口供电时,注意选择正确的供电电压,防止因接错电压烧毁实验板。

(4)使用 GPIO 口进行测试或扩展时,先仔细查看原理图,可先断开一些未被使用的外设信号线(去掉跳线块),并查看所需 I/O 口是否被其他设备占用,如被占用,根据数据手册更换至其他的 I/O 口,以免管脚复用,相互干扰。

(5)实验板上预留的跳线块较多,在系统调试时应先查看被测模块电路是否需要跳线或接线,实验板各接线端子上均已明确标注各管脚信号。

(6)每个实验板配备 3.2 寸液晶屏,请勿使液晶屏及插针受力,防止液晶屏受损或插针变形。液晶屏在插入实验板时,请勿按压液晶屏表面,应按压液晶屏底板进行插接,注意管脚不要插错位置,插好液晶屏后用螺丝钉将其固定在实验板上。

# 2.3　开发板元器件位置图和开发板原理图

开发板元器件位置图见附录 A:STM32F107VCT6 开发板元器件位置图。
开发板原理图见附录 B:STM32F107VCT6 开发板原理图。

# 第3章 STM32CubeMX 开发环境安装

## 3.1 下载并安装最新版的 MDK-ARM 软件和器件支持包

### 1. 下载 MDK-ARM 软件和 STM32F107 支持包

打开网址 https://www.keil.com/download/product/下载最新版 MDK-ARM, Keil 下载页面见图 3-1。

图 3-1 Keil 下载页面

点击 MDK-ARM 后填写个人联系信息, 根据操作引导下载目前最新版的 MDK-ARM 软件(2020 年 2 月的版本是 mdk529.exe、MDK-ARM 5.29)。

下载 STM32F107 支持包。具体方法如下:

进入网站 http://www.keil.com/product/, 双击 Device List→选择 STMicroelectronics →选择 STM32F107→选择 STM32F107VC, 单击"Download"下载 Keil.STM32F1xx_DFP.x.x.x. pack(2020 年 2 月的版本是 2.3.0)。

若需开发其他商家的微处理器也可按照此方法下载该器件的支持包。

### 2. 安装

下面以 MDK-ARM Version 5.29 为例介绍安装过程。注意:以下安装是基于 Windows 7 64 位操作系统安装的, 在 Windows 其他版本上安装可能略有差异。

双击 mdk529.exe 进行安装, 安装前也要填写一些联系信息。注意:如果在计算机上安装过 C51 软件, MDK-ARM 一定要和 C51 安装在同一个目录下。例如, 如果 C51 的安装目录是 D:\Keil_v5, 则 MDK-ARM 也需要安装在 D:\Keil_v5 目录下。系统会自动识别并给出 MDK-ARM 的安装目录, 就是上次安装 Keil for C51 的子目录下。安装过程中要选择信任来自 ARM 的插件。安装完成后点"Finish"可以看到 MDK V5.29 的介绍。

安装完 MDK V5.29 后, 安装过程并没有结束, 会自动切换到处理器器件库支持包下载页面,下载 Keil 支持的所有公司的器件目录及一些相关支持包。但不用全部下载,用户可根据需要选择下载。因为我们用的是 STM32F107VCT6,所以还需下载并安装 STM32F1xx_DFP,在 Pack installer 菜单栏的左侧选择 STM32F107VC,然后在右侧的 Pack 菜单栏下双击 Keil STM32F1xx_DFP 后面的 Install 即可进行下载并安装,右下角有进度条,安装完成后会显示绿色的"Up to date"。

如果网络不好,双击前面下载的 Keil.STM32F1xx_DFP.2.3.0.pack 进行安装即可,系统会自动选择所要安装的目录。安装完成后,在 Keil 界面中找到 Pack Installer 图标,点击打开 Pack Installer,在 STMicroelectronics 下找到 STM32F107,点击"STM32F107",可看到 Pack 列中,Keil:STM32F1xx_DFP 旁边显示绿色的"Up to date",如图 3-2 所示。

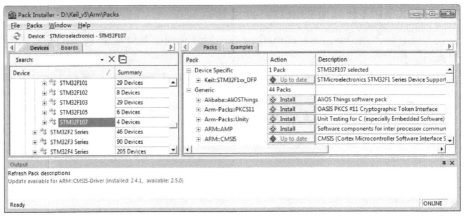

图 3-2　Pack Installer 界面

**3. 测试**

打开 μVision5→Pack Installer→STM32F107VC→右侧点 Examples→找到 Demo→将其拷贝到 D:\Keil_v5\Demo 目录下→打开 Demo.uvproj,编译该程序,0 errors,0 warrings。Keil 开发环境基本搭建完成。

## 3.2　下载并安装最新版的 STM32CubeMX

建议在 www.st.com 官网上先注册个人账号,登陆成功后就可下载自己想要的软件和资料了。从 http://www.st.com/en/development-tools/stm32cubemx.html# 上下载最新版的 STM32CubeMX,2020 年 2 月的版本是 5.5.0,(en.stm32cubemx.zip)。从 http://www.st.com/en/embedded-software/stm32cubef1.html 上下载最新版本的器件支持包 STM32CubeF1,2020 年 2 月的 STM32CubeF1 的版本是 1.8.0(en.stm32cubef1.zip)。

安装过程如下:双击 SetupSTM32CubeMX-5.5.0→点"Next"→勾选"I accept the terms of this license agreement.",点"Next"→勾选"I have read and understand the..."和"I consent that..."两个复选项,点"Next"→安装路径选为"D:\Program Files\STMicroelectronics\STM32Cube\STM32CubeMX",点"Next"→弹出创建目标文件夹窗口,点"确定"→点"Next"→开始安装进程,安装完成后,"Pack Installation Progress:"进度条中显示"[Finished]",点"Next"→点"Done"→在桌面上可看到"STM32CubeMX"快捷方式图标。

注意:在安装"STM32CubeMX"前要检查系统是否安装过 Java,如果没有安装过,就需要安装 Java。对于 Windows XP 系统安装 jre－7u51－windows－i586－7.0.510.13_sgdl.exe即可,对于 Windows XP 以上的系统安装 chromeinstall-8u60.exe 即可。如果没有提示可不用安装。

## 3.3　拷贝并解压 en. stm32cubef1. zip

将"en. stm32cubef1. zip"拷贝到安装目录 Administrator\STM32Cube\Repository 下并解压,解压后将 STM32Cube_FW_F1_V1.8.0 整体移出来,如图 3－3 所示。

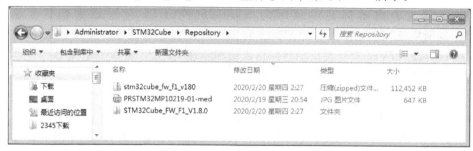

图 3－3　安装 STM32Cube_FW_F1_V1.8.0

## 3.4　安装 STM32_Jlink_V9

直接运行 Setup_JLink_V494h. exe 即可,这是下载和调试程序的工具。安装最后会弹出对话框,请勾选 Keil MDK V5.29(Dll V4.94h in "D:\keil_v5\ARM\Segger")后再点"OK",完成安装。

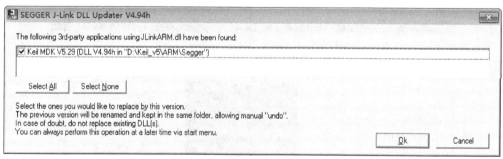

图 3－4　J-Link DLL Updater 选项

由于 J-Link_v9 版本太新,J-Link_v9 和 MDK V5.29 不够和谐,所以在下载时会出现"Mis－aligned memory read"警告。解决办法是将旧版本的 JL2CM3. dll(2015 年)文件拷贝到安装目录 d:\Keil_v5\ARM\segger 下,覆盖较新的 JL2CM3. dll(2019 年)。

注意:以上安装是基于 Windows 环境进行的,目前 Keil 没有 Mac 版。

# 第4章 STM32CubeMX 入门

## 4.1 LED 闪烁工程

本书所有实验内容都是以自制的 STM32F107VCT6 开发板为硬件平台,结合 STM32CubeMX 及 MDK 来学习 STM32。为了更好地学习,请读者参阅以下资料:

(1)STM32F107VCT6 开发板元器件位置图和原理图:见附录 A 和附录 B;

(2)STM32F105xx_F107xx 数据手册;

(3)STM32F1xx 固件库参考手册;

(4)STM32 寄存器与库函数概览。

本书例程的软件版本为 MDK 5.29、STM32CubeMX 5.5.0、STM32CubeF1 1.8.0。

STM32CubeMX 是 ST 推出的一款图形化编程工具,下面通过编写一个 LED 闪烁的程序说明如何用 STM32CubeMX 建立以 STM32F107VCT6 为微处理器的工程。然后在 MDK-ARM 中编写 LED 闪烁程序并调试,观察 LED 闪烁效果。

**第一步:用 STM32CubeMX 创建工程**

在某个磁盘上建立文件夹,存放 STM32CubeMX 工程文件,如 E:\My_STM32CubeMX_2020。双击桌面上的快捷方式"STM32CubeMX",STM32CubeMX 初始界面如图 4-1 所示。

图 4-1 STM32CubeMX 初始界面

在 STM32CubeMX 的初始界面中,点"File"→点"New Project...",或者在"New Project"列表中的"I need to:"中点"ACCESS TO MCU SELECTOR"来创建基于 MCU 的工程。也可选择基于 STBoard 的板级开发,还可以选择"ACCESS TO CROSS SELECTOR"来创建工程。选择基于 MCU 开发,点击"ACCESS TO MCU SELECTOR",显示"New Project from a MCU/MPU"窗口,如图 4 - 2 所示,在左侧的"Part Number Search"中填写要用的 MCU——STM32F107VC,在右侧可以看到 STM32F107VC 系列的 MCU 有两个,并显示了其市场状态、10KU 的单片价格、有无开发板、封装形式、Flash 大小、RAM 大小、I/O 口数量及晶振频率等参数。

图 4 - 2　New Project from a MCU/MPU 窗口

我们所用开发板上的 MCU 是 STM32F107VCT6,所以双击"STM32F107VCTx",显示 STM32F107VCTx 的引脚分布图如图 4 - 3 所示。

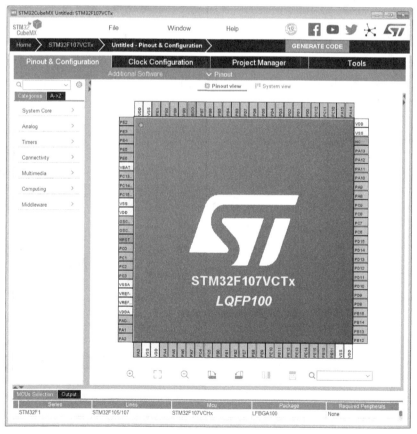

图 4 - 3　STM32F107VCTx 引脚分布图

**1. 配置时钟**

1)STM32F107VCT6 有 5 个时钟源

(1)HSI 是高速内部时钟，RC 振荡器，频率为 8 MHz，精度不高；

(2)HSE 是高速外部时钟，可接石英/陶瓷谐振器，或者接外部时钟源，频率范围为 3～25 MHz，精度高；

(3)LSI 是低速内部时钟，RC 振荡器，频率为 40 kHz，提供低功耗时钟，WDG，精度不高；

(4)LSE 是低速外部时钟，接频率为 32.768 kHz 的石英晶体，精度高，可作为实时时钟 RTC；

(5)PLL 为锁相环倍频输出，其时钟输入源可选择 HSI/2、HSE 或 HSE/2，倍频可选择为 2～16 倍，但是其输出频率最大不得超过 72 MHz。

2)系统时钟 SYSCLK 有 3 个时钟源

(1)HSI 振荡器时钟；

(2)HSE 振荡器时钟；

(3)PLL 时钟。

3)STM32F107VCT6 可以选择一个时钟信号输出到 MCO 脚(PA8)上

可以选择 PLL 输出的 2 分频、HSI、HSE 或者系统时钟，可用于检测时钟源是否正常工作。

4)任何一个外设在使用之前，必须先使能其相应的时钟

STM32F107VCT6 开发板上的外部时钟为 25 MHz，所以，点左侧栏中的"System Core"→点"RCC"→选"High Speed Clock(HSE)"为"Crystal/Ceramic Res..."→可以看到 STM32F107VCTx 芯片上的晶振引脚"OSC..."变成为绿色，表明选择了外部高速时钟，如图 4-4 所示。

图 4-4 选择外部高速时钟晶振

点"Clock Configiration"→将"Input frequency"设置为 25 MHz,选择适当的分频系数使 SYSCLK 的频率为 72 MHz。一般是将 25 MHz 先 5 分频,然后 8 倍频,然后再 5 分频,再 9 倍频,如图 4-5 所示,这样可以满足各支路时钟信号的需要。

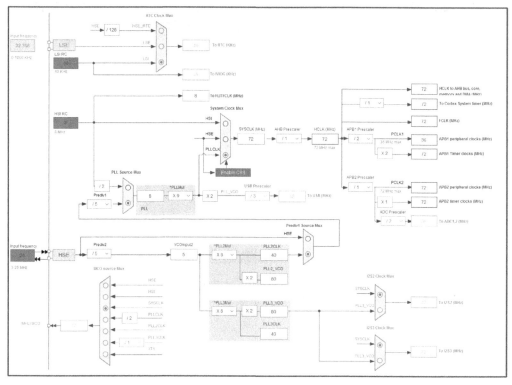

图 4-5　时钟配置

## 2. 配置 JTAG 端口

点"Pinout & Configuration"→点"System Core"→点"SYS"→"Mode"下的"Debug"选 "JTAG(5 pins)",配置 JTAG 后的 Pinout 如图 4-6 所示。

注意:这样配的 JTAG 下载接口要占用 STM32 的 5 根 I/O 口线,其中 PB3 接 TDO,PB4 接 nRST,PA13 接 TMS,PA14 接 TCK,PA15 接 TDI。JTAG 引脚配置如表 4-1 所示。必 须配置 JTAG,否则无法进行调试。

表 4-1　JTAG 端口配置

| STM32F107VCT6 端口 | 对应的 JTAG 端口 | 配置 |
| --- | --- | --- |
| PB3 | TDO | SYS_JTDIO |
| PB4 | nRST | SYS_NJTRST |
| PA13 | TMS | SYS_JTMS-SWDIO |
| PA14 | TCK | SYS_JTCK-SWCLK |
| PA15 | TDI | SYS_JTDI |

这样配置后,左边栏中的外设端口 SPI1 变成了红色,并打了叉,说明 SPI1 不能用了。因 为采用了五线制的 JTAG 占用了 SPI1 的相应端口,SPI1 被置成 Disable 了,但为了能够调试

程序不得不这样做。

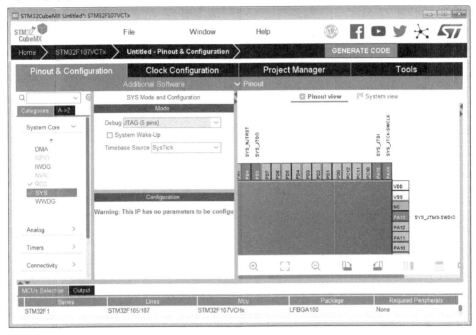

图 4 - 6　配置 JTAG

### 3. 配置外设引脚

将 PB9 配置成 GPIO_Output,用来控制 LED 的亮灭。用鼠标点击引脚 PB9→选择"GPIO_Output",如图 4 - 7 所示。

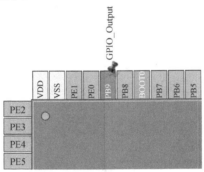

图 4 - 7　配置外设引脚

点"Pinout & Configuration"→点"System Core"→点"GPIO"→在"GPIO Mode and Configuration"栏中点"GPIO"→点"PB9"→配置 PB9,如图 4 - 8 所示。这些 GPIO 配置参数包括:

(1)GPIO 工作模式:输出还是输入;

(2)GPIO 工作最大速度:决定输入/输出信号的频率以及能耗的多少;

(3)上下拉:是否启用内部上、下拉功能;

(4)用户标签:标注之用,对引脚进行标注后,在生成代码时,引脚就用标注名替换了,以便移植程序和理解程序,修改端口后,不用修改程序。

配置好先不用保存,生成工程时会自动保存。

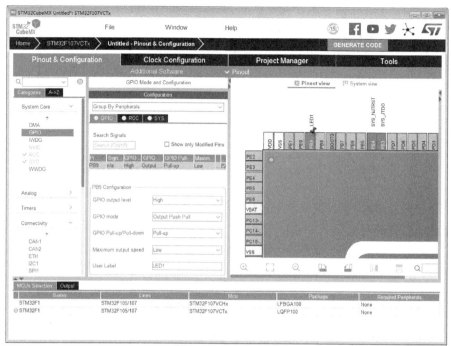

图 4-8 GPIO 配置

## 4. 保存建立的 STM32CubeMX 工程

点"File"→选"Save Project as..."，弹出"Save Project As"窗口，如图 4-9 所示。

图 4-9 STM32CubeMx 工程保存窗口

注意：STM32CubeMX 工程名默认和文件夹名相同。

点"保存"后，如果是第一次创建 STM32CubeMX 工程，会弹出"Downloading selected software packages"窗口，如图 4-10 所示。如果正确部署了 STM32Cube_FW_F1_V1.8.0，就不会弹出这个下载窗口。

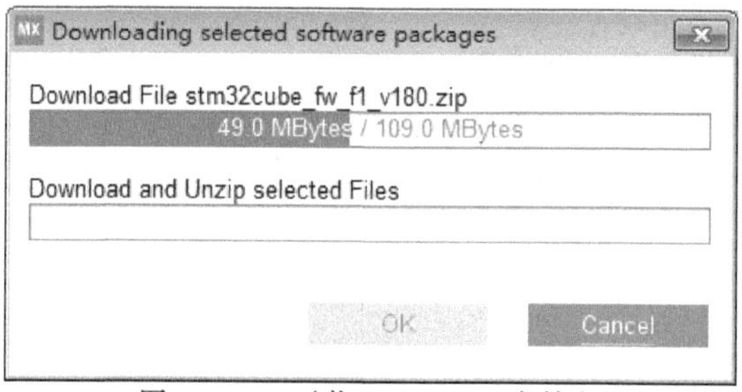

图 4-10 下载 STM32F1 支持包

软件支持包的默认下载及安装路径如图 4-11 所示。

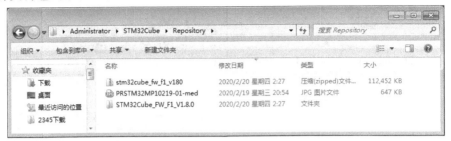

图 4-11    STM32Cube_FW_F1_V1.8.0 下载及安装路径

下载完后会自动安装,安装结束后,自动保存工程。

**5. 生成项目代码**

点击"Project Manager",弹出工程管理窗口,如图 4-12 所示。

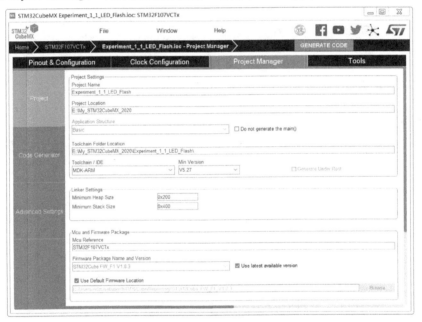

图 4-12    工程管理窗口

在工程管理窗口中,选择 IDE 工具为 MDK-ARM V5.27,勾选"Use Default Firmware Location"。点击"GENERATE CODE"按钮,生成工程项目→提示成功生成代码,是否打开工程,如图 4-13 所示。

图 4-13    成功生成工程

点"Open Project"→打开生成的工程框架,如图 4-14 所示。

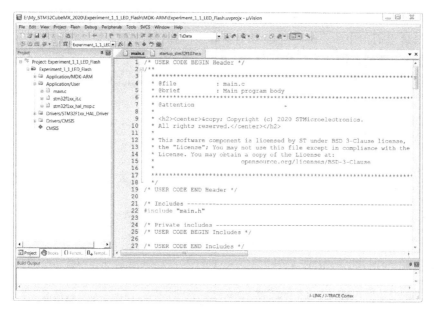

图 4-14　生成的工程框架

这是一个自动生成的工程模板,编译肯定能够通过。图 4-15 为点击 Build 编译生成的工程程序。

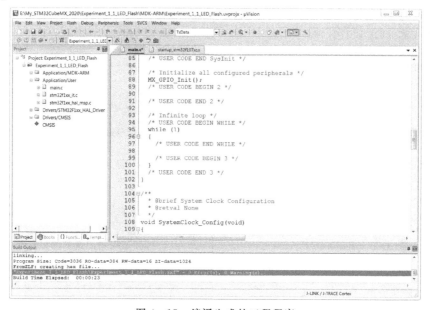

图 4-15　编译生成的工程程序

**第二步:添加代码**

自动生成的项目文件里面包含很多内容,就用户而言,需要关心 Application/User 下的几个程序代码文件:

(1)main.c:主函数文件,里面包含一些常规的初始化代码,这是 STM32CubeMX 根据指定的参数自动创建的代码,里面规定了用户程序的位置。

（2）stm32f0xx_it.c：中断服务子程序 ISR 所在位置，根据用户配置自动生成的中断代码都在这里面，这里面的中断服务程序轻易不要修改，用户自己的中断处理程序必须写在 main.c 中，只能通过中断回调函数实现中断处理。

（3）stm32f0xx_hal_msp.c：MCU 支持文件，一些 MCU 相关的配置都放在这里面。

主程序文件 main.c 注释及分析：

```
/* Includes ------------------------------------ */
#include "main.h"

/* Private includes ---------------------- */
/* USER CODE BEGIN Includes */                          //添加用户头文件

/* USER CODE END Includes */                            //用户头文件结束

/* Private typedef ---------------------- */
/* USER CODE BEGIN PTD */                               //添加用户变量类型

/* USER CODE END PTD */                                 //用户变量类型结束

/* Private define ---------------------- */
/* USER CODE BEGIN PD */                                //添加用户私有定义
/* USER CODE END PD */                                  //用户私有定义结束

/* Private macro ---------------------- */
/* USER CODE BEGIN PM */                                //添加用户宏定义

/* USER CODE END PM */                                  //用户宏定义结束

/* Private variables ---------------------- */

/* USER CODE BEGIN PV */                                //添加用户定义的私有变量

/* USER CODE END PV */                                  //用户私有变量结束

/* Private function prototypes ---------------------- */
void SystemClock_Config(void);                         //自动生成的私有函数类型说明
static voidMX_GPIO_Init(void);
/* USER CODE BEGIN PFP */                               //添加用户定义的私有函数类型说明

/* USER CODE END PFP */                                 //用户定义的私有函数类型说明结束

/* Private user code ---------------------- */
/* USER CODE BEGIN 0 */                                 //用户程序开始 0

/* USER CODE END 0 */                                   //用户程序结束 0

/**
  * @brief  The application entry point.
  * @retval int
  */
```

```
int main(void)
{
    /*  USER CODE BEGIN 1  */                   //用户程序开始 1

    /*  USER CODE END 1  */                     //用户程序结束 1

    /*  MCU Configuration----------------------  */

    /*  Reset of all peripherals，Initializes the Flash interface and the Systick.  */
    HAL_Init();                                 //复位所有端口、Flash 接口初始化、系
                                                //统堆栈初始化

    /*  USER CODE BEGIN Init  */                //用户程序的初始化开始

    /*  USER CODE END Init  */                  //用户程序的初始化结束

    /*  Configure the system clock  */
    SystemClock_Config();                       //配置系统时钟

    /*  USER CODE BEGIN SysInit  */             //用户系统的初始化开始

    /*  USER CODE END SysInit  */               //用户系统的初始化结束

    /*  Initialize all configured peripherals  */
    MX_GPIO_Init();                             //对配置过的端口进行初始化
    /*  USER CODE BEGIN 2  */                   //用户程序开始 2

    /*  USER CODE END 2  */                     //用户程序结束 2

    /*  Infinite loop  */                       //死循环开始
    /*  USER CODE BEGIN WHILE  */               //添加开始 While 循环前的用户程序
    while (1)
    {
    /*  USER CODE END WHILE  */

    /*  USER CODE BEGIN 3  */                   //开始用户程序 3
    HAL_GPIO_TogglePin(GPIOB,LED1_Pin);         //LED1_Pin 取反
    HAL_Delay(500);                             //延时 500ms
    }
    /*  USER CODE END 3  */                     //结束用户程序 3
    }

/* *
  *  @brief System Clock Configuration
  *  @retval None
  */
void SystemClock_Config(void)                   //系统时钟配置
{
    RCC_OscInitTypeDef RCC_OscInitStruct = {0};
    RCC_ClkInitTypeDef RCC_ClkInitStruct = {0};
```

```
/ * * Initializes the CPU，AHB and APB busses clocks
 * /
RCC_OscInitStruct. OscillatorType = RCC_OSCILLATORTYPE_HSI;
RCC_OscInitStruct. HSIState = RCC_HSI_ON;
RCC_OscInitStruct. HSICalibrationValue = RCC_HSICALIBRATION_DEFAULT;
RCC_OscInitStruct. PLL. PLLState = RCC_PLL_NONE;
RCC_OscInitStruct. PLL2. PLL2State = RCC_PLL_NONE;
if (HAL_RCC_OscConfig(&RCC_OscInitStruct) ! = HAL_OK)
{
    Error_Handler();
}
/ * * Initializes the CPU，AHB and APB busses clocks
 * /
RCC_ClkInitStruct. ClockType = RCC_CLOCKTYPE_HCLK|RCC_CLOCKTYPE_SYSCLK
                              |RCC_CLOCKTYPE_PCLK1|RCC_CLOCKTYPE_PCLK2;
RCC_ClkInitStruct. SYSCLKSource = RCC_SYSCLKSOURCE_HSI;
RCC_ClkInitStruct. AHBCLKDivider = RCC_SYSCLK_DIV1;
RCC_ClkInitStruct. APB1CLKDivider = RCC_HCLK_DIV1;
RCC_ClkInitStruct. APB2CLKDivider = RCC_HCLK_DIV1;

if (HAL_RCC_ClockConfig(&RCC_ClkInitStruct, FLASH_LATENCY_0) ! = HAL_OK)
{
    Error_Handler();
}
/ * * Configure the Systick interrupt time
 * /
__HAL_RCC_PLLI2S_ENABLE();
}


/ * *
 * @brief GPIO Initialization Function
 * @param None
 * @retval None
 * /
static voidMX_GPIO_Init(void)                        //引脚配置初始化
{
    GPIO_InitTypeDef GPIO_InitStruct = {0};

    / * GPIO Ports Clock Enable * /
    __HAL_RCC_GPIOA_CLK_ENABLE();
    __HAL_RCC_GPIOB_CLK_ENABLE();

    / * Configure GPIO pin Output Level * /
    HAL_GPIO_WritePin(LED1_GPIO_Port, LED1_Pin, GPIO_PIN_SET);

    / * Configure GPIO pin：LED1_Pin * /                //LED1 引脚配置
    GPIO_InitStruct. Pin = LED1_Pin;
    GPIO_InitStruct. Mode = GPIO_MODE_OUTPUT_PP;
    GPIO_InitStruct. Pull = GPIO_PULLUP;
    GPIO_InitStruct. Speed = GPIO_SPEED_FREQ_LOW;
    HAL_GPIO_Init(LED1_GPIO_Port, &GPIO_InitStruct);
```

```
}

/* USER CODE BEGIN 4 */                                    //开始用户程序 4
                                                           //中断回调函数处理、子程序都写在这里
/* USER CODE END 4 */                                      //结束用户程序 4

/**
  * @brief   This function is executed in case of error occurrence.
  * @retval None
  */
voidError_Handler(void)
{
    /* USER CODE BEGIN Error_Handler_Debug */
    /* User can add his own implementation to report the HAL error return state */
    /* USER CODE END Error_Handler_Debug */
}

#ifdef   USE_FULL_ASSERT
/**
  * @brief   Reports the name of the source file and the source line number
  *          where theassert_param error has occurred.
  * @retval None
  */
voidassert_failed(uint8_t * file，uint32_t line)
{
    /* USER CODE BEGIN 6 */
    /* User can add his own implementation to report the file name and line number，
    tex：printf("Wrong parameters value：file %s on line %d\r\n"，file，line) */
    /* USER CODE END 6 */
}
#endif /* USE_FULL_ASSERT */


/* * * * * * * * * * * * * * * * * * * * * * * * (C) COPYRIGHT STMicroelectronics * *
* * * END OF FILE * * * * */
```

大部分 HAL 库函数从名称上可以大概看出其功能,比如 HAL_Init()是做一些全局的初始化工作,而 SystemClock_Config()的作用则是配置系统时钟。

注意:注释里包含 USER CODE BEGIN 和 USER CODE END,如果用户要在自动生成的代码里添加自己的功能代码,应该插在这些注释的中间,这样 STM32CubeMX 下次重新生成代码时才不会覆盖这些内容。

在 main.c 中添加 LED 灯闪烁代码如下:

```
/* USER CODE BEGIN 3 */                                    //开始用户程序 3
    HAL_GPIO_TogglePin(GPIOB,LED1_Pin)；                   //LED1_Pin 取反
    HAL_Delay(500)；                                        //延时 500ms
}
/* USER CODE END 3 */
```

也可以采用如下代码实现 LED 闪烁:

```
/* USER CODE BEGIN 3 */                                    //开始用户程序 3
    HAL_GPIO_WritePin(GPIOB, LED1_Pin, GPIO_PIN_SET)；     //LED1_Pin 置 1
```

```
    HAL_Delay(500);                                          //延时500ms
    HAL_GPIO_WritePin(GPIOB, LED1_Pin, GPIO_PIN_RESET); //LED1_Pin置0
    HAL_Delay(500);                                          //延时500ms
}
/* USER CODE END 3 */
```

编译要保证没有错误和警告:

"Experiment_1_1_LED_Flash\Experiment_1_1_LED_Flash.axf"-0 Error(s),0 Warning(s).

**第三步:下载调试**

先连接 JTAG 和开发板以及计算机和 JTAG 调试器,一般 JTAG 调试器可以给开发板供电,连接好后,通过计算机的 USB 端口给开发板供电。上电后,开发板上的电源指示灯会点亮。在下载程序前要点 (Options for Target)按钮,对下载目标进行设置,如图 4－16 所示。

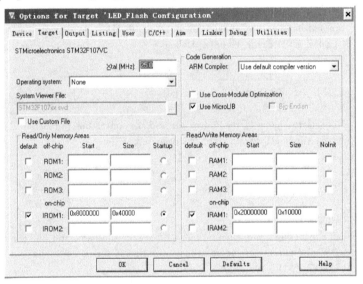

图 4－16 Target 设置

将晶振频率改为 25 MHz(此频率取决于所用开发板),其他采用默认。可以看到片内程序的起始地址是 0x8000000,长度是 0x40000(256 k);片内 RAM 的起始地址是 0x20000000,长度是 0x10000(64 k)。

点 Output 选项卡,Output 选项卡的设置如图 4－17 所示。

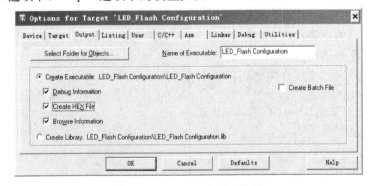

图 4－17 Output 选项卡设置

勾选"Create HEX File"(这样才会生成下载程序的十六进制代码文件)→点选项卡中的"Debug"→Debug 设置如图 4 - 18 所示。

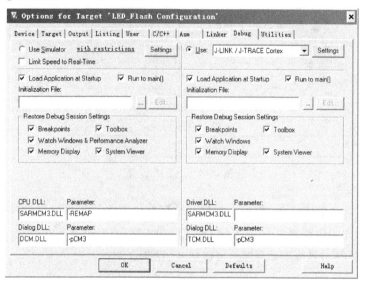

图 4 - 18　Debug 设置

这个选项卡分为左右两部分,左边是仿真,右边是在线调试。在右边的在线调试区,选择Use:"J-Link/J-TRACE Cortex"→其他按默认选择,点其右边的"Settings"→打开 J-Link 下载器设置,如图 4 - 19 所示。

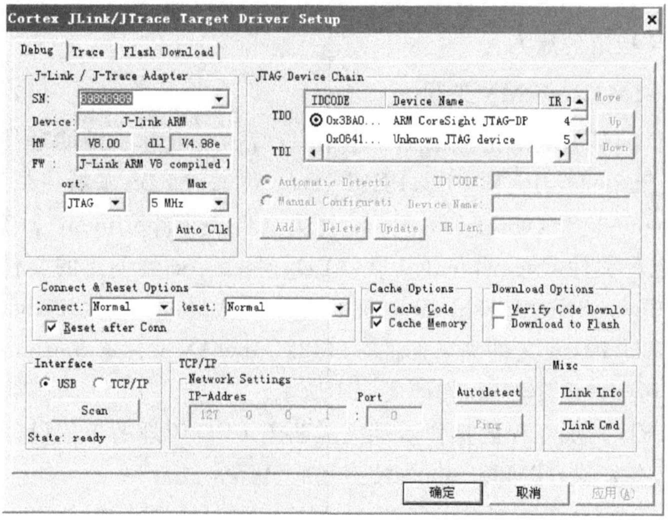

图 4 - 19　J-Link 下载器设置

如果出现这些参数,说明计算机和 JTAG 仿真器连接正常,JTAG 仿真器工作正常,按默认选择即可。点"Flash Download"选项卡→Flash 设置如图 4 - 20 所示。

图 4 - 20 中的设置按默认选择即可。前面这两步,虽然都是按默认选择,但是一定要点到,查看一下,保证没有问题,否则下载会报错的。点"确定"→返回 Debug 选项卡设置界面,如图4 - 18 所示。在图 4 - 18 中点"OK"→退出"Options for Target..."设置。点快捷方式栏中的下载

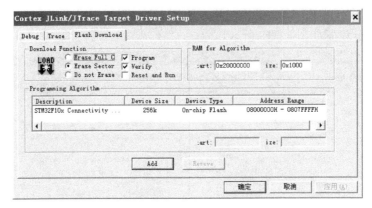

图 4-20 Flash 设置

按钮 →可以看到下载滚动条,程序下载成功后在代码左侧的灰色位置处可以设置断点。

运行程序前先用短路帽将 PB9 引脚与 LED 相连接,点全速运行按钮 ,可以看到开发板上与 PB9 连接的 LED 按 1 Hz 闪烁。可以单步、设断点调试。

## 4.2　如何修改工程

通过 LED 闪烁实验大家可以看到采用 STM32CubeMX 图形化编程工具可以很快创建一个工程,但实际开发过程中经常会遇到要修改硬件结构,添加或删除一些 MCU 的外设连接,这就需要修改工程。用 STM32CubeMX 修改工程很方便,唯一的要求是添加的代码必须在 STM32CubeMX 指定的地方。

**第一步:修改 STM32CubeMX 工程**

在 4.1 节 LED 闪烁的基础上再添加一个 LED 灯。查看开发板原理图可知,就近连接的 LED 是 PB9 - D1、PB8 - D2、PE13 - D3、PE12 - D4。再通过 PB8 添加一个 LED。首先创建一个文件夹 Experiment_1_2_Two_LED_Flash,拷贝文件夹 Experiment_1_1_LED_Flash 下的 STM32CubeMX 工程文件 Experiment_1_1_LED_Flash.ioc 到创建的文件夹下,将其修改为 Experiment_1_2_Two_LED_Flash.ioc。双击打开 E:\My_STM32CubeMX_2020\Experiment_1_2_Two_LED_Flash 文件夹下面的 STM32CubeMX 文件 Experiment_1_2_Two_LED _Flash.ioc→打开其工程设计界面,如图 4-21 所示。

参照 4.1 节 LED 闪烁工程的操作步骤完成两个 LED 闪烁的工程设计,设计步骤如下:

(1)配置时钟(在复制 STM32CubeMX 工程时已经完成);

(2)配置 JTAG 端口(在复制 STM32CubeMX 工程时已经完成);

(3)配置外设引脚,设置 PB8 为输出方式,标注为 LED2,具体配置参照 4.1 节的 PB9 配置;

(4)保存 STM32CubeMX 工程项目;

(5)生成项目代码。

**第二步:修改代码**

在 main.c 中找到规定用户代码的位置,在 4.1 节一个 LED 闪烁代码的基础上,添加对 LED2 的控制。

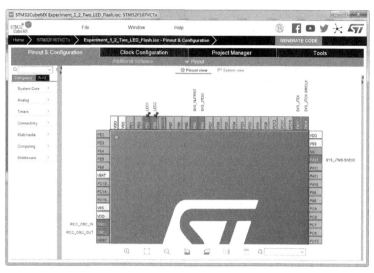

图 4 - 21　Experiment_1_2_Two_LED_Flash 的 STM32CubeMX 工程界面

```
/* USER CODE BEGIN 3 */                              //开始用户程序 3
    HAL_GPIO_TogglePin(GPIOB,LED2_Pin|LED1_Pin);     //LED2_Pin、LED1_Pin 取反
    HAL_Delay(500);                                   //延时 500 ms
}
/* USER CODE END 3 */
```

/将上面代码编译并下载到板子上,将 PB9 和 PB8 引脚与对应的 LED 相连接,观察 PB9 和 PB8 控制的 LED 闪烁。也可以采用如下代码实现两个 LED 闪烁。

```
/* Infinite loop */                                  //死循环开始
/* USER CODE BEGIN WHILE */                          //添加开始 While 循环前的用户程序
while (1)
{
/* USER CODE END WHILE */

/* USER CODE BEGIN 3 */                              //开始用户程序 3
HAL_GPIO_WritePin(GPIOB, LED2_Pin|LED1_Pin, GPIO_PIN_SET);     //LED2_Pin、LED1_Pin 置 1
HAL_Delay(500);                                       //延时 500 ms
HAL_GPIO_WritePin(GPIOB, LED2_Pin|LED1_Pin, GPIO_PIN_RESET);
                                                      //LED2_Pin、LED1_Pin 置 0
HAL_Delay(500);                                       //延时 500 ms
}
/* USER CODE END 3 */
```

采用上述方法可以添加外设、修改已有的工程、修改配置等。也可通过拷贝、修改来快速产生一个新的工程文件,而不需要每次都重新配置一些常用的配置。

## 4.3　如何打开旧版本的 STM32CubeMX 工程

STM32CubeMX 版本和器件固件包一直在更新中,打开一个基于旧固件包生成的 STM32CubeMX 工程时会显示如图 4 - 22 所示的对话框询问下载旧的固件库还是把旧的工程迁移到最新的固件库下。如果将旧的工程迁移到新的固件包下,可能会修改一些参数。

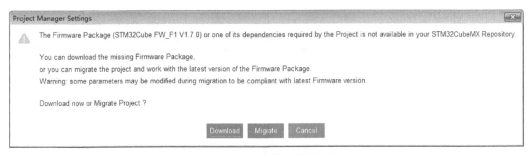

图 4-22　工程管理设置提示

　　建议下载需要的旧固件包,以防原工程中程序被修改。如果要采用"Migrate",建议先备份原工程文件夹,然后再打开 STM32CubeMX 工程文件。采用"Migrate"可能会使程序中的参数改变,甚至程序中的用户代码会丢失。

　　经过测试发现:①即使选择"Download"下载并安装旧的固件包,重新生成工程后,编译程序有时也会报错,而且这些错误很难找到解决办法。②选择"Migrate",重新生成工程后,要么原程序被修改,要么编译报错。

　　解决办法:拷贝旧固件包下、旧 STM32CubeMX 版本下、旧 Keil 版本下建立的工程文件夹到另外一个文件夹中,注意路径不能有中文,然后从 Src 文件中移出 main.c 以及用户编写的其他 *.c 和 *.h 文件,保留 main.c,用户编写的其他 *.c 和 *.h 文件和 STM32CubeMX 工程文件( *.ioc),其他文件和文件夹一律删除,然后双击 STM32CubeMX 工程文件,生成新的 Keil 代码,关闭 Keil 工程,将前面保留的 main.c、用户编写的其他 *.c 和 *.h 文件再移动到 Src 文件中替换 Src 中的文件。在 MDK-ARM 文件夹中找到 Keil 工程文件,双击打开,编译就不会出错了,这样就不会改变原来的用户程序。

# 学习与练习

　　1. 学习 STM32CubeMX for STM32 configuration and initialization C code generation,掌握 STM32CubeMX 工程的配置方法。

　　2. 学习 Description of STM32F1xx HAL drivers,了解 HAL 库函数中有关 GPIO 端口的操作函数。

　　3. 学习 STM32F107VCT6 开发板原理图,了解 LED 灯的位置。

　　4. 实现两个 LED 交替闪烁。

　　5. 实现两种明显不同的跑马灯效果,如先从左到右依次亮起,然后再从右到左依次亮起;四个 LED 随机亮起。

# 第 5 章　读写 GPIO 口

通用输入/输出端口(GPIO,General Purpose Input/Output)是所有微控制器的基本接口,端口的输入/输出是微控制器实现控制功能的最基本形式。STM32F107 的 LQFP100 14 mm×14 mm封装形式的单片机有 5 组 16 位的并行端口,分别是 PA、PB、PC、PD、PE 端口,可以通过 STM32CubeMX 配置它们的工作方式,通过调用 HAL 函数实现控制功能。相信细心的读者已经看到,绝大多数端口还具有其他一种或多种复用功能。本章的重点是讨论通用输入/输出口的应用问题,GPIO 口的复用功能将在后续章节讨论。

## 5.1　通用输入输出端口结构

STM32 单片机的 GPIO 结构如图 5-1 所示,可以看出,用户可以对端口进行读/写操作,端口的具体操作、功能和特性如下。

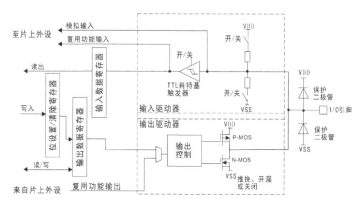

图 5-1　STM32 单片机的 GPIO 结构图

(1)设定为输入时:输入引脚可设定为上拉、下拉、悬空等方式,通过读取输入数据寄存器可以读到引脚的输入值。选用复用引脚功能时,其输入信号还能直接到达片上外设。

(2)设定为输出时:写操作是向输出寄存器写入数据,而读操作则是读取输出寄存器的内容。当 GPIO 作为输出口使用时,其数据来源于输出寄存器或复用功能输出,引脚的输出可以是推挽、漏极开路两种形式,也可以将输出关闭。

(3)引脚口处有保护二极管电路,可以减少意外损坏。无论是作为输入还是输出,端口可流入或输出 8 mA 电流。

(4)端口工作需要时钟支持。STM32 单片机的通用 I/O 口与以往的单片机不同,其工作需要系统时钟作为先决条件,否则即使对通用 I/O 口进行了初始化,也不能按照初始化的设置去工作。采用 STM32CubeMX 配置端口时,系统会自动配置端口时钟。

(5)引脚的复用功能取决于所激活的外设,如果要使用某引脚的复用功能(无论该引脚有多少个复用功能,是输入还是输出),根据程序中激活了哪个外设来确定,将其配置成输入悬浮或上、下拉电阻方式即可。如 34 引脚的功能分别是 PC5、ADC12_IN15、ETH_MII_RXD1、ETH_RMII_RXD1,如果程序中激活(使能)模数转换 ADC12,34 引脚的功能就是 ADC12_IN15 功能,模拟信号就可以从该引脚进入单片机的模数转换器了。

(6)系统复位后端口处于悬空输入方式。

# 5.2  GPIO 的 8 种工作模式

STM32 的 GPIO 有 8 种工作方式,平时用的最多的是推挽输出、开漏输出、上拉输入。

**1. 4 种输入模式**

1)浮空输入 GPIO_IN_FLOATING ——可以做 KEY 识别,RX1

浮空就是逻辑器件的输入引脚既不接高电平,也不接低电平,通俗讲就是让管脚什么都不接,悬空着。实际运用时,引脚不建议悬空,易受干扰。比如数电中,CMOS 与非门的输入悬空会造成逻辑错误,而 TTL 与非门的输入悬空相当于高电平。

当 GPIO 采用浮空输入模式时,STM32 的引脚状态是不确定的,此时 STM32 得到的电平状态完全取决于 GPIO 外部的电平状态,所以在 GPIO 外部的引脚悬空时,读取该端口的电平状态是个不确定的值。

2)带上拉输入 GPIO_IPU——I/O 内部上拉电阻输入

查 STM32 数据手册可知上、下拉电阻的阻值范围都在 $30\sim50$ kΩ。

为什么要用带上拉或者下拉输入的模式?因为浮空模式时,在 GPIO 外部连接的电路未工作时,STM32 读取的 GPIO 状态是不确定的,所以可以采用带上拉或者下拉输入的模式先给 MCU 一个确定的状态,当外部电路电平状态发生变化时,易于 MCU 的判断。这样可以增强 MCU 的抗干扰能力。

3)带下拉输入 GPIO_IPD——I/O 内部下拉电阻输入

4)模拟输入 GPIO_AIN ——应用 ADC 模拟输入,或者低功耗下省电

当 GPIO 用作 ADC 模拟输入时,就不像其他输入模式只有 0 和 1,通过 ADC 采样可以读取到很细微变化的值。

**2. 4 种输出模式**

1)开漏输出 GPIO_OUT_OD

I/O 输出 0 时输出接 GND,I/O 输出 1 时输出悬空,需要外接上拉电阻才能实现输出高电平,适合于做电流型的驱动,其输出电流的能力相对较强(一般 20 mA 以内)。当输出为 1 时,I/O 口的状态由上拉电阻拉高电平,但由于是开漏输出模式,这样 I/O 口也就可以由外部电路改变其逻辑高电平的值。

当选择开漏输出模式时,如果外部不接上拉电阻,则只能输出低电平,所以要想输出高电平就必须外接上拉电阻。这样做的一个好处是可以用来匹配不同的电平信号,也就是用于不同电压系统之间的通信;另外,开漏形式的电路有以下几个特点:

(1)利用外部电路的驱动能力,减少 IC 内部的驱动消耗。当 IC 内部 MOSFET 导通时,驱动电流是从外部的 VCC 流经 R pull-up、MOSFET 到 GND。IC 内部仅需很小的栅极驱动

电流。

（2）一般来说，开漏是用来连接不同电平的器件，匹配电平用的。因为开漏引脚不连接外部的上拉电阻时只能输出低电平，如果需要同时具备输出高电平的功能，则需要接上拉电阻。其一个优点是通过改变上拉电源的电压便可以改变传输电平，如加上上拉电阻就可以提供 TTL/CMOS 电平转换等。

（3）OPEN-DRAIN 提供了灵活的输出方式，但是也有弱点，就是带来上升沿的延时。因为上升沿是通过外接上拉无源电阻对负载充电，所以选择小电阻时延时就小，但功耗大；反之延时大、功耗小。所以负载电阻的选择要兼顾功耗和速度。所以如果对延时有要求，建议用下降沿输出。

（4）可以将多个开漏输出的 Pin 连接到一条线上，通过一只上拉电阻，在不增加任何器件的情况下，形成"与逻辑"关系。这也是 I2C、SMBus 等总线判断占用状态的原理。线与逻辑可以简单地理解为：对于所有连接在一起的引脚外接一上拉电阻，如果有一个引脚输出为逻辑 0，相当于接地，与之并联的回路"相当于被一根导线短路"，所以外电路逻辑电平便为 0。只有都为高电平时，与的结果才为逻辑 1。

2）推挽输出 GPIO_OUT_PP

IO 输出 0 时接 GND，IO 输出 1 时接 VCC，可以输出高、低电平，连接数字器件，读输入值是未知的。

推挽结构一般是指两只对称的 MOSFET 分别受两个互补信号的控制，总是在一个 MOSFET 导通的时候另一个截止，所以导通损耗小、效率高。其高低电平由 IC 的电源和地来确定。输出既可以向负载灌电流，也可以从负载抽取电流。推拉式输出既提高电路的负载能力，又提高开关速度。

3）复用功能的推挽输出 GPIO_AF_PP ——片内外设功能（I2C 的 SCL、SDA）

这种模式可以理解为把 GPIO 作为第二功能使用时的配置，并非单纯的用作 I/O 输入或输出。比如使用外设 I2C 时，我们需要把 GPIO 配置为复用推挽输出，用于数据通信功能。

4）复用功能的开漏输出 GPIO_AF_OD——片内外设功能（TX1、MOSI、MISO、SCK、SS）

如使用串口通信的 TX 及 SPI 外设的 GPIO 就要把引脚设置为复用开漏输出。复用推挽输出和复用开漏输出可以理解为 GPIO 口被用作第二功能时的配置情况。

## 5.3　GPIO 口相关的寄存器

STM32F107 单片机有 5 个端口宽度是 16 位的 GPIO 口，通过对其相关的寄存器控制和操作才能实现 GPIO 口的功能。我们采用基于 HAL 函数的开发方式，所以这里仅简单介绍一下与 GPIO 相关的寄存器。

（1）两个 32 位的配置寄存器（GPIOX_CRL、GPIOX_CRH），GPIO 口配置是通过配置寄存器来进行的，它用来配置端口的输入、输出工作模式以及输出模式下的端口速率。

（2）端口输入数据寄存器（GPIOX_IDR），其中高 16 位是保留的，低 16 位对应着 16 个 I/O 口的数据位。这是一个只读输入数据寄存器。

（3）端口输出数据寄存器（GPIOX_ODR），其中高 16 位是保留的，低 16 位对应着 16 个 I/O 口的数据位。这是一个只写输出寄存器。

(4)端口位设置/清除寄存器(GPIOX_BSRR)。

(5)端口位清除寄存器(GPIOX_BRR)。

(6)端口配置锁定寄存器(GPIOX_LCKR)。

数据手册中列出了每个 I/O 端口的特定硬件特征,GPIO 端口的每个位可以由软件分别配置成多种模式,每个 I/O 端口位可以自由编程,I/O 端口寄存器必须按 32 位字被访问(不允许半字或字节访问)。另外,STM32 的每个端口使用前都要将其时钟使能。

## 5.4　GPIO 口配置

**1. 根据具体应用配置为输入或输出**

(1)作为普通 GPIO 输入:根据需要配置该引脚为浮空输入、带弱上拉输入或带弱下拉输入,同时不要使能该引脚对应的所有复用功能模块。

(2)作为普通 GPIO 输出:根据需要配置该引脚为推挽输出或开漏输出,同时不要使能该引脚对应的所有复用功能模块。

(3)作为普通模拟输入:配置该引脚为模拟输入模式,同时不要使能该引脚对应的所有复用功能模块。

(4)作为内置外设的输入:根据需要配置该引脚为浮空输入、带弱上拉输入或带弱下拉输入,同时使能该引脚对应的某个复用功能模块。

(5)作为内置外设的输出:根据需要配置该引脚为复用推挽输出或复用开漏输出,同时使能该引脚对应的所有复用功能模块。

**2. 输出模式下的配置速度**

I/O 口输出模式下,有 3 种输出速度可选(2 MHz、10 MHz 和 50 MHz),这个速度是指 I/O口驱动电路的响应速度而不是输出信号的速度,输出信号的速度与程序有关(芯片内部在 I/O 口的输出部分安排了多个响应速度不同的输出驱动电路,用户可以根据自己的需要选择合适的驱动电路)。通过选择速度来选择不同的输出驱动模块,达到最佳的噪声控制和降低功耗的目的。高频的驱动电路噪声也高,当不需要高的输出频率时,请选用低频驱动电路,这样非常有利于提高系统的电磁干扰性能。如果要输出较高频率的信号,却选用了较低频率的驱动模块,很可能会得到失真的输出信号。关键是 GPIO 的引脚速度要与应用匹配。对于串口,假如最大波特率只需 115.2 Kbit/s,那么用 2 MHz 的 GPIO 的引脚速度就够了,省电且噪声小。对于 I2C 接口,假如使用 400 Kbit/s,若想把余量留大些,那么用 2 MHz 的 GPIO 的引脚速度或许不够,这时可以选用 10 MHz 的 GPIO 引脚速度。对于 SPI 接口,假如使用 18 Mbit/s 或 9 Mbit/s 波特率,用 10 MHz 的 GPIO 的引脚速度显然不够,需要选用 50 MHz 的 GPIO 的引脚速度。

**3. GPIO 口初始化**

1)使能 GPIO 口的时钟

STM32 的 GPIO 的时钟统一接在 APB2 上,具体的使能寄存器为 RCC_APB2ENR,该寄存器的第 2 位到第 8 位分别控制 GPIOx(x＝A,B,C,D,E,F,G)端口的时钟使能。如打开 PORTA 时钟:

RCC->APB2ENR|=1<<2;　　//使能 PORTA 时钟

如果把端口配置成复用输出功能,则还需开启复用端口时钟并进行相应配置。

2)配置模式设置(8 种模式)

从上面的描述可以看出配置和使用 GPIO 是一个比较复杂的过程,无论是采用寄存器方式开发还是采用标准库函数方式开发,对 GPIO 的操作都需要花费较多的时间去学习。基于 STM32CubeMX 和 HAL 库函数的开发方式大大简化了这个开发过程,下面举例说明如何读写 GPIO 口。与 GPIO 口操作有关的 HAL 函数请查阅 Description of STM32F1xx HAL drivers.pdf。

## 5.5　通过 HAL 库函数读写 GPIO 口

通过读 PE 口的 PE8 引脚(接按键),将读到的值(0 或 1)送给 PB 端口的 PB9(接 LED 灯)。

**第一步:修改工程**

新建文件夹 Experiment_1_4_GPIO_ReadWritePin,复制 Experiment_1_1_LED_Flash 文件夹下的 STM32CubeMX 工程 Experiment_1_1_LED_Flash.ioc 到 Experiment_1_4_GPIO_ReadWritePin 文件下,将其修改为 Experiment_1_4_GPIO_ReadWritePin.ioc 并双击打开→参照 4.1 节,在原有 PB9 输出端口的基础上添加输入端口 PE8。下面对输入端口和输出端口的配置做详细说明。

1)输入端口配置

用鼠标点击引脚 PE8→选择"GPIO_Input",点"Pinout & Configuration"→点"System Core"→点"GPIO"→在"GPIO Mode and Configuration"栏中点"GPIO"→点"PE8"→配置 PE8 如图 5-2 所示。由于按键有上拉电阻,所以 GPIO 选择内部无上拉和下拉电阻;PE8 的用户标签为 KEY1。

2)输出端口配置

用鼠标点击引脚 PB9→选择"GPIO_Output",点"Pinout & Configuration"→点"System Core"→点"GPIO"→在"GPIO Mode and Configuration"栏中点"GPIO"→点"PB9"→配置 PB9 如图 5-3 所示。这些 GPIO 配置参数包括以下内容:GPIO 输出电平配置为高电平,这样 PB9 就被初始化为高电平输出;GPIO 输出方式选择为推挽输出;启用内部上拉功能;最大输出速度选低速;PB9 的用户标签为 LED1。

保存 STM32CubeMX 工程,然后生成 Keil 工程项目,并打开 Keil 工程项目。

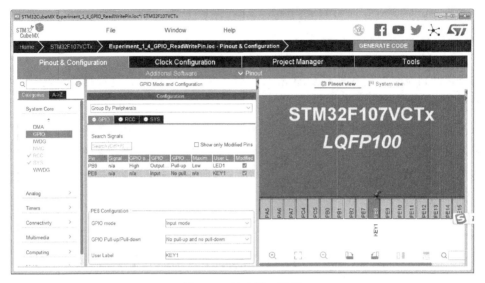

图 5-2　输入端口配置

图 5-3　输出端口配置

## 第二步:添加代码

1)添加私有变量

/ * Private variables ———————————— * /

/ * USER CODE BEGIN PV * /

uint8_t j;

/ * USER CODE END PV * /

2)在 main 函数中添加程序

/ * USER CODE BEGIN 3 * /

```
    j＝HAL_GPIO_ReadPin(GPIOE, KEY1_Pin);                        //读 KEY1_Pin
    if(j＝＝1)
        HAL_GPIO_WritePin(GPIOB, LED1_Pin, GPIO_PIN_SET);       //LED1_Pin 置 1
    else
        HAL_GPIO_WritePin(GPIOB, LED1_Pin, GPIO_PIN_RESET);    //LED1_Pin 置 0
    HAL_Delay(10);
}
/＊ USER CODE END 3 ＊/
```

**第三步：调试、观察实验现象**

将上面代码编译并下载到板子上，在 View 菜单下找到"Watch Windows"，打开"Watch1"，双击"Enter expression"，添加变量 j，如图 5-4 所示。

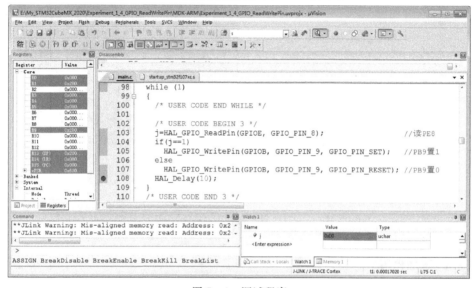

图 5-4　调试程序

将 PB9 与 D1 连接，PE8 与 K1 连接，运行程序，按下按键，可以看到 LED1 亮、灭与按键的关系，"Watch1"窗口中 j 的值也在随按键改变。也可以在延时函数处设置断点，进行观察。

## 5.6　采用端口寄存器读写 GPIO 口

在 5.5 节的实验中，通过调用 HAL 库中的引脚读写函数很容易实现单个引脚的读写操作。目前 HAL 库中还没有对 16 位端口的读写函数，在这个例程中我们采用端口寄存器来完成对端口的读写操作。将四个按键的按键值通过四个 LED 指示。

**第一步：修改工程**

首先复制 5.5 节中的工程文件夹 Experiment_1_4_GPIO_ReadWritePort，并将其命名为 Experiment_1_5_GPIO_ReadWritePort。修改 STM32CubeMX 工程名为 Experiment_1_5_GPIO_ReadWritePort. ioc，保留 Experiment_1_5_GPIO_ReadWritePort. ioc，删除 Experiment_1_5_GPIO_ReadWritePort 文件夹下的其他所有文件夹和文件，双击 Experiment_1_5_GPIO_ReadWritePort. ioc 打开 STM32CubeMX 工程→用鼠标点 PB9 和 PE8 引脚，选择"Reset State"，取消对 PB9 和 PE8 引脚的设置→参照 5.5 节对输入端口和输出端口进行设

置,设置PC0~PC3 为输出端口,设置 PA0~PA3 为输入端口,参照 5.5 节对引脚进行配置,GPIO 配置参数的具体情况如图 5－5 所示。

点 File→Save Project,保存 STM32CubeMX 工程,点"GENERATE CODE"按钮生成 Keil 工程项目,选择打开 Keil 工程项目。

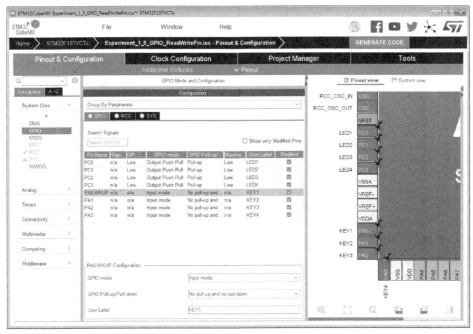

图 5－5 GPIO 配置参数

### 第二步:添加代码

1)添加私有变量

```
/ *  Private variables ----------------- — — * /
/ *  USER CODE BEGIN PV  * /
uint16_t WriteData;                           //添加私有变量
uint16_t ReadData;
/ *  USER CODE END PV  * /
```

2)添加私有函数声明

```
/ *  USER CODE BEGIN PFP  * /
void GPIOC_Write(uint16_t);                   //添加私有函数声明
uint16_t GPIOA_Read(void);
/ *  USER CODE END PFP  * /
```

3)添加私有函数

```
/ *  USER CODE BEGIN 4  * /
//中断回调函数处理、子程序都写在这里
void GPIOC_Write(uint16_t WriteData)          //向 GPIOC 端口写数
  {
    GPIOC->ODR = WriteData;
  }

uint16_t GPIOA_Read()                         //读 GPIOA 端口
```

```
    {
        uint16_t PortValue；
        PortValue＝GPIOA－＞IDR；
        return PortValue；
    }
/＊ USER CODE END 4 ＊/
```

4）在 main 函数中添加程序

```
/＊ USER CODE BEGIN 3 ＊/
    ReadData＝GPIOA_Read()；                    //读 GPIOA
    WriteData＝ReadData；
    GPIOC_Write(WriteData)；                    //WriteData 中对应 0 的数码管亮起
    HAL_Delay(10)；
}
/＊ USER CODE END 3 ＊/
```

上面的程序在实际应用中存在问题。在实际应用中,我们只希望控制 16 位宽度 GPIO 口中的几个输出,而不希望影响其他引脚的输出状态。这可以通过读输出数据寄存来实现。程序修改如下:

```
/＊ USER CODE BEGIN 3 ＊/
    ReadData＝GPIOA_Read()；                    //读 GPIOA
    WriteData＝GPIOC－＞ODR；
    WriteData＝(WriteData&0xFFF0)|(ReadData&0x000F)；
    GPIOC_Write(WriteData)；                    //WriteData 中对应 0 的数码管亮起
    HAL_Delay(10)；
}
/＊ USER CODE END 3 ＊/
```

**第三步:调试、观察实验现象**

将上面代码编译并下载到板子上,在 View 菜单下找到"Watch Windows",打开"Watch1",双击"Enter expression",添加变量"ReadData"。

将 PC0～PC3 引脚与 D1～D4 对应连接,PA0～PA3 与 K1～K4 对应连接,运行程序,按下按键,可以看到 LED1～LED4 的亮、灭与按键的关系,"Watch1"窗口中"ReadData"的值也在随按键改变。也可以在延时函数处设置断点,进行观察。

# 5.7　跑马灯

在 LED 闪烁的基础上很容易编写一个跑马灯程序,但如果对一个个端口进行操作,程序比较啰嗦。如果要编写一个动态数码管程序,仅仅采用 HAL 库中提供的端口操作函数就显得比较麻烦,HAL 库中没有提供对 16 位宽度端口直接进行读写的函数,要对 16 位宽度端口直接进行操作,就必须用到端口寄存器,在这个例子中我们采用端口寄存器来完成对端口的写操作。

**第一步:修改工程**

新建文件夹 Experiment_1_3_Marquee,拷贝 Experiment_1_1_LED_Flash 文件夹下的 Experiment_1_1_LED_Flash. ico 到 Experiment_1_3_Marquee 文件下,并将其命名为 Experiment_1_3_Marquee. ico。双击打开 Experiment_1_3_Marquee. ioc→用鼠标点 PB9 引脚,选

择"Reset State",取消对 PB9 引脚的设置→参照 5.5 节对输出端口进行设置,设置 PE0～PE3 为输出端口→参照 5.5 节对引脚进行配置,PE0～PE3 配置参数的具体情况如图 5-6 所示。

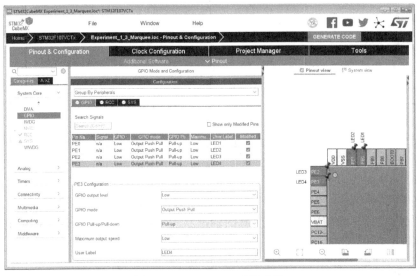

图 5-6 PE0～PE3 配置参数

点 File→Save Project,保存 STM32CubeMX 工程,点"GENERATE CODE"按钮生成 Keil 工程项目,选择打开 Keil 工程项目。

**第二步:添加代码**

1)添加私有变量

```
/* USER CODE BEGIN PV */
/* Private variables ------------------ */
uint16_t WriteData=0x0001;              //添加私有变量
/* USER CODE END PV */
```

2)添加私有函数声明

```
/* Private function prototypes ----------- */
void GPIOE_Write(uint16_t);             //添加私有函数声明
/* USER CODE END PFP */
```

3)添加私有函数定义

```
/* USER CODE BEGIN 4 */
    void GPIOE_Write(uint16_t WriteData)    //向 GPIOE 端口写数
    {
        GPIOE->ODR = WriteData;
    }
/* USER CODE END 4 */
```

4)在 main 函数中添加程序

```
/* USER CODE BEGIN 3 */
    GPIOE_Write(WriteData);              //写 GPIOE,WriteData 中对应 1 的数码管亮起
    HAL_Delay(200);
    WriteData=WriteData<<1;             //WriteData 左移一位,下一位亮
    if(WriteData>0x08)WriteData=1;
}
```

/ ∗ USER CODE END 3 ∗ /

**第三步:调试、观察实验现象**

将上面代码编译并下载到板子上,将 PE0~PE3 引脚与 LED1~LED4 对应连接,会看到跑马灯现象。

# 学习与练习

1. 学习 Description of STM32F1xx HAL drivers,了解 HAL 库函数中有关 GPIO 端口的操作函数。

2. 学习 STM32 中文参考手册_V10,了解与 GPIO 相关的寄存器。

3. 学习 STM32F107VCT6 开发板原理图,了解 LED 灯和 KEY 的位置。

4. 参照 5.5 节,采用 HAL 库函数读写 GPIO 口的方法,实现四个按键对四个 LED 的亮灭控制(K1 接 PE8、K2 接 PE9、K3 接 PE10、K4 接 PE11;PB9 接 D1、PB8 接 D2、PE13 接 D3、PE12 接 D4)。

5. 参照 5.6 节,采用端口寄存器读写 GPIO 口的方法,实现四个按键对四个 LED 的亮灭控制(K1 接 PE8、K2 接 PE9、K3 接 PE10、K4 接 PE11;PB9 接 D1、PB8 接 D2、PE13 接 D3、PE12 接 D4)。

6. 参照 5.7 节实现两种明显不同的跑马灯效果,例如:①先从上到下依次亮起,然后再从上到下依次亮起。②四个 LED 随机亮起。建议连线方式:PA0 接 D1、PA1 接 D2、PA2 接 D3、PA3 接 D4。

# 第6章　串口通信

一般情况下,设备之间的通信方式分为并行通信和串行通信。并行通信的数据位是同时发送的,传输速度快,但占用资源多,无法长距离传输。串行通信的数据位是按顺序传输的,传输速度相对较慢,但占用资源少,传输距离远。串口是微处理器常用的数据传输接口,STM32F1 系列单片机共有 5 个串口,其中 USART1～USART3 是通用同步/异步串行接口 USART(Universal Synchronous/Asynchronous Receiver/Transmitter),UART4 和 UART5 是通用异步串行接口 UART(Universal Asynchronous Receiver/Transmitter)。

## 6.1　串行通信基本概念与串口工作原理

串行通信按照数据传输方向分为单工通信、半双工通信和全双工通信。单工通信是指数据传输只支持数据在一个方向上传输,如图 6-1(a)所示。半双工通信允许数据在两个方向上传输,但在某一时刻,只允许数据在一个方向上传输,它实际上是一种切换方向的单工通信,如图 6-1(b)所示。全双工允许数据同时在两个方向上传输,因此,全双工通信是两个单工通信方式的结合,需要独立的接收端和发送端,如图 6-1(c)所示。

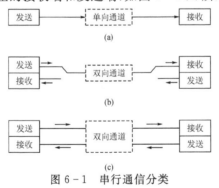

图 6-1　串行通信分类

### 1.串行通信按照通信方式分类

(1)同步通信:带时钟同步信号传输。如 SPI,I2C 通信接口。

(2)异步通信:不带时钟同步信号。如 UART(通用异步收发器)、单总线通信。

在同步通信中,收发设备双方会使用一根信号线传输信号,在时钟信号的驱动下双方进行协调,同步数据。例如,通信中通常双方会统一规定在时钟信号的上升沿或者下降沿对数据线进行采样。

在异步通信中不使用时钟信号进行数据同步,它们直接在数据信号中穿插一些用于同步的信号位,或者将数据进行打包,以数据帧的格式传输数据。通信中还需要双方规定好数据的传输速率(也就是波特率)等,以便更好地同步。常用的波特率有 4800 bits/s、9600 bits/s、115200 bits/s 等。

在同步通信中,数据信号所传输的内容绝大部分是有效数据,而异步通信中会则会包含数据帧的各种标识符,所以同步通信效率高,但是同步通信双方的时钟允许误差小,时钟稍稍出错就可能导致数据错乱,异步通信双方的时钟允许误差较大。

STM32 的串口通信接口有两种:UART(通用异步收发器)和 USART(通用同步异步收发器)。STM32F107 有 3 个 USART 和 2 个 UART。

**2. UART 和 USART 的区别**

名称为 UART 的接口一般只能用于异步串行通信,而名称为 USART 的接口既可以用于同步串行通信,也能用于异步串行通信。

USART 工作于同步通信模式时需要时钟信号来同步数据传输。也就是说,USART 相对 UART 的区别之一就是能提供主动时钟,USART 比 UART 多了一个时钟引脚,USART 需要同步时钟信号 USART_CLK(如 STM32 单片机)。通常情况下同步信号很少使用,因此一般的单片机 UART 和 USART 使用方式是一样的,都使用异步模式,很少用同步方式。

**3. UART 引脚连接方法**

UART 通信需要三根线,RxD、TxD 和 GND,RxD 是数据接收引脚,TxD 是数据发送引脚。

对于两个芯片之间的连接,两个芯片 GND 共地,同时 TxD 和 RxD 交叉连接。这里交叉连接的意思是芯片 1 的 RxD 连接芯片 2 的 TxD,芯片 2 的 RxD 连接芯片 1 的 TxD,如图 6－2所示。这样,两个芯片之间就可以进行 TTL 电平通信了。

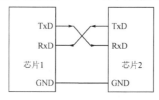

图 6－2　TTL 串口连接

若芯片与计算机(或上位机)相连,除了共地之外,就不能这样直接交叉连接了。尽管计算机和芯片都有 TxD 和 RxD 引脚,但是计算机(或上位机)通常使用的都是 RS232 接口(通常为 DB9 封装),因此不能直接交叉连接。RS232 接口是 9 针(或引脚),通常是 TxD 和 RxD 经过电平转换得到的。要想使芯片与计算机的 RS232 接口直接通信,需要将芯片的输入、输出端口电平也转换成 RS232 类型,再交叉连接,如图 6－3 所示。

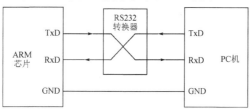

图 6－3　RS232 接口连接方式

STM32 单片机的电平标准(TTL 电平):＋3.3 V 表示 1,GND 表示 0;而 RS232 的电平标准:＋15 V/＋13 V 表示 0,－15 V/－13 V 表示 1。所以 STM32 单片机的串口需要 RS232 电平转换芯片来匹配 RS232 总线标准。RS－232 通信协议标准的串口设备间通信连接如图6－4所示。

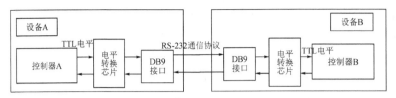

图 6-4　RS232 串口设备之间的连接

　　USB 转串口器件为微控制器与计算机之间的串行通信提供了方便连接,常用的 USB 转串口芯片有:CH340、CP2102、PL2303、FT232 等,其中 FT232HL 芯片最大支持12 Mbits/s 的波特率,价格也比其他芯片高一些。我们的开发板采用 PL2303 来实现 TTL 到 USB 接口的转换(见图 2-11)。

**4. STM32F107 的 UART 特点**

　　(1)有 5 个全双工异步通信接口。

　　(2)分数波特率发生器系统提供精确的波特率。发送和接收共用可编程波特率,最高可达 4.5 Mbits/s。

　　(3)可配置的数据字长度(8 位或者 9 位)。

　　(4)可配置停止位(支持 1 或者 2 位停止位)。

　　(5)可配置使用 DMA 多缓冲器通信。

　　(6)单独发送器和接收器使能位。

　　(7)检测标志:接收缓冲器满、发送缓冲器空、传输结束标志。

　　(8)多个带标志的中断源,触发中断。

　　(9)其他:校验控制,四个错误检测标志。

**5. STM32 UART(USART)原理框图**

　　STM32 单片机的串行通信口原理框图如图 6-5 所示。从图中可以看到,串行通信的时钟来源于 STM32 单片机的时钟系统,分别是 PCLK1 和 PCLK2,前者为 USART2、USART3、UART4 和 UART5 提供时钟,后者只为 USART1 提供时钟,二者的差别是所提供的时钟频率不同,前者时钟频率最大为 36 MHz,而后者最大是 72 MHz。

　　此框图分成上、中、下三个部分。这里大概讲述一下各个部分的内容,具体参见《STM32 中文参考手册》中的描述。

　　此框图的上部分,数据从 RX 进入到接收移位寄存器,然后进入到接收数据寄存器,最终供 CPU 或者 DMA 进行读取;数据从 CPU 或者 DMA 传递过来,进入发送数据寄存器,然后进入发送移位寄存器,最终通过 TX 发送出去。在图 6-5 中,用户将要发送的数据写入发送数据寄存器(Transmit Date Register,TDR),接收到的数据存在接收数据寄存器中。当用户将欲发送的数据写入 TDR 后,单片机会在适当时候将其转移到发送移位寄存器后,按照定义好的波特率和格式将其一位一位地通过 TX 引脚发送出。发送完成后,会自动置位 TC 标志,假如事先使能了发送中断,则 TC 的置位导致标志 TCIE 相应地被置位,就会转向 CPU 发出中断请求。

　　如果接收数据,串口按照定义好的波特率和格式被一位一位地通过 RX 引脚移入接收移位寄存器,当接收到停止位后,RXNE 被置位并将接收移位寄存器的内容转移到接收数据寄存器中去。RXNE 的置位导致标志 RXNEIE 相应地被置位,就会向 CPU 发出中断请求。

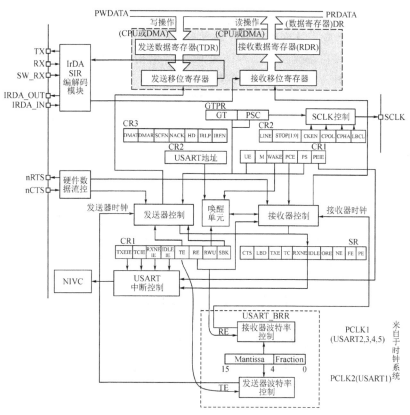

图 6-5 STM32 串行通信口原理图

有趣的是读串口的数据寄存器会自动清除 TC 和 RXNE 标志(这点不同于 51 单片机),也可以通过软件编程清除它们。图 6-5 中,中断控制的作用是将不同的事件梳理后提供给 NVIC,其中使用频率最高的是 TCIE、RXNIE。

值得注意的是,对用户来讲,STM32 单片机只有串口数寄存器一个数据寄存器可以被访问,发送和接收的数据均由该寄存器与 CPU 交换信息。其实很简单,写该寄存器就是发送数据,读该寄存器就是接收数据,这与 51 单片机相同。

然而,UART 的发送和接收都需要波特率来进行控制,波特率是怎样控制的呢? 这就到了框图的下部分。接收移位寄存器、发送移位寄存器都有一个进入的箭头,分别连接到接收器控制、发送器控制。而这两者连接的又是接收器时钟、发送器时钟。也就是说,异步通信尽管没有时钟同步信号,但是在串口内部提供了时钟信号来进行控制。而接收器时钟和发送器时钟又是由什么控制的呢?

可以看到,接收器时钟和发送器时钟被连接到同一个控制单元,即它们共用一个波特率发生器。接收器波特率发生器和发送器波特率发生器由 Mantissa 和 Fraction 精确控制波特率,经过处理 DIV_Mantissa(除数因子的整数部分)、DIV_Fraction(除数因子的小数部分)后成为所期望的波特率。

通用的串口通信格式字长有 8 位和 9 位两种,大多数采用 8 位格式。无论采取哪种字长,串行数据流都是以起始位(低电平)开始,接着的是实际数据(从低位开始),最后是停止位(高电平)。STM32 单片机的停止位可以是 0.5 位、1 位、1.5 位、2 位。

STM32 的串行口看似复杂,但就像其 GPIO 口一样,在采用 STM32CubeMX 可视化配置后,结合 HAL 库函数其应用就变得相对比较简单了。

STM32 为其很多接口都提供了三种访问方式,分别是轮询访问、中断访问、DMA 访问。串口发送/接收三种方式的 HAL 函数如下:

(1)HAL_UART_Transmit();串口轮询模式发送,使用超时管理机制。

(2)HAL_UART_Receive();串口轮询模式接收,使用超时管理机制。

(3)HAL_UART_Transmit_IT();串口中断模式发送。

(4)HAL_UART_Receive_IT();串口中断模式接收。

(5)HAL_UART_Transmit_DMA();串口 DMA 模式发送,不需要 CPU 参与。

(6)HAL_UART_Receive_DMA();串口 DMA 模式接收,不需要 CPU 参与。

一般情况下,微处理器都采用主动发送、被动接收方式进行串口通信,因为发送可以随时主动发起。一般采用轮询方式进行主动数据发送,下位机不知道上位机何时会发来数据,所以一般都采用中断方式接收数据。下面通过实例来进行应用示范。

## 6.2  用 USART1 实现 printf 功能

在程序调试过程中,可以在 Watch Window 中观察变量的值,也可以通过串口将变量的值输出到计算机上的串口调试器中。本例程通过 USART1 将变量的值输出到“串通调试器”中。读者可以看到,几乎不用做太多设置就可以完成一个串行通信程序设计。

**第一步:创建工程**

(1)打开 STM32CubeMX,创建一个新工程,并将工程保存为 Experiment_2_1_USART1 _printf.ioc,仿照实验 Experiment_1_1_LED_Flash 配置 RCC、SYS、时钟(Clock Configuration)。

(2)点“Pinout & Configuration”→点“Connectivity”→点“USART1”,然后在“USART1 Mode and Configuration”窗口中做如图 6-6 所示的配置和设置,将 Mode 配置成“Asynchronous”,这时会看到 PA9 被自动配置成 USART1_TX,PA10 被自动配置成 USART1 _RX。

点“Parameter Settings”,波特率默认值为 115200 bits/s,将波特率修改为 9600 bits/s,其他均按默认设置。一般串口调试器默认通信波特率为 9600 bits/s,所以这里将 STM32F107 的波特率也设置为 9600 bits/s。

(3)保存配置好的 STM32CubeMX 工程文件。点击“Project Manager”,在弹出的工程管理窗口中选择 IDE 工具为 MDK-ARM V5.27,勾选“Use Default Firmware Location”。点击“GENERATE CODE”按钮,生成工程项目→提示成功生成代码,是否打开工程,点“Open Project”→打开生成的工程框架。

**第二步:添加代码**

1)添加用户包含头文件

```
/* USER CODE BEGIN Includes */
#include<stdio.h>              //必须添加此头文件,进行标准化输入输出
/* USER CODE END Includes */
```

图 6-6　配置 USART1

**2）添加用户变量**

```
/ *  USER CODE BEGIN PV  * /
/ *  Private variables ------------------------ * /
uint32_t pwm_cycle=456, high_time=123;
uint64_t duty=45;
/ *  USER CODE END PV  * /
```

**3）添加标准输出打印函数**

```
/ *  USER CODE BEGIN 4  * /
int fputc(int ch, FILE * f)        //实现标准输出 printf()的底层驱动函数
{
    HAL_UART_Transmit(&huart1,(uint8_t * )&ch, 1, 10);
    return ch;
}
/ *  USER CODE END 4  * /
```

**4）在 main 函数中添加代码**

```
/ *  USER CODE BEGIN 3  * /
    printf("I love China. \r\n");
    printf("Cycle:%. 4fms\r\n", pwm_cycle/10000. 0);
    printf("High :%. 4fms\r\n", high_time/10000. 0);
    printf("Duty :%. 1f%%\r\n", duty/10. 0);
    printf("xjtu OK. \r\n");
}
/ *  USER CODE END 3  * /
```

**第三步：调试、观察实验现象**

连接 UART1 的 1 脚到 PA10,UART1 的 2 脚到 PA9,用 USB 线连接开发板的 USB2 端口和计算机。

用"串口调试器"观察结果,运行结果如图 6-7 所示。

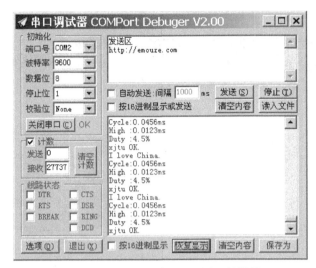

图 6 - 7　USART1 实现 printf 运行结果

实际应用中可以采用 printf 语句实现通过串口将下位机的状态信息或采样数据发送给上位机。

## 6.3　用 USART1 实现轮询发送、中断接收

本实验中,USART1 采用轮询方式发送数据给计算机,采用中断方式接收上位机发来的数据,在中断服务程序中将接收到的数据传回给上位机。通过这个程序可以认识中断回调函数。

**第一步:创建工程**

打开 STM32CubeMX,创建一个新工程,RCC、SYS 的配置同前几个实验。最简单的办法是拷贝一个已经成功的 STM32CubeMX 工程文件,然后对其配置进行修改。

(1)配置 RCC、SYS、时钟(Clock Configuration),配置方法与 4.1 节 LED 闪烁实验相同。

(2)将 USART1 的 Mode 设置成"Asynchronous",会看到 PA9 被自动配置成 USART1_TX,PA10 被自动配置成 USART1_RX。配置 PB9 为输出口,接 LED1。USART1 的"Parameter Settings""User Constants""GPIO Settings""DMA Settings"均按默认设置,如图 6 - 8 所示。

(3)"NVIC Settings"设置如图 6 - 9 所示,使能 USART1 中断。

(4)设置 NVIC 的优先级分组、抢占优先级和子优先级。点"Pinout & Configuration"→点"System Core"→点"NVIC"→在"NVIC Mode and Configuration"栏中点"NVIC"→配置嵌套向量中断控制器如图 6 - 10 所示。这里选择 4 bits 用于抢占优先级,0 bits 用于子优先级。设置嘀嗒定时器为最低优先级,USART1 为最高优先级。数值越大优先级越低。

(5)配置完成,点击"GENERATE CODE",生成代码工程框架并打开。

**第二步:添加代码**

1)添加用户变量

/* USER CODE BEGIN PV */

```
/* Private variables ------------------------ */
uint8_t TxData[8]= {0x55,0x00,0x01,0x02,0x03,0x04,0x05,0xaa};
uint8_t RxData[8];
/* USER CODE END PV */
```

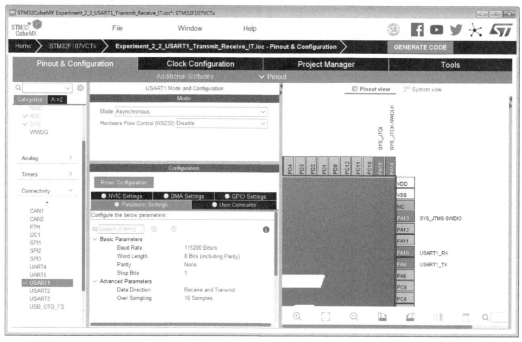

图 6-8　配置 USART1

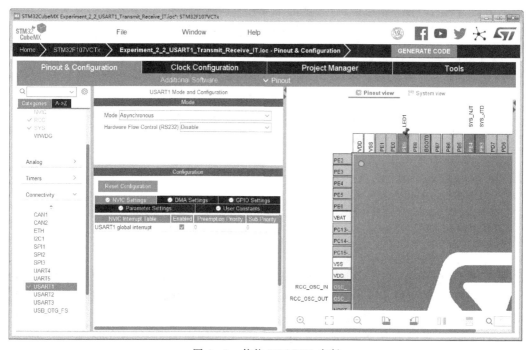

图 6-9　使能 USART1 中断

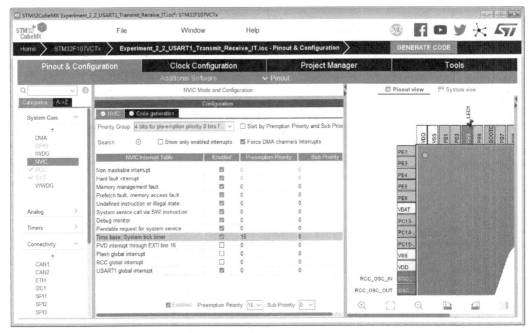

图 6 - 10　置嵌套向量中断控制器 NVIC 配置

2）添加串口中断回调函数

```
/ * USER CODE BEGIN 4 * /
void HAL_UART_RxCpltCallback(UART_HandleTypeDef * UartHandle)
{
    HAL_UART_Transmit(&huart1,RxData,8,10);        //轮询方式发送接收到的 8 个数据
    HAL_UART_Receive_IT(&huart1,RxData,8);         //启动下一次接收
}
/ * USER CODE END 4 * /
```

3）在 main. c 里面添加代码

```
/ * USER CODE BEGIN WHILE * /
HAL_UART_Receive_IT(&huart1,RxData,8);            //启动中断方式接收,收到 8 个数据产生中断
HAL_UART_Transmit(&huart1,TxData,8,10);           //采用轮询方式发送数组 TxData 的 8 个数据
while (1)
{
/ * USER CODE END WHILE * /
/ * USER CODE BEGIN 3 * /
HAL_GPIO_TogglePin(GPIOB,GPIO_PIN_9);             //PB9 取反
HAL_Delay(500);
}
/ * USER CODE END 3 * /
```

　　首先要说明一个约定,STM32CubeMX 使用的是 HAL 库,HAL 库对中断及事件的处理采用的是回调机制,也就是说中断程序的框架已做好,且不能修改。如何加入用户代码？这就要通过所谓的回调函数来实现。

　　查找串口中断回调函数的方法如下,首先打开程序工程中 Application/User 下的 stm32f1xx_it. c,找到 void USART1_IRQHandler(void),在 HAL_UART_IRQHandler 上点鼠标右键,选择 Go to Definition of 'HAL_UART_IRQHandler',找到中断处理函数"void

HAL_UART_IRQHandler(UART_HandleTypeDef * huart)",然后可以找到串口接收的回调函数"__weak void HAL_UART_RxCpltCallback(UART_HandleTypeDef * huart)"。将 void HAL_UART_RxCpltCallback(UART_HandleTypeDef * huart)拷贝到/* USER CODE BEGIN 4 */下面,在该函数中编写进入串口中断读取接收到的数据,处理一些在串口中断中要做的事情。注意:工程编译后才能查找中断回调函数。

**第三步:编译、下载、运行**

连接 UART1 的 1 脚到 PA10,UART1 的 2 脚到 PA9,用 USB 线连接开发板的 USB2 端口和计算机,连接 PB9 和 LED1。运行前先打开串口调试器中的串口,将发送和接收都设置为 16 进制。此时点击运行,可以看到 LED 闪烁,说明启动中断接收方式后,系统在做自己的事情,如果上位机有数据传来,只有接收到 8 个数据后才会产生接收中断,在接收中断中将接收到的数据通过轮询方式再发送给计算机,同时启动下一次接收。

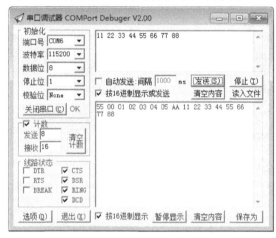

图 6-11　轮询发送中断接收运行结果

# 6.4　用 USART1 实现任意长度数据的接收和发送

在串行通信中经常还会碰到变长度的通信需要,6.3 节中给的通信方法只能实现固定长度数据的发送和接收,在本节中可通过 USART1 接收上位机发来的以回车(0x0d)换行(0x0a)结束的任意长度的数据,并将该数据传回给上位机。通过这个程序大家可以进一步理解中断回调函数的重要性。

**第一步:修改工程**

新建文件夹 Experiment_2_3_USART1_Transmit_VariableLengthReceive_IT,拷贝 6.3 节中的 STM32CubeMX 工程文件 Experiment_2_2_USART1_Transmit_Receive_IT.ioc 到新建文件下,修改其名称与新建文件夹同名,打开 Experiment_2_3_USART1_Transmit_VariableLengthReceive_IT.ioc,所有配置均不变,点击"GENERATE CODE",生成代码工程框架并打开。

**第二步:添加代码**

在 main.c 里面添加如下代码:

```
/* USER CODE BEGIN PV */
/* Private variables ---------------------- */
__IO ITStatus Uart1_Ready_R = RESET;
uint8_t aRxBuffer[1];                                        //aRxBuffer 必须定义为数组
uint8_t RxBuffer[100];
uint8_t Rx_count_UART1=0;
uint8_t Rx_Num_UART1=0;
/* USER CODE END PV */

/* USER CODE BEGIN WHILE */
HAL_UART_Receive_IT(&huart1,aRxBuffer,1);                    //启动中断方式接收
  while (1)
  {
  /* USER CODE END WHILE */

  /* USER CODE BEGIN 3 */
    while(Uart1_Ready_R==RESET);                             //等待一帧数据接收完毕
    Uart1_Ready_R=RESET;                                     //将接收标志复位
    HAL_UART_Transmit(&huart1,RxBuffer,Rx_Num_UART1,10);     //发送数据
    HAL_GPIO_TogglePin(LED1_GPIO_Port, LED1_Pin);
    HAL_Delay(10);
  }
  /* USER CODE END 3 */

/* USER CODE BEGIN 4 */
void HAL_UART_RxCpltCallback(UART_HandleTypeDef * UartHandle)
{
  if(UartHandle->Instance == USART1)                         //首先判断是否是 USART1 的中断
  {
      RxBuffer[Rx_count_UART1] = aRxBuffer[0];               //保存接收到的数据
      //判断是否已经接收到回车(0x0D)和换行(0x0a)
      if((RxBuffer[Rx_count_UART1-1] == 0x0D)&&(RxBuffer[Rx_count_UART1] == 0x0A))
      {
          //将接收置为 SET(=1),以回车换行为结束标志的一帧数据接收完毕
          Uart1_Ready_R = SET;
          Rx_Num_UART1 = ++Rx_count_UART1;                   //统计接收到的数据个数
          Rx_count_UART1 = 0;                                //接收数据计数器清零
      }
      else Rx_count_UART1++;                                 //如果还没有到回车换行,则接
                                                             //  收数据计数器+1
      HAL_UART_Receive_IT(&huart1,aRxBuffer,1);              //启动下一次接收
  }
}
/* USER CODE END 4 */
```

查找回调函数的方法与前面实验相同。首先打开 Application/User 下的 stm32f1xx_it. c,找到 void USART1_IRQHandler(void),在 HAL_UART_IRQHandler 上点鼠标右键,选择 Go to Definition of 'HAL_UART_IRQHandler',找到中断处理函数 void HAL_UART_IRQHandler(UART_HandleTypeDef * huart),然后可以找到回调函数 __weak void HAL_UART_RxCpltCallback(UART_HandleTypeDef * huart)。

**第三步：编译、下载、运行**

连接 PB9 和 LED1，连接 UART1 的 1 脚到 PA10，连接 UART1 的 2 脚到 PA9，用 USB 线连接开发板的 USB2 端口和计算机。

用"串口调试器"观察结果如下：计算机每发送一帧数据给 STM32F107，STM32F107 将接收到的数据返回给计算机。STM32F107 每接收到一帧数据，LED1 改变一次亮灭状态。发送数据的个数不限，但不能超过 100 个，如果要接收超过 100 个数据，需要修改程序中的接收数据 buffer 的大小。计算机发送给 STM32F107 数据的结尾必须是 0d、0a(回车和换行命令)。

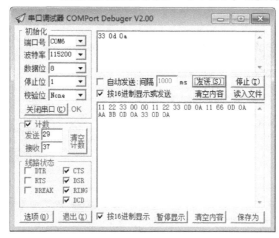

图 6-12　任意长度数据的接收和发送运行结果

# 6.5　用 USART1 实现串口的 DMA 发送和接收

直接存储器访问（Direct Memory Access，DMA）用于在外设与存储器之间以及存储器与存储器之间提供高速数据传输。可以在无需任何 CPU 操作的情况下通过 DMA 快速移动数据，这样节省的 CPU 资源可供其他操作使用。简单讲 DMA 就是一个搬运工，将数据从一个地方搬到另一个地方而不需要 CPU 处理。

在本实验中，USART1 采用 DMA 方式发送数据给计算机，采用 DMA 方式接收上位机发来的数据，在中断服务程序中将接收到的数据用 DMA 传回给上位机。使用 DMA 方式可以减轻 CPU 负担。

**第一步：创建 STM32CubeMX 工程**

打开 STM32CubeMX，创建一个新工程，RCC、SYS 的配置方法与 4.1 节 LED 闪烁实验相同。

(1)配置 PB9 为输出口，接 LED1。

(2)配置时钟(Clock Configuration)与 4.1 节 LED 闪烁实验相同。

(3)将 USART1 设置成"Asynchronous"，"Parameter Settings""User Constants""GPIO Settings"选择默认值。默认串行通信参数为：波特率 115200 bit/s、8 位数据、0 奇偶校验位、1 个停止位。点"DMA Settings"→点"Add"→添加"USART1_RX"和"UART1_TX"→点"USART1_RX"。将 RX 的 DMA 请求模式设置为 Circular，如图 6-13 所示，否则只能接收

一次,RX 的 DMA 请求模式的其他选项和参数按默认设置。UART1_TX 的 DMA 请求按默认设置,TX 的 DMA 请求模式默认设置为 Normal。

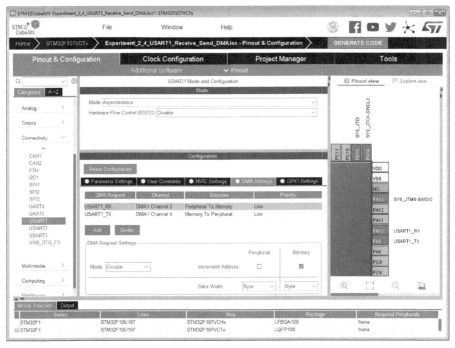

图 6-13　USART1_RX 的 DMA 请求设置

（4）设置 USART1 中断。在"USART1 Mode and Configuration"栏中点"NVIC Settings"→NVIC,配置如图 6-14 所示,勾选"USART1 global interrupt",USART1_RX 和 USART1_TX用到的 DAM 通道全局中断为必选项(灰色)。

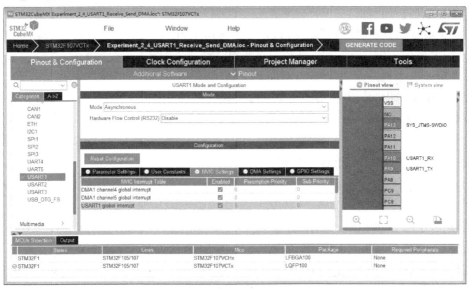

图 6-14　NVIC 配置

（5）设置 NVIC 的优先级分组以及抢占优先级和子优先级。点"Pinout & Configuration"

→点"System Core"→点"NVIC"→在"NVIC Mode and Configuration"栏中点"NVIC"→配置嵌套向量中断控制器如图6-15所示。这里选择4 bits用于抢占优先级,0 bits用于子优先级。设置嘀嗒定时器为最低优先级(15),USART1和DMA中断为最高优先级(0)。数值越大优先级越低。

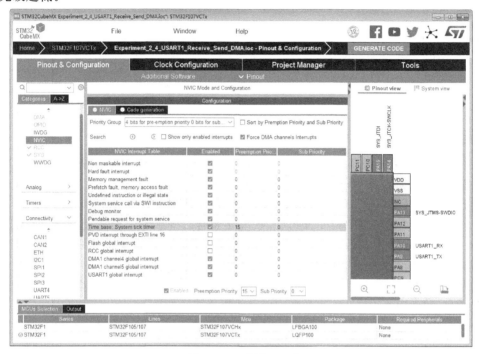

图6-15 配置NVIC

(6)配置完成,点击"GENERATE CODE",生成代码工程框架并打开。

**第二步:添加代码**

1)添加用户变量

```
/ * USER CODE BEGIN PV * /
/ * Private variables ------------------------ * /
#define RXBUFFERSIZE   5
uint8_t aRxBuffer[RXBUFFERSIZE];                           //接收缓存
uint8_t aTxBuffer[] = " * * * * XJTU_ok * * * \r\n";       //发送缓存
/ * USER CODE END PV * /
```

2)添加串口中断回调函数

```
/ * USER CODE BEGIN 4 * /
void HAL_UART_RxCpltCallback(UART_HandleTypeDef * UartHandle)
{
    HAL_UART_Transmit_DMA(&huart1, aRxBuffer, RXBUFFERSIZE);   //DMA发送数据
//HAL_UART_Receive_DMA(&huart1, aRxBuffer, RXBUFFERSIZE);      //重启DMA接收
}
/ * USER CODE END 4 * /
```

注意:这里和只采用中断方式不同,配置了循环模式后可以不用自己手动再次启动DMA接收。

3)在 main.c 里面添加代码

```
/* USER CODE BEGIN WHILE */
HAL_UART_Receive_DMA(&huart1,aRxBuffer,RXBUFFERSIZE);          // 启动 DMA 接收
HAL_UART_Transmit_DMA(&huart1,aTxBuffer,sizeof(aTxBuffer));    // DMA 发送数据
while(1)
{
/* USER CODE END WHILE */
/* USER CODE BEGIN 3 */
    HAL_GPIO_TogglePin(GPIOB,GPIO_PIN_9);                      //PB9 取反
    HAL_Delay(500);
}
/* USER CODE END 3 */
```

**第三步：编译、下载、运行**

连接 UART1 的 1 脚到 PA10，UART1 的 2 脚到 PA9，用 USB 线连接开发板的 USB2 端口和计算机，连接 PB9 和 LED1。

运行前先打开串口调试器 sscom4.2 中的串口，波特率设置为 115200，然后点运行，可以看到 LED 闪烁，说明启动 DMA 方式后，系统在做自己的事情。只有接收到 RXBUFFER-SIZE 个数据后才会产生接收中断，在接收中断时会将接收到的数据通过 DMA 方式再发送给计算机，实验结果如图 6-16 所示。

有些串口调试器不能用于 DMA 方式的测试，例如"串通"串口调试器就无法用于 DMA 方式的测试，可能因为 DMA 方式的数据发送和接收都非常快。

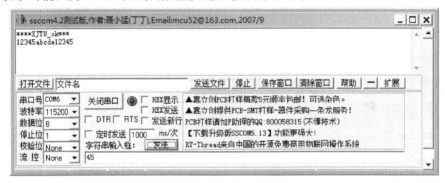

图 6-16　DMA 方式串口发送接收实验结果

## 6.6　观察 USART1 的 DMA 发送

为了更好理解 DMA 的工作方式，在本实验中，USART1 采用 DMA 循环方式发送数据给计算机，可以看出 DMA 是独立于 CPU 运行的。

**第一步：修改 STM32CubeMX 工程**

新建文件夹 Experiment_2_5_USART1_Send_DMA，拷贝 6.5 节建的 STM32CubeMX工程文件到该新建文件夹下，并修改其 STM32CubeMX 工程名为 Experiment_2_5_USART1_Send_DMA.ioc，双击打开该工程文件。

(1)DMA 传输速度快、效率高。为了方便通过串口调试器观察 STM32F107 经 DMA 方式将数据不断地发送到上位机，将 USART1 的波特率设置成 300 bits/s。要降低 USART1 的波特

率,首先要降低 USAT1 端口的时钟频率。查阅 STM32F107 的内部结构图 1 - 10 可知,USART1 是挂在 APB2 外设总线上的,将其频率通过分频降到最低(4.5 MHz),如图 6 - 17 所示。

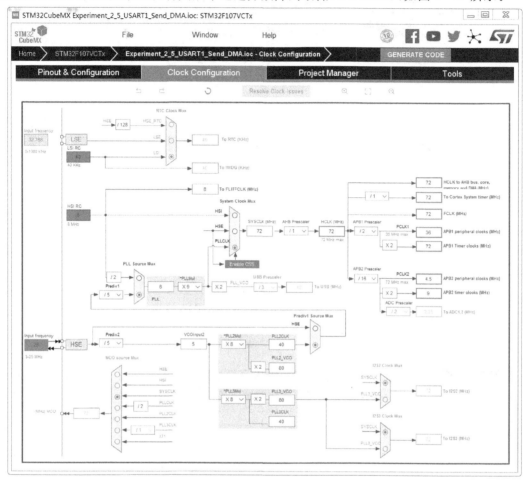

图 6 - 17　时钟配置

点"Pinout & Configuration"→点"Connectify"→点"USART1"→在"Configuration"栏中点"Parameter Settings"→修改"Baud Rate"为 300 bits/s。

(2)修改 USART1 的 DMA 设置。在 USART1 的 Configuration 栏中点"DMA Settings",配置 USART1_RX 和 USART1_TX 的 DMA 请求方式,如图 6 - 18 和 6 - 19 所示。注意:要将 TX 的模式设置为 circular,这样 DMA 就会循环不停地发送数据。

(3)配置完成,点击"GENERATE CODE",生成代码工程框架并打开。

**第二步:添加代码**

1)添加用户变量

```
/* USER CODE BEGIN PV */
/* Private variables ------------------------ */
uint8_t aTxBuffer[] = "www. xjtu. edu. cn\r\n";
/* USER CODE END PV */
```

图 6 - 18　配置 USART1_RX 的 DMA 请求

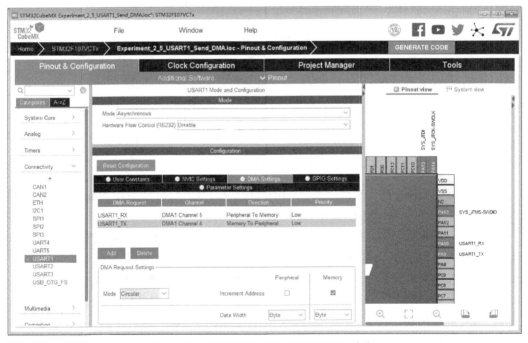

图 6 - 19　配置 USART1_TX 的 DMA 请求

2)在 main. c 里面添加代码

/* USER CODE BEGIN WHILE */

HAL_UART_Transmit_DMA(&huart1, aTxBuffer, sizeof(aTxBuffer));　//启动 DMA 方式发送数据

while (1)

```
{
/＊ USER CODE END WHILE ＊/
    /＊ USER CODE BEGIN 3 ＊/
HAL_GPIO_TogglePin(GPIOB,GPIO_PIN_9);  //PB9 取反
HAL_Delay(500);
}
    /＊ USER CODE END 3 ＊/
```

**第三步:编译、下载、运行**

连接 UART1 的 1 脚到 PA10,UART1 的 2 脚到 PA9,用 USB 线连接开发板的 USB2 端口和计算机,连接 PB9 和 LED1。

运行前先打开串口调试器中的串口,设置波特率为 300 bits/s,然后点击"运行",可以看到 LED 闪烁,说明启动 DMA 方式后,CPU 在做自己的事情,同时 DMA 将数据源源不断地发送给计算机,实验结果如图 6-20 所示。

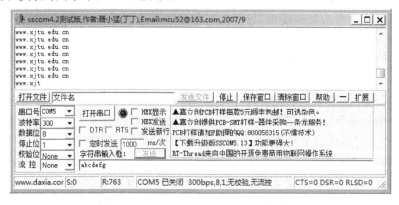

图 6-20　USART1 的 DMA 发送实验结果

# 学习与练习

1. 学习 Description of STM32F1xx HAL drivers,了解 HAL 库函数中有关串口的操作函数。

2. 学习 STM32 中文参考手册_V10,了解与串口相关的硬件知识和相关的寄存器。

3. 学习 STM32F107VCT6 开发板原理图,了解与串口相关的器件及接口位置。

4. 参照 6.3 节轮询发送中断接收例程,修改程序使其能够通过串口调试器控制 LED 闪烁的快慢。串口调试器发送数据给开发板,STM32F107 接收到数据后,通过修改延迟时间来控制 LED 闪烁的速度。

5. 用短路帽分别连接按键 K1~K4 到 PE8~PE11,分别连接 PB9、PB8、PE13、PE12 到 D1~D4。选择任一串口,分别采用轮询方式、中断方式和 DMA 方式完成以下功能:

(1)程序开始运行后,四个 LED 以跑马灯方式闪烁。

(2)一旦有键按下,检测到按键值后,通过串口将按键值发送到上位机的串口调试器中显示。

(3)可以通过上位机上的串口调试助手发送命令给 STM32F107,命令其改变跑马灯的快慢。

完成以上设计后,通过调试、运行、比较串口三种通信方式的优缺点,给出串口通信方式的使用建议。

# 第 7 章　NVIC 与外部中断

嵌套向量中断控制器 NVIC(Nested Vectored Interrupt Controller)是 Cortex-M3 在其内核上搭载的一颗中断控制器,NVIC 为 STM32 的中断系统提供支持,不可屏蔽中断和外部中断都由其处理。STM32 的所有引脚都可以作为独立的外部中断源。即每个 GPIO 口都可以配置作为外部中断,当引脚状态变化时会触发相应中断。单片机的中断申请源越丰富,CPU 处理突发事件的能力就越强。因此,把处理中断的能力视为单片机性能的一项重要指标。结合前面的介绍,我们可以查询引脚状态(通过读 GPIO 口)或使用中断来处理每次的按键事件。建议使用中断来处理按键,可以提高程序的工作效率。

## 7.1　STM32 的中断控制

ARM Coetex-M3 内核共支持 256 个中断(其中 16 个内部中断,240 个外部中断)和可编程的 256 级中断优先级设置。STM32 目前支持的中断共 84 个(16 个内部中断＋68 个外部中断),还有 16 级可编程的中断优先级设置,仅使用中断优先级设置 8 bit 中的高 4 位。

STM32 的 84 个中断包括 16 个内核中断和 68 个可屏蔽中断,68 个可屏蔽中断已经固定分配给相应的外部设备,每个中断通道都具备自己的中断优先级控制字 PRI_n(8 位,但是STM32 中只使用 4 位,高 4 位有效),每 4 个通道的 8 位中断优先级控制字构成一个 32 位的优先级寄存器。68 个通道的优先级控制字至少构成 17 个 32 位的优先级寄存器。

4 bit 的中断优先级可以分成两部分,从高位看,前面定义的是抢占式优先级,后面是响应优先级。4 bit 一共可以分成 5 组。

第 0 组:所有 4 bit 用于指定响应优先级;

第 1 组:最高 1 位用于指定抢占式优先级,后面 3 位用于指定响应优先级;

第 2 组:最高 2 位用于指定抢占式优先级,后面 2 位用于指定响应优先级;

第 3 组:最高 3 位用于指定抢占式优先级,后面 1 位用于指定响应优先级;

第 4 组:所有 4 位用于指定抢占式优先级。

抢占式优先级和响应优先级之间的关系是:具有高抢占式优先级的中断可以在具有低抢占式优先级的中断处理过程中被响应,即中断嵌套。也就是说,只有高抢占优先级中断可以打断低抢占优先级中断。

(1)当两个中断源的抢占式优先级相同时,这两个中断将没有嵌套关系,当一个中断到来后,如果正在处理另一个中断,这个后到来的中断就要等到前一个中断处理完之后才能被处理。

(2)如果这两个中断同时到达,则中断控制器根据他们的响应优先级高低来决定先处理哪一个。

(3)如果这两个中断的抢占式优先级和响应优先级都相等,则根据它们在中断表中的排位顺序决定先处理哪一个。每一个中断源都必须定义 2 个优先级(抢占优先级和响应优先级）。

以下几点需要注意：

①如果指定的抢占式优先级别或响应优先级别超出了选定的优先级分组限定的范围，可能得到意想不到的结果；

②抢占式优先级别相同的中断源之间没有嵌套关系；

③如果某个中断源被指定为某个抢占式优先级别，又没有其他中断源处于同一个抢占式优先级别，则可以为这个中断源指定任意有效的响应优先级别。

**1. EXTI 简介**

STM32 单片机把中断和异常统称为事件。从性质来看，事件与众多 CPU 的中断概念相同，所以本书将事件（中断和异常）统称为中断，若确有必要区分时，将会给出具体的说明。

STM32F10x 外部中断/事件控制器（EXTI）由 20 个产生中断/事件请求的边沿检测器组成。EXTI 的每根输入线都可单独进行配置，以选择类型（中断或事件）和相应的触发事件（上升沿或下降沿或者双边沿都触发），每个输入线都可以被屏蔽。中断请求由挂起寄存器管理。

**2. EXTI 结构框图**

EXTI 框图包含了 EXTI 最核心的内容，掌握了此框图，对 EXTI 就有一个全局的把握，在编程时思路就非常清晰。

EXIT 的结构框图如图 7-1 所示，可以看出 STM32 单片机的中断系统由中断屏蔽寄存器、请求挂号（挂起）寄存器、软件中断事件寄存器、上升沿触发选择寄存器、下降沿触发选择寄存器、时间屏蔽寄存器、脉冲发生器、边沿检测电路 8 部分构成。中断请求源的中断请求经过各种处理后，馈送给 Cortex-M3 进行中断处理。

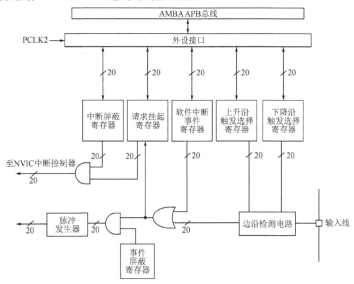

图 7-1　STM32 单片机中断结构框图

从图 7-1 中可以看到，有很多信号线上都有标号"20"字样，表示在控制器内部类似的信号线路有 20 个，这与 STM32F10x 的 EXTI 总共有 20 个中断/事件线是吻合的。因此我们只需要理解其中一个的原理，其他 19 个线路原理都是一样的。

EXTI 有产生中断和产生事件两大功能，这两个功能从硬件上就有差别，中断和事件分别走两条线路。

中断线路:输入线→边沿检测电路→上升沿、下降沿触发选择寄存器→外设接口总线→中断屏蔽寄存器、请求挂起寄存器→NVIC 中断控制器→产生中断。

事件线路:输入线→边沿检测电路→上升沿、下降沿触发选择寄存器→外设接口总线→请求挂起寄存器、软件中断事件寄存器→或门、与门、事件屏蔽寄存器→脉冲发生器→供其他外设电路使用→产生事件。

下面介绍这两条线路:

1)产生中断的线路

(1)输入线。EXTI 控制器有 20 个中断/事件输入线,这些输入线可以通过寄存器设置为任意一个 GPIO,也可以是一些外设的事件。输入线上一般存在电平变化的信号,比如按键。

(2)边沿检测电路。EXTI 可以对触发方式进行选择,通过上升沿触发选择寄存器和下降沿触发选择寄存器对应位的设置来控制信号触发。边沿检测电路以输入线作为信号输入端,如果检测到有边沿跳变就输出有效信号给或门,否则输出无效信号 0。而上升沿和下降沿触发选择这两个寄存器可以控制需要检测哪些类型的电平跳变过程,可以是只有上升沿触发、只有下降沿触发或者上升沿和下降沿都触发。

(3)通过外设总线将请求挂起寄存器和中断屏蔽寄存器的内容输入到 NVIC 内,从而实现系统中断事件的控制。

2)产生事件的线路

由外部引脚产生的边沿检测信号将经过以下线路产生事件。

(1)或门电路。一端输入信号线由边沿检测电路提供,另一端输入信号线由软件中断事件寄存器提供,只要有一个为有效信号 1,或门电路则输出有效信号 1,否则为无效信号 0。软件中断事件寄存器允许我们使用软件来启动中断/事件线,这个在某些地方非常有用。

(2)与门电路。一端输入信号线出或门电路输出提供,另一端输入信号线由事件屏蔽寄存器提供,只有当两者都为有效信号 1,与门电路才会输出有效信号 1,否则输出无效。这样我们就可以简单地通过控制事件屏蔽寄存器来实现是否产生事件的目的。当我们把事件屏蔽寄存器设置为 1 时,与门的输出就取决于或门的输出。或门电路输出的信号会被保存到挂起寄存器内,如果确定或门电路输出为 1 就会把挂起寄存器对应位置 1。

(3)脉冲发生器电路。其输入端只与与门输出连接,与门输出有效,脉冲发生器才会输出一个脉冲信号。

(4)脉冲信号。由脉冲发生器产生,是事件线路的终端,此脉冲信号可供其他外设电路使用,比如定时器、ADC 等。这样的脉冲信号通常用来触发定时器、ADC 开始转换等。

从上面的 EXTI 框图可以看出,中断线路最终会输入到 NVIC 控制器中,从而会运行中断服务函数,实现中断功能,这是软件级的。而事件线路最后产生的脉冲信号会流向其他外设电路,是硬件级的。在 EXTI 框图最顶端可以看到,其外设接口时钟是由 PCLK2(即 APB2)提供,在配置 STM32CubeMX 时会自动使能 EXTI 时钟。

**3. 外部中断/事件线**

STM32F10x 的 EXTI 具有 20 个中断/事件线,对应连接的外设说明见表 7-1。

表 7 - 1　**EXTI 对应的外设**

| EXTI 线 | 说明 |
|---|---|
| EXTI 线 0～15 | 对应外部 I/O 口的输入中断 |
| EXTI 线 16 | 连接到电源电压检测 PVD 输出 |
| EXTI 线 17 | 连接到实时时钟 RTC 闹钟事件 |
| EXTI 线 18 | 连接到 USB OTG FS 唤醒事件 |
| EXTI 线 19 | 连接到以太网唤醒事件 |

**4. STM32 中断源、中断优先级、中断编号**

STM32 单片机有 68 个可屏蔽中断源,16 个可编程中断优先级。表 7 - 2 列出了中断源名称、优先级别及中断向量。HAL 库的中断函数名与表 7 - 2 基本相似。

表 7 - 2　**STM32 的中断源名称、优先级别及中断编号**

| 中断源名称 | 优先级 | 功能与作用说明 | 中断函数名称 | 中断编号 |
|---|---|---|---|---|
| Reset | －3 | 复位 | Reset_Handler | |
| NMI | －2 | 不可屏蔽中断,RCC 时钟安全系统(CSS) | NMI_Handler | －14 |
| HardFault | －1 | 硬件失效 | HardFault_Handler | －13 |
| MemManage | 0 | 存储器管理 | MemManage_Handler | －12 |
| BusFault | 1 | 总线失效(存储器访问失败) | BusFault_Handler | －11 |
| UsageFault | 2 | 未定义的指令或非法状态 | UsageFault_Handler | －10 |
| SVCall | 3 | 通过 SWI 指令的系统服务调用 | SVC_Handler | －5 |
| DebugMonitor | 4 | 调试监控器 | DebugMon_Handler | －4 |
| PendSV | 5 | 可挂起的系统服务 | PendSV_Handler | －2 |
| SysTick | 6 | 系统嘀嗒定时器 | SysTick_Handler | －1 |
| WWDG | 7 | 窗口定时器中断 | WWDG_IRQHandler | 0 |
| PVD | 8 | 连到 EXTI 的电源电压检测(PVD)中断 | PVD_IRQHandler | 1 |
| TAMPER | 9 | 侵入检测中断 | TAMPER_IRQHandler | 2 |
| RTC | 10 | 实时时钟(RTC)全局中断 | RTC_IRQHandler | 3 |
| FLASH | 11 | 闪存全局中断 | FLASH_IRQHandler | 4 |
| RCC | 12 | 复位和时钟控制(RCC)中断 | RCC_IRQHandler | 5 |
| EXTI0 | 13 | EXTI 线 0 中断 | EXTI0_IRQHandler | 6 |
| EXTI1 | 14 | EXTI 线 1 中断 | EXTI1_IRQHandler | 7 |
| EXTI2 | 15 | EXTI 线 2 中断 | EXTI2_IRQHandler | 8 |
| EXTI3 | 16 | EXTI 线 3 中断 | EXTI3_IRQHandler | 9 |

| 中断源名称 | 优先级 | 功能与作用说明 | 中断函数名称 | 中断编号 |
|---|---|---|---|---|
| EXTI4 | 17 | EXTI 线 4 中断 | EXTI4_IRQHandler | 10 |
| DMA1 通道 1 | 18 | DMA1 通道 1 全局中断 | DMA1_Channel1_IRQHandler | 11 |
| DMA1 通道 2 | 19 | DMA1 通道 2 全局中断 | DMA1_Channel2_IRQHandler | 12 |
| DMA1 通道 3 | 20 | DMA1 通道 3 全局中断 | DMA1_Channel3_IRQHandler | 13 |
| DMA1 通道 4 | 21 | DMA1 通道 4 局中断 | DMA1_Channel4_IRQHandler | 14 |
| DMA1 通道 5 | 22 | DMA1 通道 5 全局中断 | DMA1_Channel5_IRQHandler | 15 |
| DMA1 通道 6 | 23 | DMA1 通道 6 全局中断 | DMA1_Channel6_IRQHandler | 16 |
| DMA1 通道 7 | 24 | DMA1 通道 7 全局中断 | DMA1_Channel7_IRQHandler | 17 |
| ADC1_2 | 25 | ADC1 和 ADC2 全局中断 | ADC1_2_IRQHandler | 18 |
| CAN1_TX | 26 | CAN1 发送中断 | USB_HP_CAN1_TX_IRQHandler | 19 |
| CAN1_RX0 | 27 | CAN1 接收 0 中断 | USB_LP_CAN1_RX0_IRQHandler | 20 |
| CAN1_RX1 | 28 | CAN1 接收 1 中断 | CAN1_RX1_IRQHandler | 21 |
| CAN_SCE | 29 | CAN1 SCE 中断 | CAN1_RX1_IRQHandler | 22 |
| EXTI9_5 | 30 | EXTI 线[9:5]中断 | EXTI9_5_IRQHandler | 23 |
| TIM1_BRK | 31 | TIM1 刹车中断 | TIM1_BRK_IRQHandler | 24 |
| TIM1_UP | 32 | TIM1 更新中断 | TIM1_UP_IRQHandler | 25 |
| TIM1_TRG_COM | 33 | TIM1 触发和通信中断 | TIM1_TRG_COM_IRQHandler | 26 |
| TIM1_CC | 34 | TIM1 捕获比较中断 | TIM1_CC_IRQHandler | 27 |
| TIM2 | 35 | TIM2 全局中断 | TIM2_IRQHandler | 28 |
| TIM3 | 36 | TIM3 全局中断 | TIM3_IRQHandler | 29 |
| TIM4 | 37 | TIM4 全局中断 | TIM4_IRQHandler | 30 |
| I2C1_EV | 38 | I2C1 事件中断 | I2C1_EV_IRQHandler | 31 |
| I2C1_ER | 39 | I2C1 事件出错中断 | I2C1_ER_IRQHandler | 32 |
| I2C2_EV | 40 | I2C2 事件中断 | I2C2_EV_IRQHandler | 33 |
| I2C2_ER | 41 | I2C2 事件出错中断 | I2C2_ER_IRQHandler | 34 |
| SPI1 | 42 | SPI1 全局中断 | SPI1_IRQHandler | 35 |
| SPI2 | 43 | SPI2 全局中断 | SPI2_IRQHandler | 36 |
| USART1 | 44 | USART1 全局中断 | USART1_IRQHandler | 37 |
| USART2 | 45 | USART2 全局中断 | USART2_IRQHandler | 38 |

| 中断源名称 | 优先级 | 功能与作用说明 | 中断函数名称 | 中断编号 |
|---|---|---|---|---|
| USART3 | 46 | USART3 全局中断 | USART3_IRQHandler | 39 |
| EXTI15_10 | 47 | EXTI 线[15:10]中断 | EXTI15_10_IRQHandler | 40 |
| RTCAlarm | 48 | 连到 EXTI 的 RTC 闹钟中断 | RTCAlarm_IRQHandler | 41 |
| OTG_FS_WKUP | 49 | 连到 EXTI 的全速 USB OTG 唤醒中断 | OTG_FS_WKUP_IRQHandler | 42 |
| TIM5 | 57 | TIM5 全局中断 | TIM5_IRQHandler | 50 |
| SPI3 | 58 | SPI3 全局中断 | SPI3_IRQHandler | 51 |
| UART4 | 59 | UART4 全局中断 | UART4_IRQHandler | 52 |
| UART5 | 60 | UART5 全局中断 | UART5_IRQHandler | 53 |
| TIM6 | 61 | TIM6 全局中断 | TIM6_IRQHandler | 54 |
| TIM7 | 62 | TIM7 全局中断 | TIM7_IRQHandler | 55 |
| DMA2 通道 1 | 63 | DMA2 通道 1 全局中断 | DMA2_Channel1_IRQHandler | 56 |
| DMA2 通道 2 | 64 | DMA2 通道 2 全局中断 | DMA2_Channel2_IRQHandler | 57 |
| DMA2 通道 3 | 65 | DMA2 通道 3 全局中断 | DMA2_Channel3_IRQHandler | 58 |
| DMA2 通道 4 | 66 | DMA2 通道 4 全局中断 | DMA2_Channel4_IRQHandler | 59 |
| DMA2 通道 5 | 67 | DMA2 通道 5 全局中断 | DMA2_Channel5_IRQHandler | 60 |
| ETH | 68 | 以太网全局中断 | ETH_IRQHandler | 61 |
| ETH_WKUP | 69 | 连到 EXTI 的以太网唤醒中断 | ETH_WKUP_IRQHandler | 62 |
| CAN2_TX | 70 | CAN2 发送中断 | CAN2_TX_IRQHandler | 63 |
| CAN2_RX0 | 71 | CAN2 接收 0 中断 | CAN2_RX0_IRQHandler | 64 |
| CAN2_RX1 | 72 | CAN2 接收 1 中断 | CAN2_RX1_IRQHandler | 65 |
| CAN2_SCE | 73 | CAN2 的 SCE 中断 | CAN2_SCE_IRQHandler | 66 |
| OTG_FS | 74 | 全速的 USB OTG 全局中断 | OTG_FS_IRQHandler | 67 |

从表 7 - 2 可以看出,STM32 的 16 根外部中断线 EXTI[15:0]中,EXTI0~EXTI4 有各自的中断函数。EXTI5~9 共享一个中断函数,EXTI10~15 共享一个中断函数。

中断编号与中断向量对应。中断向量(也称之为矢量)就是存放中断服务子程序入口地址的存储单元。将所有的中断向量连续分配一段存储器空间,将其称为中断向量表。中断向量表中存放的是系统中的各个中断服务子程序的入口地址,它们必须对号入座,即使某中断系统未使用到,别的中断源也不能占用未使用到中断的矢量地址。如果中断被使能,并有中断源申请中断服务,Cortex-M3 会根据预先定义的中断优先级,决定是否为其服务。一旦许可,就从中断向量表中提取当前优先级最高的中断服务子程序的入口地址(保护现场),转而去执行中断服务子程序,完成后(恢复现场)返回原来被中断处接着执行程序。

在中断服务过程中,如果有更高优先级的中断源申请中断服务,Cortex-M3 会用上述方式响应当前的高级中断并给予服务,即转去执行高级中断服务程序,然后则继续执行刚才未执行完的低级中断服务程序,然后回到响应该中断服务程序处继续执行程序。

如果 Cortex-M3 正在执行某中断服务子程序时有优先级别较低的中断源申请中断服务,Cortex-M3 暂时不给予响应(服务),等待当前服务结束后,返回到原来中断处,至少再执行一条指令后,才予以响应刚才低优先级中断源的申请。

在 Cortex-M3 中有一种有关中断的新概念,称为抢占式中断处理,其实质与前面描述的处理原则基本一致。实际使用中,外部中断可以使用下降沿触发,可以使用上升沿触发,还可以设置成上升沿和下降沿都有效,这样就可适用于测量脉冲宽度。

# 7.2　STM32 外部中断

STM32 单片机的 GPIO 端口的基本功能是用作输入/输出端口,当 GPIO 端口作为外部中断使用时,使用的是其引脚的复用功能。STM32 单片机的所有 GPIO 引脚都可以作为外部中断源,但如果每个 GPIO 引脚都是一个独立的中断源,则需要 90 个中断源,这是不科学的,所以采用复用方式使来自 GPIO 的中断源对处理器来说只有 16 个,GPIO 引脚的中断源分组如图 7-2 所示。从图 7-2 可以看出,STM32 将 GPIO 分为 16 组,外部中断线是以组为单位的,一组只有一根外部中断线 EXTIx,共有 16 根外部中断线(EXTI0~EXTI15)。同组中的 GPIO 用作外部中断时,同一时间只能使用一个,这叫互斥效应。例如,PA0、PB0、PC0、PD0、PE0、PF0、PG0 这些为 1 组,其外部中断线为 EXTI0,如果使用 PA0 作为外部中断源,那么别的就不能再使用了,也就是说它们之间是互斥的。在此情况下,我们只能使用类似 PB1、PC2 这种末端序号不同的外部中断源。

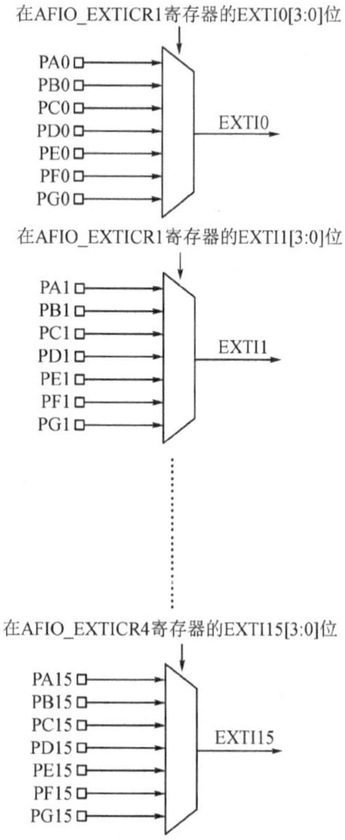

STM32CubeMX 已经为用户考虑了这种互斥情况,如果设置 PA0 为 GPIO_EXTI0,再设置 PE0 为 GPIO_EXTI0 时,PA0 上设置的 GPIO_EXTI0 会自动消失。由于互斥效应,在一个设计中,STM32 单片机只能有 16 根不冲突的 GPIO 引脚用作外部中断。

由表 7-3 可知,16 个外部中断源中,EXTI0~4 有各自的中断函数,EXTI5~9 共用一个中断函数,EXTI10~15 共用一个中断函数。但是在中断函数里面可以查询中断标志,从而判断是哪

图 7-2　引脚与外部中断源分组

个外部中断,虽然 EXTI5~9、EXTI10~15 分别共用同一个中断号,但是具有独立的中断标志位 EXTI_LineX,X 为 0~15。值得一提的是,不同的中断编号,其优先级不同,请读者给予足够重视,7.7 节给出了中断优先级功能演示实验。

如前所述,STM32 单片机的 Px0~4(x 分别可以是 A、B、C、D、E、F、G)享有独立中断号,对应的中断服务子程序名是 EXTIx_IRQHandler(x=0,1,2,3,4),对应的中断号分别是 6、7、8、9、10。既然只有 5 个中断编号,那么在实际使用时,就必须高度注意避免重复导致的互斥问题。假如使用 PA0~4 作为外部中断源,就不能使用 PB0~4、PC0~4、PD0~4、PE0~4、PF0~4、PG0~4。如果使用了 PE0~2 作为外部中断源,则还可以再使用 PA3~4(或者 PB3~4、PC3~4、PD3~4、

PE3～4、PF3～4、PG3～4)作为外部中断源。在系统中可以同时使用 PA0、PB1、PC2、PD3、PE4,会有很多种组合方式,此处不再赘述,请读者自己分析。

　　STM32 单片机的 Px5～9(x 分别可以是 A、B、C、D、E、F、G)享有同一个中断号,对应的中断服务子程序名是 EXTI9_5_IRQHandler,与之对应的中断编号是 23,在系统中可以同时将 PAx(x＝5,6,7,8,9)作为外部中断源,也可以采用其他组合方式(参照上面的分析)。

　　STM32 单片机的 Px10～15(x 分别可以是 A、B、C、D、E、F、G)享有同一个中断号,对应的中断服务子程序名是 EXTI15_10_IRQHandler,与之对应的中断编号是 40。

　　STM32F107VCT6 一共有 5 组 GPIO,每组 GPIO 口都有 16 个引脚,分别是 PA[15:0]、PB[15:0]、PC[15:0]、PD[15:0]、PE[15:0]。STM32F107 的 80 个 GPIO 口共组合成 16 个外部中断(EXTI15～EXTI0)。表 7－3 总结了 STM32F107 的外部中断的相关内容。

表 7－3　STM32F107 外部中断关系表

| GPIO 引脚<br>(80 根) | 外部中断<br>线(16 根) | 外部中断源<br>(6 个) | 中断函数 | 互斥关系 |
|---|---|---|---|---|
| PA0 | EXTI0 | EXTI line0 interrupt | void EXTI0_IRQHandler(void) | 用了 PA0 就不能再用 PB0～PE0 了,Px0(x＝A,B,C,D,E)中只能用一个作为外部中断使用 |
| PB0 | | | | |
| PC0 | | | | |
| PD0 | | | | |
| PE0 | | | | |
| PA1 | EXTI1 | EXTI line1 interrupt | void EXTI1_IRQHandler(void) | 用了 PA1 就不能再用 PB1～PE1 了,Px1(x＝A,B,C,D,E)中只能用一个作为外部中断使用 |
| PB1 | | | | |
| PC1 | | | | |
| PD1 | | | | |
| PE1 | | | | |
| PA2 | EXTI2 | EXTI line2 interrupt | void EXTI2_IRQHandler(void) | 用了 PA2 就不能再用 PB2～PE2 了,Px2(x＝A,B,C,D,E)中只能用一个作为外部中断使用 |
| PB2 | | | | |
| PC2 | | | | |
| PD2 | | | | |
| PE2 | | | | |
| PA3 | EXTI3 | EXTI line3 interrupt | void EXTI3_IRQHandler(void) | 用了 PA3 就不能再用 PB3～PE3 了,Px3(x＝A,B,C,D,E)中只能用一个作为外部中断使用 |
| PB3 | | | | |
| PC3 | | | | |
| PD3 | | | | |
| PE3 | | | | |

| GPIO 引脚<br>(80 根) | 外部中断<br>线(16 根) | 外部中断源<br>(6 个) | 中断函数 | 互斥关系 |
|---|---|---|---|---|
| PA4 | EXTI4 | EXTI line4 interrupt | void EXTI4_IRQHandler(void) | 用了 PA4 就不能再用 PB4～PE4 了,Px4(x=A,B,C,D,E)中只能用一个作为外部中断使用 |
| PB4 | | | | |
| PC4 | | | | |
| PD4 | | | | |
| PE4 | | | | |
| PA5 | EXTI5 | EXTIline[9:5] interrupts | void EXTI9_5_ IRQHandler(void) | Px5(x=A,B,C,D,E)中只能用一个作为外部中断使用;<br>Px6(x=A,B,C,D,E)中只能用一个作为外部中断使用;<br>Px7(x=A,B,C,D,E)中只能用一个作为外部中断使用;<br>Px8(x=A,B,C,D,E)中只能用一个作为外部中断使用;<br>Px9(x=A,B,C,D,E)中只能用一个作为外部中断使用;<br><br>即:PA5～9、PB5～9、PC5～9、PD5～9、PE5～9 五组之间互斥,用了 PA5～9 就不能再用 PB5～9、PC5～9、PD5～9、PE5～9,但可以组合使用,例如:PB5、PA6、PD7、PE8、PC9 |
| PB5 | | | | |
| PC5 | | | | |
| PD5 | | | | |
| PE5 | | | | |
| PA6 | EXTI6 | | | |
| PB6 | | | | |
| PC6 | | | | |
| PD6 | | | | |
| PE6 | | | | |
| PA7 | EXTI7 | | | |
| PB7 | | | | |
| PC7 | | | | |
| PD7 | | | | |
| PE7 | | | | |
| PA8 | EXTI8 | | | |
| PB8 | | | | |
| PC8 | | | | |
| PD8 | | | | |
| PE8 | | | | |
| PA9 | EXTI9 | | | |
| PB9 | | | | |
| PC9 | | | | |
| PD9 | | | | |
| PE9 | | | | |

| GPIO 引脚<br>（80 根） | 外部中断<br>线（16 根） | 外部中断源<br>（6 个） | 中断函数 | 互斥关系 |
|---|---|---|---|---|
| PA10 | EXTI10 | EXTIline[15:10]<br>interrupts | void EXTI15_10_<br>IRQHandler(void) | Px10（x＝A，B，C，D，<br>E）中只能用一个作为<br>外部中断使用；<br>Px11（x＝A，B，C，D，<br>E）中只能用一个作为<br>外部中断使用；<br>Px12（x＝A，B，C，D，<br>E）中只能用一个作为<br>外部中断使用；<br>Px13（x＝A，B，C，D，<br>E）中只能用一个作为<br>外部中断使用；<br>Px14（x＝A，B，C，D，<br>E）中只能用一个作为<br>外部中断使用；<br>Px15（x＝A，B，C，D，<br>E）中只能用一个作为<br>外部中断使用；<br><br>即：PA10～15、PB10～<br>15、PC10～15、PD10～<br>15、PE10～15 五组之<br>间互斥，用了 PA10～<br>15 就不能再用 PB10～<br>15、PC10～15、PD10～<br>15、PE10～15。例如：<br>PE10、 PA11、 PD12、<br>PC13、PB14、PB15 |
| PB10 | | | | |
| PC10 | | | | |
| PD10 | | | | |
| PE10 | | | | |
| PA11 | EXTI11 | | | |
| PB11 | | | | |
| PC11 | | | | |
| PD11 | | | | |
| PE11 | | | | |
| PA12 | EXTI12 | | | |
| PB12 | | | | |
| PC12 | | | | |
| PD12 | | | | |
| PE12 | | | | |
| PA13 | EXTI13 | | | |
| PB13 | | | | |
| PC13 | | | | |
| PD13 | | | | |
| PE13 | | | | |
| PA14 | EXTI14 | | | |
| PB14 | | | | |
| PC14 | | | | |
| PD14 | | | | |
| PE14 | | | | |
| PA15 | EXTI15 | | | |
| PB15 | | | | |
| PC15 | | | | |
| PD15 | | | | |
| PE15 | | | | |

从这些互斥关系可以看出,由于互斥,STM32F107 的 80 根 IO 线中只能有 16 根作为外部中断。当不同端口的引脚用于外部中断时应先考虑是否存在互斥问题,但是相同端口不同的口线是不冲突的,如 PA 口的各端口之间是不冲突的,不存在互斥问题。建议如果使用一组按键(16 个按键以内),最好用同一个端口(如 PE 口)来连接这些按键;如果多于 16 个按键则考虑行列式矩阵键盘,或者用 ZLG7289 扩展键盘接口。

STM32 单片机的软件开发与传统单片机的软件开发有很大区别。就中断的应用而言,STM32 单片机不再需要用户直接使用中断向量编写中断服务子程序,而是由制造厂家固件库来提供固定的中断服务子程序名称和中断编号(参见表 7 - 2)。在使用 STM32CubeMX 进行配置外部中断时,当对某个引脚进行外部中断配置时,系统自动给出该引脚对应的外部中断线名,自动配置与该引脚相关的外部中断函数及其相关操作。使用 STM32CubeMX 时,用户不用知道外部中断的相关细节,例如不必知道中断号、具体的中断函数等,只需要在外部中断回调函数中处理用户关心的中断事务即可。

# 7.3 单按键中断实验

在开发板上用短路帽连接 PB9 和 LED1(对应 D1),PE8 和按键 K1(对应 SW1)。尽管 STM32 的 GPIO 引脚内部有上拉和下拉电阻,但这个电阻比较大。为了可靠起见,一般情况下按键所接的 MCU 引脚需要接 4.7 kΩ 的上拉电阻。我们的开发板上已经接有上拉电阻,所以在配置时就将 PE8 设置为悬空。

本例要实现的功能:上电后开发板上与 PB9 接的 LED 指示灯开始闪烁,按键切换 LED 闪烁的频率。

**第一步:修改工程**

新建文件夹 Experiment_3_1_1KEY_INT,复制 Experiment_1_1_LED_Flash 文件夹下的 STM32CubeMX 工程 Experiment_1_1_LED_Flash.ioc 到 Experiment_3_1_1KEY_INT 文件下,将其修改为 Experiment_3_1_1KEY_INT.ioc,并双击打开 Experiment_3_1_1KEY_INT.ioc(参照 4.1 节,在原有 PB9 输出端口的基础上添加按键中断输入端口 PE8)。在引脚 PE8 上点鼠标→选择 GPIO_EXTI8。下面对 GPIO 端口配置做详细说明。

1)GPIO 配置

点"Pinout & Configuration"→点"System Core"→点"GPIO"→在"GPIO Mode and Configuration"栏中点"GPIO"→点"PE8"→配置 PE8 如图 7 - 3 所示。PE8 开中断如图 7 - 4 所示。参阅图 2 - 17 可知按键按下时产生下降沿,所以 PE8 的 GPIO mode 选择下降沿方式的外部中断;由于按键有上拉电阻,所以 PE8 选择内部无上拉和下拉电阻;PE8 的用户标签为 KEY1。

2)NVIC 配置

点"Pinout & Configuration"→点"NVIC"→将"Time base:System tick timer"的抢占优先级设为最低"15",因为 HAL_Delay()函数要用到嘀嗒时钟,其余均按默认处理,如图 7 - 5

所示。

由图 7 - 5 可见,STM32CubeMX 默认的中断优先级分组是:所有 4 位用于指定抢占式优先级,没有指定响应优先级。这适合绝大多数外部中断应用,仅需要设置抢占优先级就可以实现中断嵌套。

图 7 - 3　配置外部中断 PE8

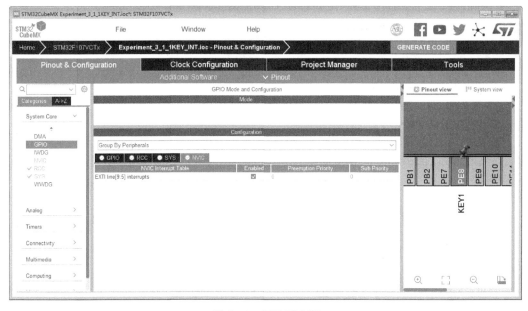

图 7 - 4　PE8 开中断

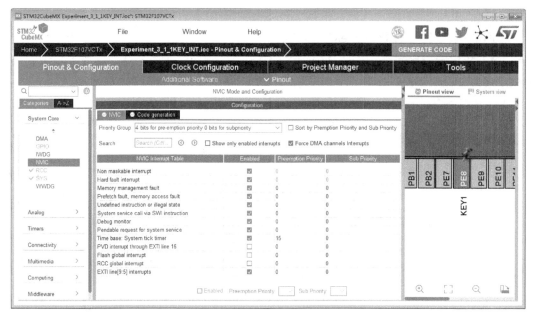

图 7 - 5　NVIC 配置

3）配置完成

保存 STM32CubeMX 工程文件，点击"GENERATE CODE"，生成代码工程框架并打开。

**第二步：添加代码**

要实现的功能主要有两个，一个是接在 PB9 上的 LED 闪烁功能；另一个是通过接在 PE8 引脚上的按键改变闪烁频率的功能。

1）实现 LED 闪烁功能

（1）添加用户变量。

```
/* USER CODE BEGIN PV */
uint16_t nDelay = 500; //全局变量,延时用
/* USER CODE END PV */
```

（2）添加 LED 闪烁代码。

```
/* USER CODE BEGIN WHILE */
while (1)
{
  /* USER CODE END WHILE */

  /* USER CODE BEGIN 3 */
  HAL_GPIO_WritePin(LED1_GPIO_Port, LED1_Pin, GPIO_PIN_SET);
  HAL_Delay(nDelay);
  HAL_GPIO_WritePin(LED1_GPIO_Port, LED1_Pin, GPIO_PIN_RESET);
  HAL_Delay(nDelay);
}
/* USER CODE END 3 */
```

在主函数的 while(1)循环中按照 nDelay 的大小进行延时，实现 LED 的闪烁显示，LED 亮、灭切换的频率取决于 nDelay 的大小。在按键中断服务程序中可改变 nDelay 的大小。

2）按键切换闪烁频率

下面来处理中断函数。

首先说明一个约定,STM32CubeMX 使用的是新的 HAL 库,HAL 库对中断及事件的处理采用的是回调机制,即中断程序的框架已做好,且不能修改。那么如何加入用户代码呢,这就要通过所谓的回调函数来实现。

编译程序,打开 stm32f0xx_it. c 函数,会发现里面有这样一段代码:

```
/ * *
  * @brief This function handles EXTI line[9:5] interrupts.
  * /
void EXTI9_5_IRQHandler(void)
{
  / * USER CODE BEGIN EXTI9_5_IRQn 0 * /

  / * USER CODE END EXTI9_5_IRQn 0 * /
  HAL_GPIO_EXTI_IRQHandler(GPIO_PIN_8);
  / * USER CODE BEGIN EXTI9_5_IRQn 1 * /

  / * USER CODE END EXTI9_5_IRQn 1 * /
}
```

看看"HAL_GPIO_EXTI_IRQHandler"是如何定义的。在"HAL_GPIO_EXTI_IRQHandler"上点鼠标右键选 Go to Definition of 'HAL_GPIO_EXTI_IRQHandler',通过追踪代码,发现在"stm32f1xx_hal_gpio. c"中的 HAL_GPIO_EXTI_IRQHandler(uint16_t GPIO_pin)的内容如下:

```
/ * *
  * @brief  This function handles EXTI interrupt request.
  * @param  GPIO_Pin:Specifies the pins connected EXTI line
  * @retval None
  * /
void HAL_GPIO_EXTI_IRQHandler(uint16_t GPIO_Pin)
{
  / * EXTI line interrupt detected * /
  if (__HAL_GPIO_EXTI_GET_IT(GPIO_Pin) ! = 0x00u)
  {
    __HAL_GPIO_EXTI_CLEAR_IT(GPIO_Pin);
    HAL_GPIO_EXTI_Callback(GPIO_Pin);
  }
}

/ * *
  * @brief  EXTI line detection callbacks.
  * @param  GPIO_Pin:Specifies the pins connected EXTI line
  * @retval None
  * /
__weak void HAL_GPIO_EXTI_Callback(uint16_t GPIO_Pin)
{
  / * Prevent unused argument(s) compilation warning * /
```

```
      UNUSED(GPIO_Pin);
    /* NOTE: This function Should not be modified, when the callback is needed,
          the HAL_GPIO_EXTI_Callback could be implemented in the user file
    */
}
```

上面代码中的 void HAL_GPIO_EXTI_Callback(uint16_t GPIO_Pin)函数就是提供给用户的回调接口,我们要实现的功能就加到这里面了。

仔细看下面的注释,如果要添加自己的功能,重新实现这个函数即可。还要注意函数前面的__weak 标志,表明这是一个可以重新定义的弱函数。

这时,障碍已经扫清,在 main.c 里添加如下代码:

```
/* USER CODE BEGIN 4 */
void HAL_GPIO_EXTI_Callback(uint16_t GPIO_Pin)
{
    if(nDelay == 500)
        nDelay = 100;
    else
        nDelay = 500;
}
/* USER CODE END 4 */
```

注意:中断回调函数只有一个,这里只有一个按键,所以在中断回调函数中添加的中断处理内容就是针对 PE8 上的按键功能。如果有多个外部中断,中断回调函数还是 void HAL_GPIO_EXTI_Callback(uint16_t GPIO_Pin),这时就要判断是哪个中断引起了中断响应。

**第三步:编译、下载、运行**

用短路帽连接 PB9 和 D1(LED1),PE8 和 K1(SW1)按键。下载、运行,可看到 LED1 以 1 秒 1 次的频率闪烁,按下 SW1 发现 LED1 以 0.2 秒 1 次的频率闪烁,再按一下 SW1 按键,则 LED1 恢复到原来闪烁频率。

调试过程中可以发现,并不是每次按下按键都会实现 LED 闪烁频率的切换,原因在于按键是有抖动的。下面通过加入按键去抖动,使按键执行结果稳定可靠。

# 7.4  按键去抖动实验

一般机械按键都会发生抖动现象,而且按下按键和松开按键都会产生抖动。观察按键抖动波形,发现按键前沿和后沿都有抖动波形,用示波器记录的按键前、后沿抖动波形如图 7-6 所示。

经过实测,按键抖动具有以下规律:

(1)按键后沿抖动比前沿抖动厉害。

(2)抖动波形没有规律,各种情况都会发生。

(3)前、后沿的抖动时间不会超过 10 ms,不同类型的机械开关有差别,但基本上都在此范围内。

(4)按键时长、快慢因人而异,但一般都在 100~800 ms。

一般情况下,按键都接到外部中断上,以下就以中断方式的按键消除抖动为例描述按键消除抖动过程:

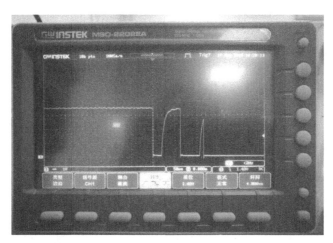

（a）按键前沿抖动波形

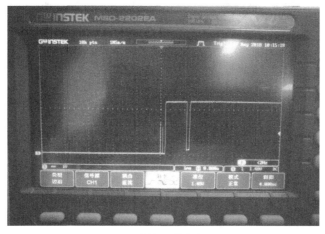

（b）按键后沿抖动波形

图 7 - 6　按键前、后沿抖动波形

（1）进入中断服务程序后，延时 10 ms。

（2）判断与按键连接的单片机引脚是不是低电平，如果不是，则按键无效；如果是，则按键有效，置按键有效标志。

（3）通过判断与按键连接的单片机引脚是否变为高电平等待按键后沿，如果是高电平，则延时 10 ms，清中断标志，退出中断过程。

（4）如果是通过按键按下实现连续增或连续减操作，可以每隔 300～500 ms 判断一次是不是高电平。如果是高电平，则结束连续增减操作；如果不是高电平则进行一次增减操作。

按键去抖动实验步骤如下：

**第一步：修改工程**

新建文件夹 Experiment_3_1_1KEY_INT_Debounce，复制 Experiment_3_1_1KEY_INT 文件夹下的 STM32CubeMX 工程 Experiment_3_1_1KEY_INT. ioc 到 Experiment_3_1_1KEY_INT_Debounce 文件下，将其修改为 Experiment_3_1_1KEY_INT_Debounce. ioc，双击打开 Experiment_3_1_1KEY_INT_Debounce. ioc→打开 STM32CubeMX 工程。

1)修改 NVIC 配置

点"Pinout & Configuration"→点"NVIC"→将"Time base：System tick timer"的抢占优先级修改为高优先级"0"，将 EXTI line[9：5] interrupts 的中断优先级设为低优先级"1"。因为我们要在中断服务程序中调用 HAL_Delay()函数延时，HAL_Delay()是用嘀嗒时钟中断产生的，要求进到按键中断服务程序后，嘀嗒时钟中断能够打断按键中断，如果不这样设置中断优先级，程序将无法正常运行。其余设置均按默认处理，不用修改，如图 7-7 所示。

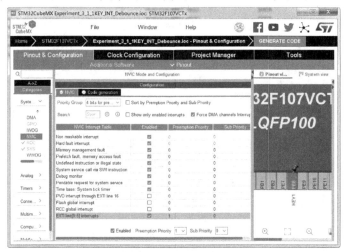

图 7-7　NVIC 配置

2)配置完成，保存 STM32CubeMX 工程文件

点击"GENERATE CODE"，生成代码工程框架并打开，然后关闭 STM32CubeMX 生成的 MDK-ARM 工程框架，从＼Experiment_3_1_1KEY_INT＼Src 目录下拷贝 main.c 到＼Experiment_3_1_1KEY_INT_Debounce＼Src 目录下，替换刚生成的 main.c。再次点击"GENERATE CODE"，生成代码工程框架并打开。

**第二步：修改代码**

1)添加用户变量

```
/* USER CODE BEGIN PV */
/* Private variables ------------------------ */
uint16_t nDelay = 500;                          //全局变量,延时用
uint8_t j;
/* USER CODE END PV */
```

2)修改中断回调函数，添加按键去抖动程序

```
/* USER CODE BEGIN 4 */
void HAL_GPIO_EXTI_Callback(uint16_t GPIO_Pin)
{
  HAL_Delay(10);                                //延时 10ms
  j=HAL_GPIO_ReadPin(GPIOE,GPIO_PIN_8);        //读 PE8 端口
  if(j==0)                                      //如果 PE8 仍为低电平则处理按键响应
  {
    if(nDelay == 500)
      nDelay = 100;
```

```
       else
         nDelay = 500;
       while(HAL_GPIO_ReadPin(GPIOE,GPIO_PIN_8)==0);  //等待按键松开
       HAL_Delay(10);                                 //按键松开后再延时 10ms
     }
   }
/* USER CODE END 4 */
```

**第三步:编译、下载、运行**

用短路帽连接 PB9 和 D1(LED1),PE8 和 K1(SW1)按键。下载、运行,可看到 LED1 以 1 秒 1 次的频率闪烁;按下 SW1 发现 LED1 以 0.2 秒 1 次的频率闪烁,再按一下 SW1 按键,则 LED1 恢复到原来闪烁频率。

可以看到经过按键去抖动处理后,按键执行效果稳定可靠。

# 7.5　四按键两组中断线实验

本例主要用来演示四个按键组成两组外部中断线时的多个外部中断源的处理方法。上电前将开发板上的 K1～K4 通过短路帽连接到 PE8～PE11 上,PB9 接 LED1,PB8 接 LED2,PE13 接 LED3,PE12 接 LED4。查表 7 - 2 可知 PE8 和 PE9 产生中断源 EXTI8 和 EXTI9,其中断分组为 EXTI[9:5]线中断,共享一个中断处理函数 EXTI9_5_IRQHandler;PE10 和 PE11 产生中断源 EXTI10 和 EXTI11,其中断分组为 EXTI[15:10]线中断,共享一个中断处理函数 EXTI15_10_IRQHandler。用户不用去关心细节,只需在中断服务程序中处理自己想要处理的事务即可。

**第一步:创建工程**

新建文件夹 Experiment_3_2_4KEYs_INT,新建 STM32CubeMX 工程 Experiment_3_3_4KEYs_INT.ioc,具体设置方法就不详述了,请参考 4.1 节的 LED 闪烁实验。这里只介绍与本实验相关的配置内容。

1)引脚配置

将 PB8、PB9、PE13、PE12 配置成输出端口(GPIO_Output),将 PE8～PE11 引脚配置为外部中断功能(GPIO_EXTIx)。

2)配置 GPIO

点"Pinout & Configuration"→点"System Core"→点"GPIO"→在"GPIO Mode and Configuration"栏中点"GPIO"→参照 4.1 节配置输出端口,参照 7.3 节配置四个按键对应的外部中断,配置结果如图 7 - 8 所示。注意看按键对应端口的"GPIO Mode"里面选择的是下降沿触发。由于按键已经接有上拉电阻,所以按键中断引脚内部选择无上拉和下拉电阻"No pull-up and no pull-down"。

3)配置外部中断的 NVIC

点"Pinout & Configuration"→点"System Core"→点"GPIO"→在"GPIO Mode and Configuration"栏中的"Configuration"栏中点"NVIC",默认"EXTI line[9:5] interrupts"和"EXTI line[15:10] interrupts"是使能的,不设置抢占优先级和子优先级,如图 7 - 9 所示。

4) 配置总的 NVIC

点"Pinout & Configuration"→点"System Core"→点"NVIC",由于本实验完成的功能比较简单,就是按键控制 LED 亮、灭的切换,不涉及中断嵌套问题,所以 NVIC 按默认配置即可,如图 7 - 10 所示。

5) 配置完成

保存 STM32CubeMX 工程文件,点击"GENERATE CODE",生成 MDK-ARM 代码工程框架并打开。

图 7 - 8　GPIO 配置

图 7 - 9　外部中断使能及优先级配置

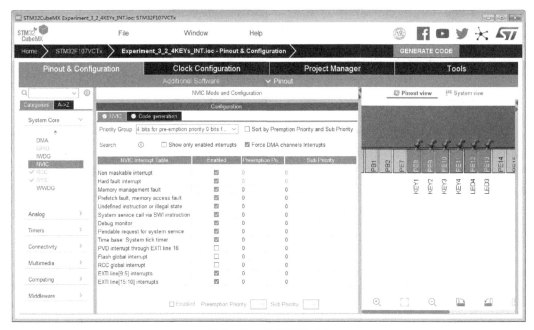

图 7 - 10　总 NVIC 配置

**第二步:添加代码**

要实现的功能是每按一次按键,对应的 LED 切换一次亮灭状态,要实现的功能比较简单,所有功能都可以放在中断服务程序中完成,主程序在空循环。

编译通过后,看看如何找到中断回调函数。打开 stm32f0xx_it.c 函数,会找到外部中断线对应的中断处理函数:

```
/* *
  * @brief This function handles EXTIline[9:5] interrupts.
  */
void EXTI9_5_IRQHandler(void)
{
  /* USER CODE BEGIN EXTI9_5_IRQn 0 */

  /* USER CODE END EXTI9_5_IRQn 0 */
  HAL_GPIO_EXTI_IRQHandler(GPIO_PIN_8);
  HAL_GPIO_EXTI_IRQHandler(GPIO_PIN_9);
  /* USER CODE BEGIN EXTI9_5_IRQn 1 */

  /* USER CODE END EXTI9_5_IRQn 1 */
}

/* *
  * @brief This function handles EXTIline[15:10] interrupts.
  */
void EXTI15_10_IRQHandler(void)
{
  /* USER CODE BEGIN EXTI15_10_IRQn 0 */
```

```
/ * USER CODE END EXTI15_10_IRQn 0 * /
HAL_GPIO_EXTI_IRQHandler(GPIO_PIN_10);
HAL_GPIO_EXTI_IRQHandler(GPIO_PIN_11);
/ * USER CODE BEGIN EXTI15_10_IRQn 1 * /

/ * USER CODE END EXTI15_10_IRQn 1 * /
}
```

我们发现 void EXTI9_5_IRQHandler(void)和 void EXTI15_10_IRQHandler(void)两个中断函数的名字虽然不同,但是函数内都是通过调用 HAL_GPIO_EXTI_IRQHandler(GPIO_PIN_x);来处理中断的。再看看"HAL_GPIO_EXTI_IRQHandler"是如何定义的。在"HAL_GPIO_EXTI_IRQHandler"上点鼠标右键→Go to Definition of 'HAL_GPIO_EXTI_IRQHandler'→通过追踪代码,发现在 stm32f1xx_hal_gpio.c 中的 HAL_GPIO_EXTI_IRQHandler(uint16_t GPIO_pin)的内容如下:

```
/ * *
    * @brief   This function handles EXTI interrupt request.
    * @param   GPIO_Pin: Specifies the pins connected EXTI line
    * @retval None
    * /
void HAL_GPIO_EXTI_IRQHandler(uint16_t GPIO_Pin)
{
    / * EXTI line interrupt detected * /
    if (__HAL_GPIO_EXTI_GET_IT(GPIO_Pin) ! = 0x00u)
    {
        __HAL_GPIO_EXTI_CLEAR_IT(GPIO_Pin);
        HAL_GPIO_EXTI_Callback(GPIO_Pin);
    }
}


/ * *
    * @brief   EXTI line detection callbacks.
    * @param   GPIO_Pin: Specifies the pins connected EXTI line
    * @retval None
    * /
__weak void HAL_GPIO_EXTI_Callback(uint16_t GPIO_Pin)
{
    / * Prevent unused argument(s) compilation warning * /
    UNUSED(GPIO_Pin);
    / * NOTE: This function Should not be modified, when the callback is needed,
            the HAL_GPIO_EXTI_Callback could be implemented in the user file
    * /
}
```

里面的 void HAL_GPIO_EXTI_Callback(uint16_t GPIO_Pin)函数是提供给用户的回调接口,我们要实现的功能就加在这里面。

仔细看下面的注释,即如果要添加自己的功能,重新实现这个函数即可。还要注意函数前面的__weak 标志,表明这是一个可以重新定义的弱函数。

看到这里就明白了,STM32 单片机所有的外部中断的中断回调函数都是相同的,有多个外部中断申请中断时,进到中断服务程序后,在中断回调函数中需要判断是哪个引脚引起的中断,再进一步处理该引脚的中断事务。

　　搞清楚这些后,在 main. c 里添加如下代码:

```
/*  USER CODE BEGIN 4  */
void HAL_GPIO_EXTI_Callback(uint16_t GPIO_Pin)
{
    switch(GPIO_Pin)
    {
        case KEY1_Pin:HAL_GPIO_TogglePin(GPIOB, LED1_Pin);break;
        case KEY2_Pin:HAL_GPIO_TogglePin(GPIOB, LED2_Pin);break;
        case KEY3_Pin:HAL_GPIO_TogglePin(GPIOE, LED3_Pin);break;
        case KEY4_Pin:HAL_GPIO_TogglePin(GPIOE, LED4_Pin);break;
        default:break;
    }
}
/*  USER CODE END 4  */
```

　　注意:这里用 PE8～PE11 做按键中断。如果改用 PA8～PA11 连接按键,程序完全不用手动修改,只要重新生成工程即可实现同样的功能。但用了 PA8～PA11 就不能用 PE8～PE11 了,因为它们共享相同的中断编号。

**第三步:编译、下载、运行**

　　下载、运行,观察按键 K1～K4 与 LED1～LED4 亮灭的关系。运行程序后,每按一个按键,对应的 LED 切换一次亮灭状态。

# 7.6　四按键四组中断线实验

　　为了进一步理解外部中断引脚、中断线组 EXTI、中断处理函数 IRQHandler、回调函数之间的关系,本例用四个按键组成四组不同的外部中断线,在有四个中断处理函数的情况下,演示 STM32CubeMX 对多组外部中断线产生中断时的处理方法。

　　STM32 无论有多少根 GPIO 线,都只能产生 16 根外部中断线(或叫中断源)EXIT[15:0],其中 EXIT0～EXIT4 有各自的中断函数(EXTI0_IRQHandler、EXTI1_IRQHandler...EXTI4_IRQHandler),EXIT5～9共享一个中断函数(EXTI9_5_IRQHandler),EXIT10～15共享一个中断函数(EXTI15_10_IRQHandler)。开发板上有四个按键,将它们分配给四个GPIO 线,产生四种不同的外部中断线,调用四种不同的中断函数。考虑到在产生外部中断源时引脚之间的互斥效应,将 KEY1 分配给 PA0,KEY2 分配给 PA1,KEY3 分配给 PC5,KEY4分配给 PD10。

　　上电前分别将开发板上的 K1、K2 用杜邦线连接到 PA0、PA1,K3 用杜邦线连接到 PC5,K4 用杜邦线连接到 PD10。用短路帽连接 PB9 到 LED1,PB8 到 LED2,PE13 到 LED3,PE12到 LED4。

　　通过本例意图说明,尽管 STM32 的外部中断从结构到中断函数都比较复杂,但采用STM32CubeMX 配置工程后,这些复杂的问题就简单化了,我们只需要在外部中断回调函数中判断到底是哪个按键按下了,处理该按键的中断响应事务即可。

**第一步:修改工程**

　　新建文件夹 Experiment_3_3_4KEYs_INT,复制 Experiment_3_2_4KEYs_INT 文件夹

下的 STM32CubeMX 工程 Experiment_3_2_4KEYs_INT. ioc 到 Experiment_3_3_4KEYs_
INT 文件下,将其修改为 Experiment_3_3_4KEYs_INT. ioc,并双击打开 Experiment_3_3_
4KEYs_INT. ioc→参照 7.5 节进行 STM32CubeMX 工程配置。

1)引脚配置

将 PB8、PB9、PE13、PE12 配置成输出端口(GPIO_Output),将 PA0、PA1、PC5、PD10 引
脚配置为外部中断功能(GPIO_EXTIx,x＝0,1,5,10)。

2)配置 GPIO

点"Pinout & Configuration"→点"System Core"→点"GPIO"→在"GPIO Mode and Con-
figuration"栏中点"GPIO"→参照 4.1 节配置输出端口,参照 7.3 节配置四个按键对应的外部
中断,配置结果如图 7-11 所示。注意看按键对应端口的"GPIO Mode"里面选择的是下降沿
触发。由于按键已经接有上拉电阻,所以按键中断引脚内部选择无上拉和下拉电阻(No pull-
up and no pull-down)。

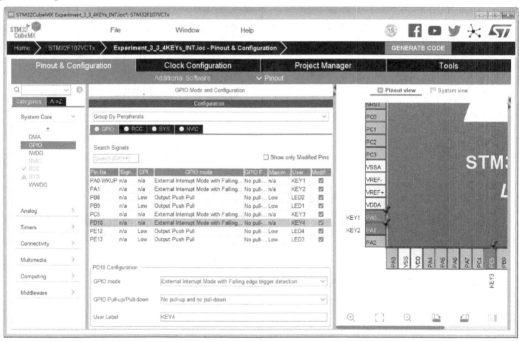

图 7-11　GPIO 配置

3)配置外部中断的 NVIC

点"Pinout & Configuration"→点"System Core"→点"GPIO"→在"GPIO Mode and
Configuration"栏的"Configuration"栏中点"NVIC"→使能"EXTI line0 interrupts""EXTI
line1 interrupts""EXTI line[9:5] interrupts""EXTI line[15:10] interrupts",这里设置不了
优先级,只能查看如图 7-12 所示的配置。

4)配置总的 NVIC

点"Pinout & Configuration"→点"System Core"→点"NVIC"→由于本例实验完成的功
能比较简单,就是按键控制 LED 亮灭的切换,不涉及中断嵌套问题,所以 NVIC 按默认配置
即可,不设置中断优先级,如图 7-13 所示。

5)配置完成,保存 STM32CubeMX 工程文件

点击"GENERATE CODE",生成 MDK-ARM 代码工程框架并打开。

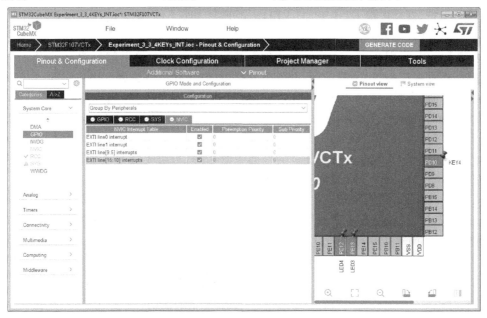

图 7-12　外部中断使能及优先级配置

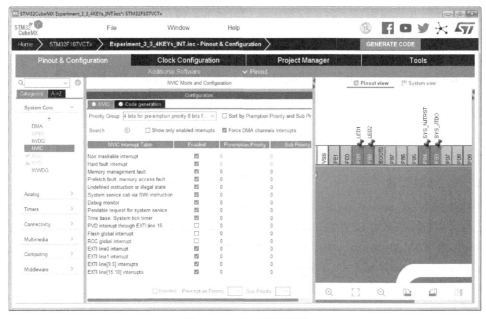

图 7-13　总 NVIC 配置

**第二步:修改代码**

关闭打开的 MDK-ARM 工程框架后,从\Experiment_3_2_4KEYs_INT\Src 目录下拷贝 main.c 到\Experiment_3_3_4KEYs_INT\Src 目录下,替换刚生成的 main.c。再次点击

"GENERATE CODE",生成代码工程框架并打开。

**第三步:编译、下载、运行**

下载、运行,观察按键 K1～K4 与 LED1～LED4 亮灭的关系。运行程序后,每按一个按键,其对应的 LED 切换一次亮灭状态。

大家会发现,我们在 7.5 节的例程基础上修改了外部中断的引脚位置,但对程序没有做任何修改,然而程序编译、下载、运行都没有问题,这是为什么呢? 因为 STM32CubeMX 帮我们完成了程序的移植。STM32CubeMX 为用户完成了大量的工作,用户不必关心 STM32 内部复杂的过程,只需在指定位置写好自己的代码即可,只需关心自己要处理的对象即可,具体复杂的细节交给 STM32CubeMX 去做。在这个例子中,我们只管配置好相关的 GPIO,不用关心 STM32CubeMX 怎么去处理复杂的外部中断系统,只需要在外部中断回调函数中判断哪个按键按下了,处理好该按键按下时要实现的功能即可。

通过这个例子大家还会发现使用用户标签(User Label)的好处。使用用户标签有利于硬件和软件的移植,在编写程序时我们不用管 KEYx、LEDx 到底分配到哪个引脚上了,直接对 KEYx_Pin 和 LEDx_Pin 操作即可,这样会增强程序的可读性和可移植性。

# 7.7　中断优先级演示实验

STM32 通过抢占优先级实现中断的嵌套,高抢占优先级中断可以打断低抢占优先级中断,低抢占优先级中断不能打断高抢占优先级中断。在这个例程中我们通过设定两个外部中断为不同的抢占优先级演示中断的嵌套功能。用两个按键作为外部中断,两个按键作为输入信号控制进入中断服务程序后,中断服务程序运行,两个 LED 可显示两个按键的中断服务程序是否在运行。

将 KEY1 分配给 PE8,KEY4 分配给 PE11,用作两个外部中断;将 KEY2 分配给 PE9,KEY3 分配给 PE10,用作输入端,控制中断服务程序的运行;将 LED1 分配给 PB9,LED4 分配给 PE12。

上电前用短路帽连接开发板上的 K1、K2、K3、K4 到 PE8、PE9、PE10、PE11;用短路帽连接 PB9 到 LED1,PE12 到 LED4。

**第一步:修改工程**

新建文件夹 Experiment_3_4_2KEYs_PreemptionPriority,复制 Experiment_3_2_4KEYs_INT 文件夹下的 STM32CubeMX 工程 Experiment_3_2_4KEYs_INT.ioc 到 Experiment_3_4_2KEYs_PreemptionPriority 文件下,将其修改为 Experiment_3_4_2KEYs_PreemptionPriority.ioc,并双击打开 Experiment_3_4_2KEYs_PreemptionPriority.ioc➝参照 7.5 节进行 STM32CubeMX 工程配置。

1)引脚配置

将 PB9、PE12 配置成输出端口(GPIO_Output),PE8、PE11 引脚配置为外部中断功能(GPIO_EXTI8、GPIO_EXTI11),PE9、PE10 引脚配置成输入端口(GPIO_Input)。

2)配置 GPIO

点"Pinout & Configuration"➝点"System Core"➝点"GPIO"➝在"GPIO Mode and Configuration"栏中点"GPIO"➝参照 5.5 节配置输入、输出端口,因为我们的开发板 LED 是低电

平亮,所以要将输出端口初始输出电平设置为高,这样起始状态的 LED 是灭的。参照 7.3 节配置两个按键对应的外部中断,配置结果如图 7 - 14 所示。按键中断对应端口的"GPIO Mode"选择为下降沿触发。由于按键已经接有上拉电阻,所以按键输入引脚和中断引脚内部选择无上拉和下拉电阻(No pull-up and no pull-down)。

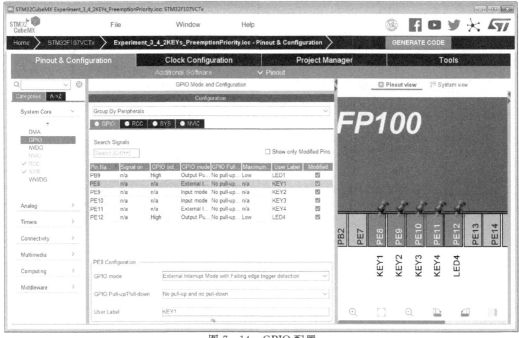

图 7 - 14　GPIO 配置

3)配置外部中断的 NVIC

点"Pinout & Configuration"→点"System Core"→点"GPIO"→在"GPIO Mode and Configuration"栏的"Configuration"栏中点"NVIC"→使能"EXTI line[9:5] interrupts"和"EXTI line[15:10] interrupts",这里设置不了抢占优先级和子优先级,只能查看,如图 7 - 15 所示。

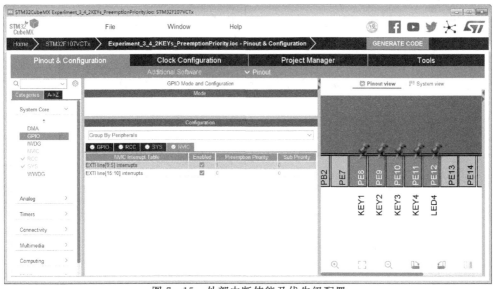

图 7 - 15　外部中断使能及优先级配置

4）配置总的 NVIC

点"Pinout & Configuration"→点"System Core"→点"NVIC"→由于本例是演示中断嵌套的，所以将"EXTI line[9:5] interrupts"（对应 PE8（KEY1））设置为低抢占优先级（1），将"EXTI line[15:10] interrupts"（对应 PE11（KEY4））设置为高抢占优先级（0），如图 7-16 所示，可以看到 KEY1---PE8---EXTI line[9:5] interrupts、KEY4---PE11---EXTI line[15:10] interrupts。

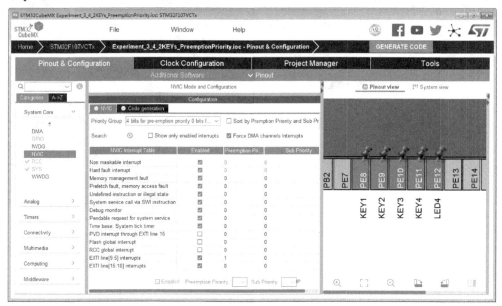

图 7-16 总 NVIC 配置

5）配置完成，保存 STM32CubeMX 工程文件

点击"GENERATE CODE"，生成 MDK-ARM 代码工程框架并打开。

### 第二步：添加代码

本例想实现的功能是：低抢占优先级中断程序正在执行时，高抢占优先级中断可以打断它；但高抢占优先级中断程序正在执行时，低抢占优先级中断不能打断它。我们采用进到中断服务程序后，检测中断服务程序控制按键是否按下，如果此控制按键按下，则退出按键中断服务程序。进到中断服务程序后 LED 亮起，退出中断服务程序后 LED 熄灭。

```
/* USER CODE BEGIN 4 */
void HAL_GPIO_EXTI_Callback(uint16_t GPIO_Pin)
{
  switch(GPIO_Pin)
    {
      case KEY1_Pin:
      {
        HAL_GPIO_WritePin(LED1_GPIO_Port, LED1_Pin, GPIO_PIN_RESET);    //LED1 亮起
        while(HAL_GPIO_ReadPin(GPIOE,KEY2_Pin));                        //等待 KEY2 按下
        HAL_GPIO_WritePin(LED1_GPIO_Port, LED1_Pin, GPIO_PIN_SET);      //LED1 熄灭
        break;
      }
```

```
    case KEY4_Pin:
      {
        HAL_GPIO_WritePin(LED4_GPIO_Port, LED4_Pin, GPIO_PIN_RESET);    //LED4 亮起
        while(HAL_GPIO_ReadPin(GPIOE,KEY3_Pin));                        //等待 KEY3 按下
        HAL_GPIO_WritePin(LED4_GPIO_Port, LED4_Pin, GPIO_PIN_SET);      //LED4 熄灭
        break;
      }
    default:break;
    }
  }
/* USER CODE END 4 */
```

**第三步：编译、下载、运行**

下载、运行，观察中断嵌套现象。

(1)按 KEY1→LED1 亮起，进入 KEY1 中断服务程序→按 KEY2，LED1 熄灭，退出 KEY1 中断服务程序。

(2)按 KEY4→LED4 亮起，进入 KEY4 中断服务程序→按 KEY3，LED4 熄灭，退出 KEY4 中断服务程序。

(3)按 KEY1→LED1 亮起，进入 KEY1 中断服务程序→按 KEY4，LED4 亮起，KEY4 中断打断 KEY1 中断服务程序，执行 KEY4 中断服务程序→此时按 KEY2，LED1 不会熄灭→按 KEY3，LED4 熄灭，退出 KEY4 中断服务程序→按 KEY2，LED1 熄灭，退出 KEY1 中断服务程序。

(4)按 KEY4→LED2 亮起，进入 KEY4 中断服务程序→按 KEY1，LED1 不会亮起，KEY1 中断不能打断 KEY4 中断服务程序→此时按 KEY3，LED4 熄灭、LED1 亮起，退出高抢占优先级服务程序后，再响应低抢占优先级中断→按 KEY2，LED1 熄灭，退出 KEY1 中断服务程序。

两个外部中断调用同一个中断回调函数，实现了中断嵌套，这是为什么？

由于 KEY4 的中断优先级高于 KEY1，当执行 KEY1 的中断服务程序时，如果来了 KEY4 中断，则系统将打断 KEY1 端中断，去执行 KEY4 的中断，这些都是由 STM32CubeMX 生产的中断系统处理的。先进中断系统，然后执行中断回调函数，中断回调函数根据需要可以被反复调用，这点在理解中断嵌套时必须重视。

# 学习与练习

1.学习 Description of STM32F1xx HAL drivers，了解 HAL 库函数中有关外部中断的函数。

2.学习 STM32 中文参考手册_V10 中有关外部中断的知识。

3.学习 STM32F107VCT6 开发板原理图，了解 LED、按键以及 GPIO 口的位置。

4.STM32 单片机的外部中断源最多有几个？它们分别来自于哪些端口？

5.STM32 单片机的中断服务子程序的名称是固定的吗？中断编号(不是优先级编号)与其对应的中断服务子程序是对应的吗？

6.在几条外部中断线共同享有一个中断标号情况下，用什么方法可以知道是哪个中断源申请的中断？用什么方法可以消除其中断申请的标志？

7.用短路帽连接 PE8～PE11 到 K1～K4，PB9 接 LED1，PB8 接 LED2，PE13 接 LED3，

PE12 接 LED4,编程实现以下功能:①始终状态为跑马灯;②采用外部中断方式,一旦有键按下,读取按键值,根据键值改变跑马灯的方式和快慢,同时将键值通过串口发送到上位机,在串口调试器中显示;③上位机可以控制灯泡的亮灭方式和跑马灯的快慢。

8. 为 7.5 节的实验增加按键去抖动,获得稳定的 LED 亮、灭切换。

# 第8章　定时器

定时器是微控制器进行时间控制的基本单元,定时器的数量决定了微控制器的时间处理能力。STM32 有 8 个 16 位定时器,它的定时器功能非常强大。这些定时器使得 STM32 具有定时和计数功能,可以实现信号频率测量、PWM 测量、PWM 输出等功能。PWM 输出功能可以方便实现对三相异步电机的控制。STM32 强大的定时功能使其在工控领域广泛应用。

## 8.1　定时器功能简介

在前面几章的例程中我们多次使用过 HAL_Delay ( __IO uint32_t Delay)函数来实现延时功能,该函数是通过系统嘀嗒时钟 SysTick 实现的,SysTick 一般只用于系统时钟的计时。STM32 有 8 个 16 位定时器,其中 TIM6 和 TIM7 是基本定时器;TIM2、TIM3、TIM4、TIM5 是通用定时器;TIM1 和 TIM8 是高级定时器。每个定时器都是完全独立的,可以独立使用,也可以一起同步操作。它们适用于多种场合,包括测量输入信号的脉冲宽度(输入捕获)或者产生输出波形(输出比较和 PWM)。使用定时器预分频器和 RCC 时钟控制器预分频器,脉冲宽度和波形周期可以在几微秒到几毫秒间调整。

STM32F107 有 1 个高级定时器 TIM1,4 个通用定时器 TIM2、TIM3、TIM4、TIM5,2 个基本定时器 TIME6 和 TIME7,2 个看门狗定时器和 1 个 SysTick 计时器。表 8-1 比较了几个定时器的性能,详细介绍见资料 STM32F105xx_F107xx.pdf。

表 8-1　STM32F107 定时器性能比较

| 定时器 | 计数分辨率 | 计数方式 | 预分频系数 | 产生 DMA 请求 | 捕获/比较通道数 | 互补输出 |
|---|---|---|---|---|---|---|
| TIM1 | 16-bit | up、down、up/down | 1~65536 的任何整数 | Yes | 4 | Yes |
| TIMx (TIM2, TIM3, TIM4, TIM5) | 16-bit | up、down、up/down | 1~65536 的任何整数 | Yes | 4 | No |
| TIM6, TIM7 | 16-bit | up | 1~65536 的任何整数 | Yes | 0 | No |

# 8.2 定时器的结构与工作分析

**1. 基本定时器**

基本定时器 TIM6 和 TIM7 各包含一个 16 位自动装载计数器,由各自的可编程预分频器驱动。它们可以为通用定时器提供时间基准,特别是可以为数模转换器(DAC)提供时钟。实际上,它们在芯片内部直接连接到 DAC 并通过触发输出直接驱动 DAC。这 2 个定时器是互相独立的,不共享任何资源。

TIM6 和 TIM7 定时器的主要功能包括:

(1)位于低速的 APB1 总线上,引脚时钟频率最高为 36 MHz,但定时器的时钟频率可以达到 72 MHz。

(2)16 位自动重装载累加计数器。

(3)16 位可编程(可实时修改)预分频器,用于对输入的时钟按系数为 1~65536 的任何整数分频。

(4)触发 DAC 的同步电路。

(5)在更新事件(计数器溢出)时产生中断/DMA 请求。

基本定时器 TIM6 和 TIM7 只具备最基本的定时功能,当对脉冲数累加计数超过预定值时,就会触发定时中断或触发 DMA 请求。基本定时器的结构框图如图 8-1 所示,其中:

(1)时钟源。基本定时器 TIM6 和 TIM7 的时钟源来自 TIMxCLK,即内部时钟 CK_INT。CK_INT 是经 APB1 预分频器提供的,所以计数时钟的大小取决于 RCC 时钟的配置,从时钟配置图上的 APB1 Timer clocks(MHz)处可知配置的 TIM6 和 TIM7 的时钟源频率(TIMxCLK)。

(2)计数器时钟。时钟源(定时时钟)经过 PSC 预分频器之后产生 CK_CNT,输入至脉冲计数器 TIMx_CNT。PSC 是一个 16 位的预分频器,可以对定时时钟 TIMxCLK 进行 1~655536 分频,分频后计数时钟 CK_CNT=TIMxCLK/(PSC+1)。

(3)计数器 TIMx_CNT。基本定时器只能工作在向上计数模式。计数器 CNT 是一个 16 位的计数器,最大计数值为 65536。当计数达到自动重装载寄存器值的时候产生更新事件,TIMx_CNT 被清零,重新向上计数。

(4)自动重装载寄存器。自动重装载寄存器 TIMx_ARR 是一个 16 位的寄存器,这里面装着计数器的设定值 N。当 TIMx_CNT 的计数值等于重装载寄存器 TIMx_ARR 中保存的数值 N 时,产生溢出事件,可触发定时中断或 DMA 请求。

(5)定时事件的计算。定时器的定时时间等于定时器的中断周期乘以中断次数。计数器在 CK_CNT 的驱动下,计数一次的时间 Tone 是 CK_CNT 的倒数,Tone=1/(TIMxCLK/(PSC+1)),产生一次中断的时间 Tint=Tone×TIMx_ARR。如果在中断回调函数中设置一个变量 times 来记录中断次数,就可以计算出我们的定时时间为 Tint×times。

注意:预分频器 psc 和自动重装载寄存器 TIMx_ARR 的取值范围都是 0~65535,都可实现 1~65536 的分频。

**2. 通用定时器**

STM32 的通用 TIMx(TIM2、TIM3、TIM4 和 TIM5)定时器功能特点包括:

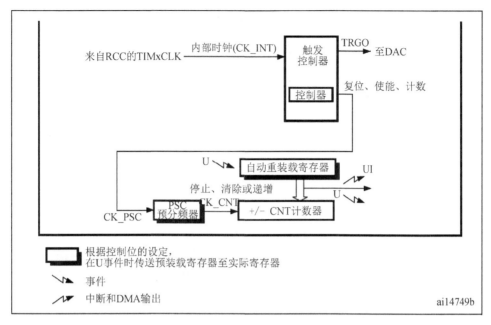

图 8-1 基本定时器的结构

(1)位于低速的 APB1 总线上,引脚时钟频率最高为 36 MHz,但定时器的时钟频率可以达到 72 MHz。

(2)16 位向上、向下、向上/向下(中间对齐)计数模式,自动装载计数器(TIMx_CNT)。

(3)16 位可编程(可以实时修改)预分频器(TIMx_PSC),计数器时钟频率的分频系数为 1 到 65536 之间的任意整数。

(4)4 个独立通道(TIMx_CH1~4),这些通道可以用来作为:

①输入捕获;

②输出比较;

③PWM 生成(边缘或中间对齐模式);

④单脉冲模式输出。

(5)可使用外部信号(TIMx_ETR)控制定时器和定时器互连(可以用 1 个定时器控制另外一个定时器)的同步电路。

(6)如下事件发生时产生中断或 DMA 请求(6 个独立的 IRQ/DMA 请求生成器)。

①更新:计数器向上溢出/向下溢出,计数器初始化(通过软件或者内部/外部触发);

②触发事件(计数器启动、停止、初始化或者由内部/外部触发计数);

③输入捕获;

④输出比较;

⑤支持针对定位的增量(正交)编码器和霍尔传感器电路;

⑥触发输入作为外部时钟或者按周期的电流管理。

(7)STM32 的通用定时器可以被用于测量输入脉冲信号的脉冲长度(输入捕获)或者产生输出波形(输出比较和 PWM)等。

(8)使用定时器预分频器和 RCC 时钟控制器预分频器,脉冲长度和波形周期可以在几微秒到几毫秒间调整。STM32 的每个通用定时器都是完全独立的,没有共享任何资源。

通用定时器比基本定时器复杂很多,通用定时器的结构如图 8-2 所示。

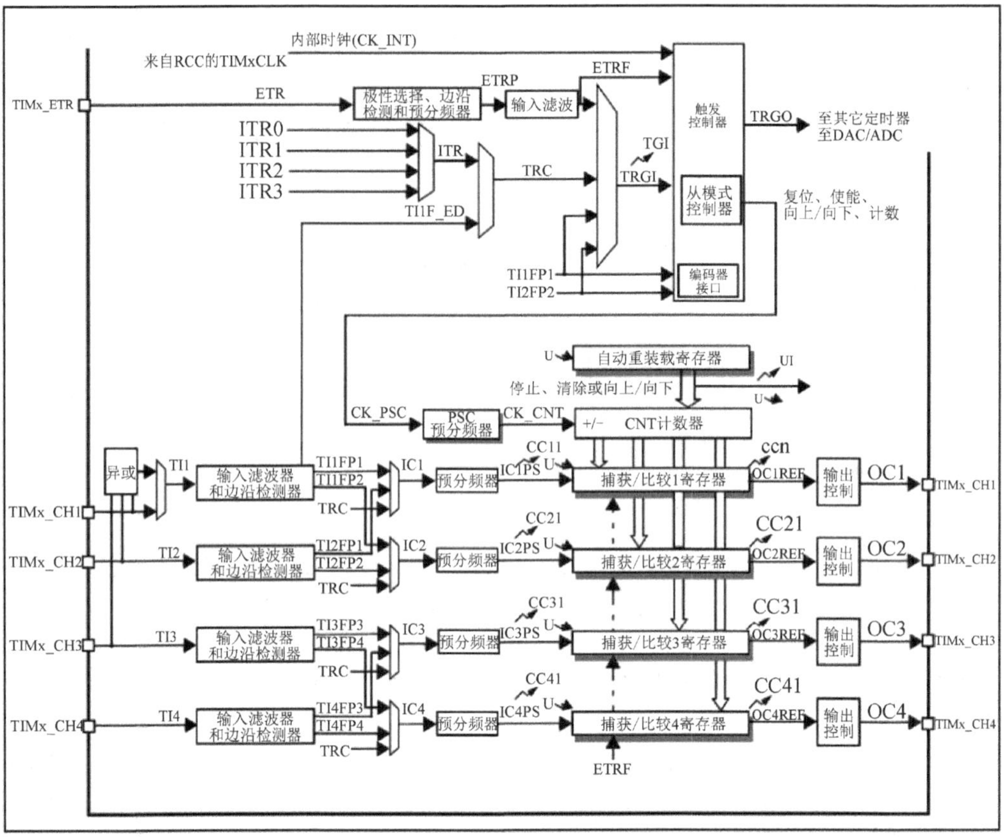

图 8-2  通用定时器的结构

通用定时器由四部分构成:时钟源(最上)、计数单元(中间)、输入捕获(左边)、输出比较(右边)。以下分别作以介绍:

(1)通用定时器的时钟源。

①内部时钟 APB1,内部时钟 CK_INT;

②外部时钟模式:外部输入引脚,即来自 TIMx_ETR 管脚的时钟信号;

③内部触发输入(ITRx)的信号;

④来自定时器的外部通道。

如果仅用于时间基准控制,使用内部时钟最简单,也很准确。

(2)计数单元。将 CK_PSC 通过预分频器,也就是除一个数,产生 CK_CNT 时钟信号,这个时钟才是计数器用到的时钟,在这个时钟的控制下才能计数。

(3)输入捕获。输入捕获是为了捕获通道引脚上的信息。通道标识 CH1、CH2、CH3、CH4 这些是 GPIO 的复用引脚,可以查看 datasheet。输入捕获模式可以用来测量脉冲宽度或者测量频率。

每一个捕获/比较通道都围绕着一个捕获/比较寄存器(包含影子寄存器),包括捕获的输入部分(数字滤波、多路复用和预分频器)和输出部分(比较器和输出控制)。

捕获/比较模块由一个预装载寄存器和一个影子寄存器组成。读写过程仅操作预装载寄存器。在捕获模式下,捕获发生在影子寄存器上,然后再复制到预装载寄存器中。在比较模式下,预装载寄存器的内容被复制到影子寄存器中,然后影子寄存器的内容和计数器进行比较。

输入捕获通过检测 TIMx_CHx 通道的边沿信号,在边沿信号发生跳变(比如上升沿/下降沿)的时候,将当前定时器的值(TIMx_CNT)存放到对应的捕获/比较寄存器(TIMx_CCRx)里面,完成一次捕获。同时,还可以配置捕获时是否触发中断/DMA 等。

STM32 的定时器,除了 TIM6、TIM7,其他的定时器都有输入捕获的功能。下面以脉冲输入为例,简单讲述输入捕获用于测量脉冲宽度的工作原理。

先设置输入捕获为上升沿检测,记录发生上升沿时 TIMx_CNT 的值。然后配置捕获信号为下降沿捕获,当下降沿到来的时候发生捕获,并记录此时的 TIMx_CNT 的值。这样,前后两次 TIMx_CNT 的值之差就是高电平的脉宽。同时,根据 TIM 的计数频率,我们就能知道高电平脉宽的准确时间。

(4)输出比较。举个例子:假如有个向下的计数器,计数初值为 1000,我们在捕获比较寄存器中设定一个值 500,若计数器的值比 500 大,那么我们控制相应的通道输出一个高电平,要是计数器中的值比 500 小,我们控制相应的输出通道输出一个低电平,这样就产生了方波。若要调整这个波形的占空比,就需要调整捕获比较寄存器中设定的值;若要控制波形的周期,就需要调整计数器的自动装载值。输出比较的原理如图 8-3 所示。计数器的数值与输出比较器相等时,翻转输出信号。

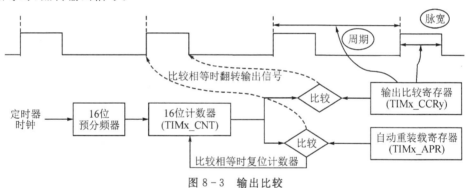

图 8-3　输出比较

通用定时器的四个通道(CH1、CH2、CH3、CH4)要么用作输入捕获,要么用作输出比较,不能两个同时使用。通用定时器的应用都是围绕着这四个模块展开的,STM32 定时器的结构比 51 单片机定时器复杂很多,从寄存器的角度理解和开发 STM32 单片机难度比较大。我们只要大致了解 STM32 定时器的工作原理,在用 STM32CubeMX 配置定时器的时候对应其结构框图和各部分的工作原理来理解配置参数,后面我们通过例程进一步帮助大家理解定时器的工作原理。使用 STM32CubeMX 设计时我们把重点放在如何使用计数模块实现定时器的中断上,怎样配置时钟,怎样计数,怎样定时,怎样使用输入捕获模块来捕获脉冲的宽度,怎样使用输出比较模块实现 PWM 输出等。

### 3. 高级定时器

STM32 中定时器的强大之处在于,它不但可以像 C51 那样只用内部时钟和外部引脚来进行定时或计数,而且可以通过其自身所具备的主从模式,捕获/比较通道来进行更复杂的操作。比如将其内部的多个定时器进行级联,捕获或产生 PWM 波,使用刹车和死区时间控制功能,记录编码器的数值等。其中有的功能 C51 可以通过其 I/O 引脚进行模拟,有的不能,比如 STM32 高级定时器的功能是 C51 没法实现的。

STM32 有 TIM1 和 TIM8 两个高级定时器,STM32F107 只有 TIM1 一个高级定时器。高级定时器除具有通用定时器的所有功能外,还具有以下特点:

(1)TIM1 和 TIM8 挂在 APB2 总线上,而 TIM2~TIM7 则挂在 APB1 总线上。APB2 的最大工作频率是 72 MHz,而 APB1 的最大工作频率是 36 MHz,但 APB1 的定时器时钟频率可以达到72 MHz。

(2)互补输出,且死区时间可编辑。

(3)允许在指定数目的计数器周期之后更新定时器寄存器的重复计数器。

(4)刹车输入信号可以将定时器输出信号置于复位状态或者一个已知状态。

(5)具有三相 6 线异步电机接口、刹车功能及用于 PWM 驱动电路的死区时间控制等,这使得 STM32 非常适合用于电机的控制。图 8-4 为高级定时器的结构。

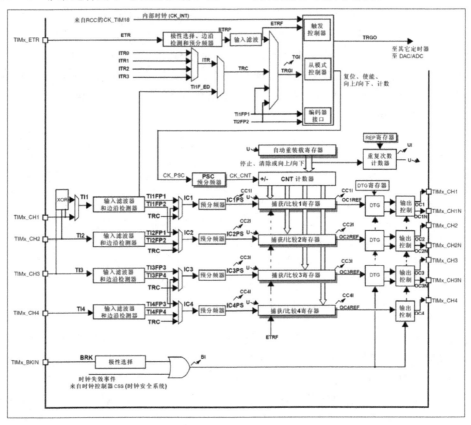

图 8-4　高级定时器的结构

对比高级定时器和通用定时器的结构,高级定时器主要多了 BRK 和 DTG 两个结构,因此具有死区时间的控制功能。

1)死区时间

通常,大功率电机、变频器等,末端都是由大功率管、IGBT 等元件组成的 H 桥或 3 相桥。每个桥的上半桥和下半桥是绝对不能同时导通的,但高速的 PWM 驱动信号在到达功率元件的控制极时,往往会由于各种各样的原因产生延迟,使某个半桥元件在应该关断时没有关断,造成功率元件烧毁。

死区是在上半桥关断后,延迟一段时间再打开下半桥,或在下半桥关断后,延迟一段时间再打开上半桥,从而避免功率元件烧毁的这段延迟时间。

通常低端单片机配备的 PWM 中没有死区时间控制。死区时间是 PWM 输出时,为了使 H 桥或半 H 桥的上、下管不会因为开关速度问题发生同时导通而设置的一个保护时段。所以在这个时间,上、下管都不会有输出,使波形输出中断。死区时间一般只占百分之几的周期,但是 PWM 波本身占空比小时,空出的部分要比死区还大,所以死区会影响输出的纹波,但不起决定性作用。占空比就是输出的 PWM 中,高电平保持的时间与该 PWM 的时钟周期的时间之比。

2)插入死区时间

STM32 的高级定时器可以配置成输出互补的 PWM 信号,并且在这个 PWM 信号中可以加入死区时间,为电机的控制提供了极大的便利。插入死区时间如图 8-5 所示,图中的 OCxREF 为参考信号(可视为原信号),OCx 和 OCxN 为定时器通过 GPIO 引脚输出的 PWM 互补信号。

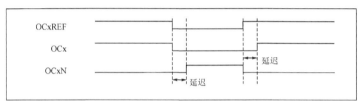

图 8-5　带死区插入的互补输出

3)刹车功能

刹车就是关掉 PWM,紧急停止的意思。刹车源既可以是刹车输入引脚,又可以是一个时钟失败事件。时钟失败事件由复位时钟控制器中的时钟安全系统产生。系统复位后,刹车电路被禁止,MOE 位为低。设置 TIMx_BDTR 寄存器中的 BKE 位可以使能刹车功能,刹车输入信号的极性可以通过配置同一个寄存器中的 BKP 位选择。BKE 和 BKP 可以同时被修改。

只有理解了定时器的工作原理才能通过 STM32CubeMX 配置定时器。定时器的功能非常复杂,我们没有必要学习其所有功能,下面我们给出一些常用功能的实现方法,大家可以在此基础上扩展自己需要的功能。

## 8.3　定时器中断实验(TIM7)

STM32F107CVT6 开发板上有 4 个 LED,我们可以用 LED 指示和观察一些程序的运行情况。这次我们用定时器控制 LED 按 1 Hz 闪烁。

定时器的本质是个计数器,先指定一个计数上限,然后让计数器从 0 开始计数,当计数值到达上限,它再从头开始计数。当一轮计数完毕时,可以让 MCU 为我们做点事,比如打开或关闭一个 LED 等。

配置定时器的步骤:

(1)选一个定时器来操作,这里我们选 TIM7。这是个基本定时器,位于低速的 APB1 总线上,引脚时钟频率最高为 36 MHz,但定时器的时钟频率可以达到 72 MHz。TIM7 只有向上计数模式。

(2)设置定时器的计数频率,也就是定时器的预分频器。

(3)指定计数上限。

(4)当计数器到达计数上限时,定时器产生中断。

**第一步:修改工程**

新建文件夹 Experiment_4_1_TIM7_LED_Flash,复制 Experiment_1_1_LED_Flash 文件夹下的 STM32CubeMX 工程 Experiment_1_1_LED_Flash.ioc 到 Experiment_4_1_TIM7_LED_Flash 文件下,将其修改为:Experiment_4_1_TIM7_LED_Flash.ioc,并双击打开 Experiment_4_1_TIM7_LED_Flash.ioc。

1)配置时钟

按照常规配置时钟后,APB1 Timer clocks 为 72 MHz,所以,TIM2 在预分频之前的工作频率为 72 MHz,如图 8-6 所示。

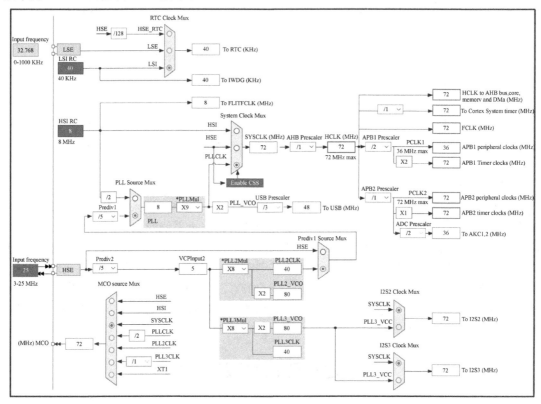

图 8-6　配置时钟

2)选择和配置定时器

点"Pinout & Configuration"→点"Timers"→点"TIM7"→在"TIM7 Mode and Configuration"栏中的 Mode 部分勾选"Activated"→在"TIM7 Mode and Configuration"栏中的"Configuration"部分配置 TIM7 的参数。其 Counter Mode 只有 up 一种方式,计数从 0 开始,计数到 Counter Period 后产生溢出中断,然后又从 0 开始计数。假设我们想让定时器每秒产生一个中断,应该如何计算定时器的预分频及计数值?

如果指定预分频器的值为 72000,那么 APB1 的 72 MHz 频率经 72000 分频之后的工作频率就是 1000 Hz。如果再指定计数值为 1000,恰好就是 1 秒。但是,72000 超出 65535 了。因此再选择一组参数来实现分频 1Hz 的效果。将预分频器指定为 18000,而计数器指定为4000/2(因为是方波信号),定时器完成一次计数所花的时间就是 1/2 秒。TIM7 的参数配置如图 8-7 所示。

图 8-7　TIM7 的参数配置

我们仅仅设定了 Prescaler(17999)和 Counter Period(1999),其余参数按默认值即可。为什么要减 1? 因为预分频数=Prescaler+1,计数分频数=Counter Period+1。注意:预加载寄存器是自动重装载寄存器的"影子",也就是预加载寄存器是自动重装载寄存器的缓冲器。只有在需要不断切换定时器的周期时,才会将 auto-reload preload 设置为 Enable,这时程序员需要通过预加载寄存器配合自动重装载寄存器来操作定时器,以保证定时器周期的平稳过渡。我们要采用定时中断,还要设置 TIM7 的 NVIC,使能 TIM7 定时中断,如图 8-8 所示。

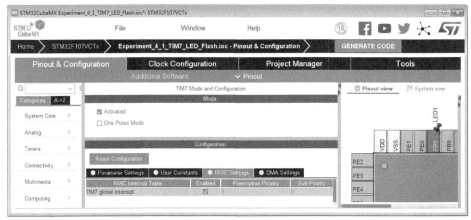

图 8-8　TIM7 的 NVIC 配置

由于我们只用 TIM7 定时中断,所以就不用配置系统总的 NVIC 了。

3)配置完成,保存 STM32CubeMX 工程文件

点击"GENERATE CODE",生成代码工程框架并打开。

**第二步:添加代码**

生成工程文件后,需加入让 TIM7 工作的代码,STM32CubeMX 已经生成了 TIM7 定时1秒的工程框架,我们只需要找到中断回调函数,在中断回调函数中添加相应的代码,来完成 TIM7 控制 LED 按 1 秒闪烁的程序即可。在添加代码前先将工程编译一下,否则无法追踪代码。

1)启动定时器 TIM7,TIM7 开始计数

在 main. c 里面添加如下代码:

```
/ * USER CODE BEGIN 2 * /
HAL_TIM_Base_Start_IT(&htim7);          //启动定时器 TIM7,开中断
/ * USER CODE END 2 * /
```

2)查找定时器 TIM7 定时中断回调函数

下面处理中断函数。首先要说明一个约定,STM32CubeMX 使用的是 HAL 库,HAL 库对中断及事件的处理采用的是回调机制。也就是说中断程序的框架已做好,且不能修改。那么如何加入用户代码,就是通过所谓的回调函数来实现的。

打开 stm32f0xx_it. c 函数,里面有一段这样的代码:

```
void TIM7_IRQHandler(void)
{
  / * USER CODE BEGIN TIM7_IRQn 0 * /
  / * USER CODE END TIM7_IRQn 0 * /
  HAL_TIM_IRQHandler(&htim7);
  / * USER CODE BEGIN TIM7_IRQn 1 * /

  / * USER CODE END TIM7_IRQn 1 * /
}
```

看看"HAL_TIM_IRQHandler"是如何定义的。在"HAL_TIM_IRQHandler"上点鼠标右键→"Go to Definition of 'HAL_TIM_IRQHandler'"→通过追踪代码,发现在 void HAL_TIM_IRQHandler(TIM_HandleTypeDef * htim)里面有这样一段代码:

```
/ * TIM Update event * /
if (__HAL_TIM_GET_FLAG(htim, TIM_FLAG_UPDATE) ! = RESET)
{
  if (__HAL_TIM_GET_IT_SOURCE(htim, TIM_IT_UPDATE) ! = RESET)
  {
      __HAL_TIM_CLEAR_IT(htim, TIM_IT_UPDATE);
#if (USE_HAL_TIM_REGISTER_CALLBACKS == 1)
      htim->PeriodElapsedCallback(htim);
#else
      HAL_TIM_PeriodElapsedCallback(htim);
#endif / * USE_HAL_TIM_REGISTER_CALLBACKS * /
  }
}
```

里面的 HAL_TIM_PeriodElapsedCallback(htim)函数就是提供给用户的回调接口,要实现的功能将通过定时中断回调函数自动加到这里。下面再追踪一下这个函数的定义,在

HAL_TIM_PeriodElapsedCallback(htim)；上点鼠标右键→"Go to Next Reference to'HAL_TIM_PeriodElapsedCallback'"→通过追踪代码,可以找到下面的弱函数定义:

```
/ * *
  * @brief   Period elapsed callback in non-blocking mode
  * @param   htim TIM handle
  * @retval None
  * /
__weak void HAL_TIM_PeriodElapsedCallback(TIM_HandleTypeDef * htim)
{
  / * Prevent unused argument(s) compilation warning * /
  UNUSED(htim);

  / * NOTE：This function should not be modified, when the callback is needed,
            the HAL_TIM_PeriodElapsedCallback could be implemented in the user file
  * /
}
```

仔细看里面的注释,如果要添加自己的功能,重新实现这个函数即可。还要注意函数前面的__weak 标志,表明这是一个可以重新定义的函数。

下面在 main.c 里添加如下代码:

```
/ * USER CODE BEGIN 4 * /
void HAL_TIM_PeriodElapsedCallback(TIM_HandleTypeDef * htim)
{
  HAL_GPIO_TogglePin(LED1_GPIO_Port, LED1_Pin);
}
/ * USER CODE END 4 * /
```

**第三步:编译、下载、运行**

该例程的功能很简单,定时器 TIM7 每计数到 1999,产生一次中断,在中断服务程序中,LED1 转变一次状态,这样就产生了亮 1/2 秒,灭 1/2 秒的效果。

# 8.4　通用定时器计数方式实验(TIM2)

基本定时器 TIM6 和 TIM7 只有向上计数方式,通用定时器和高级定时器有多种计数方式,其 Counter Mode 可选项有:

(1)Up,向上计数模式。在向上计数模式中,计数器从 0 计数到 Counter Period(自动加载值,TIMx_ARR 计数器的内容),然后重新从 0 开始计数并且产生一个计数器溢出事件。

(2)Down,向下计数模式。在向下模式中,计数器从 Counter Period(自动加载值,TIMx_ARR 计数器的内容)开始向下减计数到 0,然后从自动装入的值重新开始并且产生一个计数器向下溢出事件。

(3)Center Aligned mode1,中央对齐模式 1。计数器交替向上和向下计数。输出比较中断标志位,只在计数器向下计数时被设置(计数器递减计数时被设置)。

(4)Center Aligned mode2,中央对齐模式 2。计数器交替向上和向下计数。输出比较中断标志位,只在计数器向上计数时被设置(计数器递增计数时被设置)。

(5)Center Aligned mode3,中央对齐模式 3。计数器交替向上和向下计数。输出比较中断标志位,在计数器向下和向上计数时均被设置(计数器递增递减时都会被设置)。

从上面几种模式来看,它们的不同点在于定时比较中断发生在计数过程的位置不同,表8-2给出了5种计数模式的比较。下面我们通过只改变通用定时器 TIM2 的计数模式来观察计数模式的改变对 LED 闪烁的影响,进一步理解这几种计数模式的区别。计数器的默认模式是向上计数模式,仿照8.3节,我们先在向上计数模式下通过定时中断实现 LED 按1 Hz 闪烁,然后在 STM32CubeMX 工程中只改变计数模式,看看几种模式对 LED 灯闪烁频率的影响,从现象分析几种模式的区别。

表 8-2　5 种计数模式比较

| 计数模式 | 计数示意图 | 计数过程 |
|---|---|---|
| 向上计数模式 | | 从 0 开始计数,计数到 Counter Period,发生溢出中断,计数器重装为 0,开启下一轮计数 |
| 向下计数模式 | | 从 Counter Period 开始递减计数,计数到 0,发生溢出中断,计数器重装为 Counter Period,开启下一轮计数 |
| 中央对齐模式 1 | | 从 0 开始计数,计数到 Counter Period 后,开始向下计数,计数到 0 时,产生溢出中断标志,并开始下一轮计数 |
| 中央对齐模式 2 | | 从 0 开始计数,计数到 Counter Period 后,产生溢出中断标志,并开始向下计数,计数到 0 时,又开始下一轮计数 |
| 中央对齐模式 3 | | 从 0 开始计数,计数到 Counter Period−1,发生溢出中断;计数器重装为 Counter Period,然后开始向下计数直到 1 时发生溢出中断;然后计数器重载为 0,开始下一轮计数 |

**第一步:修改工程**

新建文件夹 Experiment_4_1_TIM2_Counter_Mode_LED_Flash,拷贝 Experiment_4_1_TIM7_LED_Flash 文件夹下的 STM32CubeMX 工程到新建文件下,修改为 Experiment_4_1_TIM2_Counter_Mode_LED_Flash.ioc,双击打开,将定时器选为 TIM2,参数按照 8.3 中 TIM7 的相关参数设定即可。生成 MDK-ARM 工程后,将 8.3 节中 Experiment_4_1_TIM7_LED_Flash 文件下的 main.c 拷贝到新建文件的对应目录下,覆盖刚生成的 main.c,然后再次用 Experiment_4_1_TIM2_Counter_Mode_LED_Flash.ioc 生成 MDK-ARM 工程,这样打开新生成的 MDK-ARM 工程后,里面的 main.c 中的用户程序还在,而且已经按照 TIM2 的参

数设定重新生成了相关工程框架。

**第二步:修改代码**

因为是把 8.3 节中的 main.c 程序拷贝过来的,所以还要修改 main.c 程序,修改后的 main.c 程序如下:

在 main.c 里面添加如下代码:

```
/* USER CODE BEGIN 2 */
HAL_TIM_Base_Start_IT(&htim2);        //启动定时器 TIM2,开中断
/* USER CODE END 2 */
```

回调函数不需要修改。

**第三步:编译、下载、运行**

通过修改 STM32CubeMX 工程,改变 TIM 的 Counter Mode,看看其 LED 闪烁的影响。本想观察到 LED 在中央对齐模式 1 和 2 时 LED 按 2 秒闪一下,其他模式都是按 1 秒闪一下。但是观察到的现象是都是按 1 秒闪一下的,原因不清楚。中央对齐模式常用于三相电机的互补 PWM 波生成。

# 8.5 两定时器中断实验(TIM7+TIM2)

所有定时器的计数到中断回调函数都是同一个回调函数,如果在一个系统中使用了两个定时器,就需要在中断回调函数中判断到底是哪个定时器产生了溢出中断,从而处理该中断的响应。

本例程我们用两个定时器,通过定时中断方式控制两个 LED 以不同的频率闪烁。

**第一步:修改工程**

新建文件夹 Experiment_4_2_TIM7_TIM2_LED_Flash,复制 Experiment_4_1_TIM7_LED_Flash 文件夹下的 STM32CubeMX 工程 Experiment_4_1_TIM7_LED_Flash.ioc 到 Experiment_4_2_TIM7_TIM2_LED_Flash 文件下,将其修改为 Experiment_4_2_TIM7_TIM2_LED_Flash.ioc 并双击打开,TIM7 在 8.3 节中已经配置好了,这里仅对 TIM2 用作基本定时器模式进行配置。

1)配置定时器 TIM2

点"Pinout & Configuration"→点"Timers"→点"TIM2"→在"TIM2 Mode and Configuration"栏中的"Mode"部分勾选"Activated"→在"TIM2 Mode and Configuration"栏中的"Configuration"部分配置 TIM2 的参数。TIM2 作为基本定时器使用时,预分频系数和自动重装载寄存器的设置如下:

(1)查看时钟配置,得知 APB1 Timer Clocks(MHz)→72 MHz。

(2)从通用定时器原理框中得知 TIMxCLK→72 MHz。

(3)系统内部时钟 CK_INT 就是 TIMxCLK。

(4)CK_INT 经过预分频后的频率是 TIMxCLK/(Prescaler+1)。

(5)再经过计数分频后的频率是中断频率 $f\_INT = TIMxCLK/((Prescaler+1) \times (CounterPeriod+1))$。

(6)定时中断周期:$T\_INT = ((Prescaler+1) \times (CounterPeriod+1))/TIMxCLK$。

我们希望 TIM2 控制 LED4（接 PE12）按 4 Hz 频率闪烁，周期为 0.25 s，定时时间为 0.125 s，产生方波的周期为 0.125×2＝0.25 s。所以将预分频器指定为 18000，而计数器指定为 1000/2（因为是方波信号），定时器完成一次计数所花的时间就是 0.125 s。

$T\_INT=((Prescaler+1)\times(CounterPeriod+1))/TIMxCLK=(18000\times500)/72000000=0.125$ s

TIM2 的参数配置如图 8-9 所示。通用定时器 TIM2 的 Counter Mode 为 Up。

我们仅仅设定了 Prescaler 和 Counter Period，其余参数按默认值即可。为什么要减 1？因为 0 到 17999 刚好分频 18000，0 到 499 恰好计数 500。

图 8-9　TIM2 的参数配置

2）配置 NVIC

因为要采用定时中断，所以还要设置 TIM2 的 NVIC，使能 TIM2 的定时中断，如图 8-10 所示。在这个例程中进入定时中断后仅仅将 LED 对应的输出引脚翻转一下，所以没有必要设置中断优先级，系统的 NVIC 配置如图 8-11 所示。

3）配置完成，保存 STM32CubeMX 工程文件

点击"GENERATE CODE"，生成代码工程框架并打开。

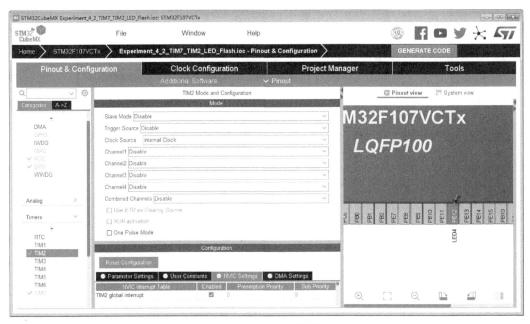

图 8 - 10　TIM2 的 NVIC 配置

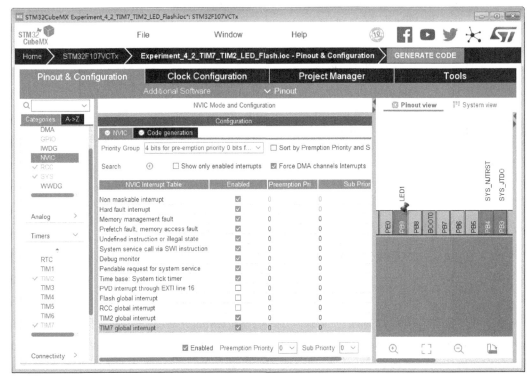

图 8 - 11　系统的 NVIC 配置

## 第二步:添加代码

STM32CubeMX 已经生成了好了 TIM7 定时 1 s、TIM2 定时 0.25 s 的工程框架,我们只需要找到中断回调函数,在中断回调函数中添加相应的代码即可完成 TIM7 和 TIM2 对 LED 的控制。

添加代码前先将工程编译一下,否则无法追踪代码。

(1)启动定时器 TIM7 和 TIM2,TIM7 和 TIM2 开始计数,并允许中断。

在 main.c 里面添加如下代码:

```
/ * USER CODE BEGIN 2 * /
HAL_TIM_Base_Start_IT(&htim7);          //启动定时器 TIM7,开中断
HAL_TIM_Base_Start_IT(&htim2);          //启动定时器 TIM2,开中断
/ * USER CODE END 2 * /
```

(2)查找定时器 TIM7 和 TIM2 的定时中断回调函数。

参照 8.3 节的方法来寻找它们的中断回调函数,打开 stm32f0xx_it.c 函数,我们发现 TIM7 和 TIM2 的中断处理函数都是 HAL_TIM_IRQHandler,代码如下:

```
/ * *
  * @brief This function handles TIM2 global interrupt.
  * /
void TIM2_IRQHandler(void)
{
  / * USER CODE BEGIN TIM2_IRQn 0 * /

  / * USER CODE END TIM2_IRQn 0 * /
  HAL_TIM_IRQHandler(&htim2);
  / * USER CODE BEGIN TIM2_IRQn 1 * /

  / * USER CODE END TIM2_IRQn 1 * /
}


/ * *
  * @brief This function handles TIM7 global interrupt.
  * /
void TIM7_IRQHandler(void)
{
  / * USER CODE BEGIN TIM7_IRQn 0 * /

  / * USER CODE END TIM7_IRQn 0 * /
  HAL_TIM_IRQHandler(&htim7);
  / * USER CODE BEGIN TIM7_IRQn 1 * /

  / * USER CODE END TIM7_IRQn 1 * /
}
```

由于 TIM7 和 TIM2 都是通过"HAL_TIM_IRQHandler"处理中断的,因此它们具有相同的中断回调函数 void HAL_TIM_PeriodElapsedCallback(TIM_HandleTypeDef * htim)。那么在相同的中断回调函数中如何处理不同的中断源呢? 这个问题在 6.4 节中也遇到过,串口接收中断也是调用同一个接收中断回调函数 void HAL_UART_RxCpltCallback(UART_Handle-TypeDef * UartHandle)。我们通过判断指针变量 UartHandle 指向哪个 Uart 来实现对不同 Uart 接收中断的处理,例如:if(UartHandle->Instance== USART1)。这里我们通过判断指针变量 htim 指向哪个定时器来实现对该定时中断的处理。在 main.c 里添加如下代码:

```
/ * USER CODE BEGIN 4 * /
```

```
void HAL_TIM_PeriodElapsedCallback(TIM_HandleTypeDef * htim)
{
    if(htim->Instance==TIM7) HAL_GPIO_TogglePin(LED1_GPIO_Port, LED1_Pin);
    if(htim->Instance==TIM2) HAL_GPIO_TogglePin(LED4_GPIO_Port, LED4_Pin);
}
/* USER CODE END 4 */
```

**第三步:编译、下载、运行**

该例程的功能很简单,LED1 按 1 Hz 闪烁,LED4 按 4 Hz 闪烁。

# 8.6　PWM 实验(TIM5)

脉冲宽度调制 PWM(Pulse Width Modulation),简称脉宽调制,是利用微处理器的数字输出对模拟电路进行控制的一种非常有效的技术,其广泛应用于测量、通信、功率控制与变换等许多领域中。

图 8 - 12(b)是微处理输出的数字信号,实际上它接到电机等功率设备上时,效果相当于图 8 - 12(a),这就是 PWM 调制。例如输出占空比为 50%,频率为 10 Hz 的脉冲,高电平为 3.3 V,则其输出的模拟效果相当于输出一个 1.65 V 的高电平。脉冲调制有两个重要的参数,第一个是输出频率,频率越高,则模拟的效果越好;第二个是占空比,占空比就是改变输出模拟效果的电压大小,占空比越大则模拟出的电压越大。

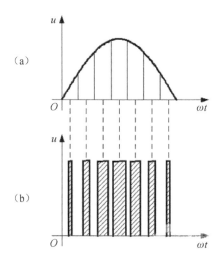

图 8 - 12　PWM 调制

下面我们用通用定时器的 PWM 生成功能,直接生成中央对齐方式的 PWM 波。单路中央对齐方式的 PWM 在示波器上可能观察不出中央对齐效果,读者可以根据此例生成两路频率相同、占空比不同的中央对齐的 PWM 波,通过对比能看出中央对齐的 PWM 波效果如图 8 - 13 所示。

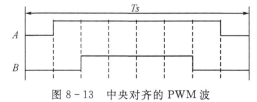

图 8 - 13　中央对齐的 PWM 波

**第一步:修改工程**

(1)新建工程文件夹 Experiment_4_3_TIM5_PWM,拷贝 Experiment_1_1_LED_Flash.ioc 到新建工程文件下,并修改 STM32CubeMX 工程名同新建文件名,双击打开 Experiment_4_3_TIM5_PWM.ioc。

(2)选择 TIM5,配置如图 8 - 14 所示。选择 Internal Clock,这样 TIM5 的时钟频率为 72 MHz。选择从 Channel1 输出 PWM 波后,PA0 自动配置成了复用端口 TIM5_CH1。72 MHz经过(1+35999)分频后是 2000 Hz,再经过(1+7999)分频后是 0.25 Hz,每个计数周

期是 4 s,PWM 波的周期与计数模式有关,将 Counter Mode 设置为 Center Aligned mode3。Pulse 的值决定占空比,因为 Counter Period 是 8000,将 Pluse 设置为 1999,则占空比为 25%。将 CH Polarity 设置为 Low,因为开发板上 LED 点亮方式是低电平。Parameter Settings 的其他参数按默认值即可。

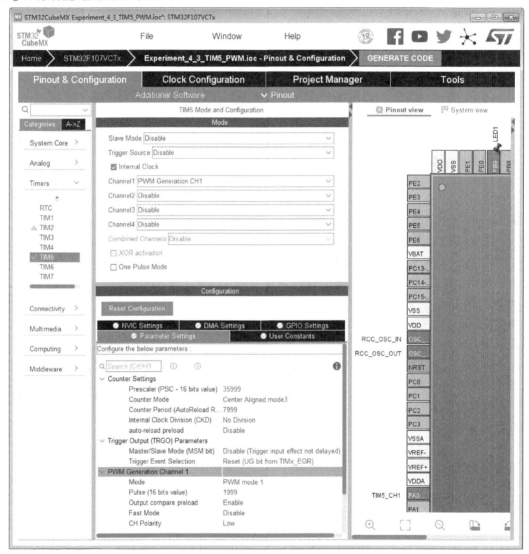

图 8-14　TIM5 参数配置

(3)在图 8-14 中 TIM5 Mode and Configuration 栏中的 Configuration 下点"NVIC Settings",使能 TIM5 global interrupt。添加 TIM5 定时中断的原因仅仅是为了观察不同计数模式时计数溢出中断发生的时刻。

(4)点"Pinout & Configuration"→点"System Core"→点"NVIC"→将 TIM5 global interrupt的 Preemption Priority 设置为 1,即低优先级,因为调用 HAL_Delay()要用到 System tick timer 中断。

(5)配置完成,保存 STM32CubeMX 工程文件,点击"GENERATE CODE",生成代码工程框架并打开。

**第二步:添加代码**

(1)如果只观察 PWM 波输出,仅需在 main.c 里面添加如下代码:

```
/* USER CODE BEGIN 2 */
HAL_TIM_PWM_Start(&htim5, TIM_CHANNEL_1);   //启动 TIM5,从 TIM_CHANNEL_1 输出
                                                             PWM 波
/* USER CODE END 2 */
```

运行程序,开启 TIM5,用示波器可以观察到从 Channel_1(即 PA0)输出的 PWM 波。

(2)为了观察 PWM 波和定时中断发生的位置关系,我们增加了 TIM5 的定时中断,在 main 函数中启动 TIM5 产生 PWM,开启定时中断:

```
/* USER CODE BEGIN 2 */
HAL_TIM_PWM_Start(&htim5,TIM_CHANNEL_1);        //启动 TIM5 从通道 1 输出 PWM 波
HAL_TIM_Base_Start_IT(&htim5);                  //开启 TIM5 基本定时器中断方式
/* USER CODE END 2 */
```

(3)在 TIM5 定时溢出中断回调函数中添加定时器溢出中断指示:

```
/* USER CODE BEGIN 4 */
void HAL_TIM_PeriodElapsedCallback(TIM_HandleTypeDef * htim)
{
  if(htim->Instance==TIM5)
  {
    HAL_GPIO_WritePin(LED1_GPIO_Port,LED1_Pin,GPIO_PIN_RESET);
    HAL_Delay(100);
    HAL_GPIO_WritePin(LED1_GPIO_Port,LED1_Pin,GPIO_PIN_SET);
  }
}
/* USER CODE END 4 */
```

**第三步:编译、下载、运行**

运行程序前先用短路帽连接 PB9 和 LED1(D1),用短路线连接 PA0 和 LED4(D4)。运行程序后可看到 LED1 每 4 s 亮一次,LED4 比 LED1 先亮起,并和 LED1 同时结束。在 STM32CubeMX 中修改 Counter Mode,观察不同计数模式下 LED 的亮、灭情况如下,其中圆圈为定时中断灯指示,长条为 Pulse 亮起。

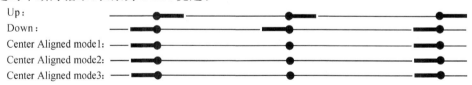

Up:
Down:
Center Aligned mode1:
Center Aligned mode2:
Center Aligned mode3:

读者可以用示波器观察定时中断与 PWM 波之间的相位关系。要用示波器观察,需要调节 TIM5 的定时参数,将 Prescaler 设置为 35999,72 MHz 经 36000 分频后是 2000 Hz;将 Counter Period 设置为 19,2000 Hz 经 20 分频后是 100 Hz;将 Pulse 设置为 24,则占空比为 25%。改变 Counter Mode,用示波器观察不同计数模式下定时中断与 PWM 波的关系。

下载并运行程序,用示波器观察可看到 PA0 输出频率为 100 Hz,占空比为 25% 的方波。修改 Pulse 的值,可观察到 PA0 输出的脉冲的占空比改变。占空比 = (Pulse+1)/(Counter Period+1)  (%)。

## 8.7 呼吸灯实验(TIM2_PWM)(通过 CCR1 调整脉冲宽度)

51 单片机有两个定时/计数器,52 单片机有三个定时/计数器。STM32F107 可供用户配置的定时器有 9 个,其中有两个看门狗定时器,四个通用定时器(TM2、TM3、TM4、TM5),TIM1 是一个能实现四个通道捕获/比较、互补输出功能的高级定时器,TIM6 和 TIM7 没有捕获/比较通道。

在 8.3 节定时器中断实验中我们介绍了定时器的基本用法——定时功能。定时器在MCU 里的功能远不止定时这么简单,定时在定时器里面被称为 Time Base,是基础。STM32里的定时器能完成下面这些功能:

(1)定时,基础功能,可以精确实现延时功能;

(2)输入脉冲测量,检测输入波形的周期、占空比;

(3)输出脉冲,主要的应用是生成 PWM 波。

不是所有的定时器都有这些功能,STM32 将定时器分成通用定时器、高级定时器和基本定时器三种,具体功能请参考 8.2 节或相应的器件数据手册。

在这个实验中,我们利用定时器 TIM2 的 PWM 功能来控制 LED 的亮度,实现 LED 亮度的无级调控。

在 STM32 的产品线中,TIM2~TIM5 是通用定时器,这个实验使用 TIM2 定时器,其他的以此类推。若需要定时器工作,就需要一个外部的时钟脉冲基准,大部分情况下,这个时钟基准来自系统时钟分频后的 APB1 或 APB2 时钟。这个时钟奠定了定时器的工作基调。TIM2~TIM5 的时钟基准来自 APB1。

定时器的 Time Base 可以指定 PSC 对时钟进行分频,指定 ARR 来确定一个计时周期。有了这两个参数,定时器就可以以一定的周期工作,但它并没有直接控制输出信号,也就是说它并没有使用定时器的各通道来控制通道所对应的电平。要点亮或熄灭 LED,我们需要结合中断,在中断服务程序中控制 LED 的亮灭。

PWM 是在延时周期内,调整输出通道中高低电平的时间,也就是占空比。占空比如何实现呢? 在 Time Base 的基础上,使用 CCR 寄存器,为它指定一个值。当定时器的计数器 CNT不断变化的同时,它还会和 CCR 进行比较,CNT 的值没有达到 CCR 之前,输出通道输出的是高或低电平,而 CNT 的值与 CCR 的值匹配后,输出通道会输出相反的电平。这样,指定不同的 CCR 值,在一个计时周期内,高、低电平的长短就确定了。这个功能在输出比较器内完成。

另外,CNT 的值没有达到 CCR 之前,输出高电平还是低电平,需要一个参照,这个参照就是输出比较器的极性。极性与 PWM 的工作模式(PWM1 或 PMW2)结合,就能明确知道某个通道在什么时候输出什么电平了。查数据手册可知:在 PWM1 模式下,使用向上计数时,若 CNT<CCR,则通道上输出的值就是极性值;当 CNT 与 CCR 的值匹配后,通道上输出的电平是极性值的相反值,反之亦然。

**第一步:修改工程**

(1)新建工程文件夹 Experiment_4_4_LED_Breath_CCR1,拷贝 Experiment_1_1_LED_Flash.ioc 到新建工程文件下,修改 STM32CubeMX 工程名同新建文件名,双击打开 Experiment_4_4_LED_Breath_CCR1.ioc。

（2）选择 TIM2，配置如图 8-15 所示。选择 Internal Clock，这样 TIM2 的时钟即为 72 MHz。选择从 Channel1 输出 PWM 波后，PA0 自动配置成立了复用端口 TIM2_CH1。72 MHz经过（1+719）分频后是 100 kHz，再经过（1+999）分频后是 100 Hz。Counter Mode：Up；Pulse：0，方便我们在程序中通过修改 CCR1 来改变 Pulse；CH Polarity：Low，我们开发板上 LED 点亮方式是低电平。Parameter Settings 的其他参数按默认值即可。

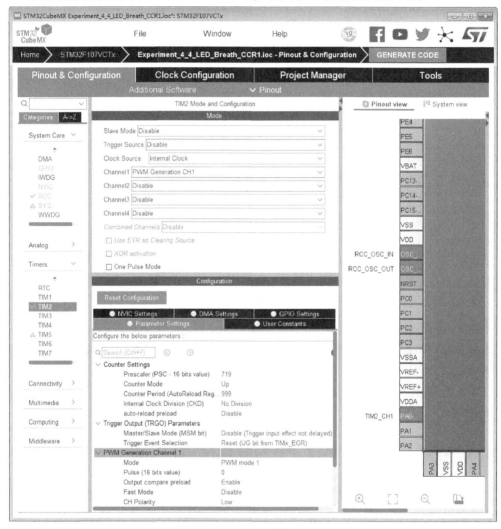

图 8-15 TIM2 参数配置

（3）在图 8-15 中 TIM2 Mode and Configuration 栏中的 Configuration 下点"NVIC Settings"，使能 TIM2 global interrupt。添加 TIM2 定时中断的原因是希望在定时中断中通过修改 CCR1 来改变 PWM 波的脉冲宽度。

（4）配置完成，保存 STM32CubeMX 工程文件，点击"GENERATE CODE"，生成代码工程框架并打开。

**第二步:添加代码**

(1)在 main 函数中开启 TIM2,从 Channel_1(即 PA0)输出 PWM 波。为了改变 PWM 波的脉冲宽度,增加了 TIM2 的定时中断,开启 TIM2 定时中断:

```
/* USER CODE BEGIN 2 */
HAL_TIM_PWM_Start(&htim2, TIM_CHANNEL_1);
HAL_TIM_Base_Start_IT(&htim2);
/* USER CODE END 2 */
```

(2)在 TIM2 定时溢出中断回调函数中添加对 Pulse 的控制:

```
/* USER CODE BEGIN 4 */
void HAL_TIM_PeriodElapsedCallback(TIM_HandleTypeDef * htim)
{
  static volatile int16_t duty = 0;
  static volatile int8_t step;
  if(duty == 0)
    step = 1;
  if(duty == 199)
    step = -1;
  duty += step;
  TIM2->CCR1 = duty;
}
/* USER CODE END 4 */
```

该函数定义了两个 16 位 int 型静态变量,目的是退出该子程序后其值保持不变。该回调函数的功能是在中断服务程序中通过修改 CCR1 的值来改变 Pulse。每中断一次,CCR1 的值改变一次,从而达到连续改变 PWM 波占空比的目的。

**第三步:编译、下载、运行**

连接 PA0 和 LED,可以看到呼吸灯现象。请注意 TIM2 配置参数与实验的关系,72 MHz经过(1+71)分频后是 1 MHz,再经过(1+999)分频后是 1 kHz,这样每计一个数的时间是 1 ms。在实验过程中大家可以修改 Prescaler、Counter Period 以及 duty 的范围,观察 LED 的呼吸效果。

# 8.8  呼吸灯实验(TIM2_PWM)(通过用户函数调整脉冲宽度)

8.7 节的呼吸灯实验程序中使用了 CRR1 寄存器,从寄存器层次上比较容易理解,但不知道该寄存器功能的读者就不太容易理解,建议在 STM32CubeMX 生成的程序中尽量使用 HAL 库函数,确实需要时再用特殊功能寄存器完成操作。下面我们用 PWM 的占空比参数 Pulse 来设计程序。

**第一步:修改工程**

新建工程文件夹 Experiment_4_5_LED_Breath_UserFunction,拷贝 8.7 节的 STM32CubeMX 工程文件到新建文件下,将其改名为 Experiment_4_5_LED_Breath_ UserFunction.ioc 双击打开。点击"GENERATE CODE",生成代码工程框架并打开,然后关闭。拷贝 8.7 节的 main.c 到新建工程对应的目录下,双击 Experiment_4_5_LED_Breath_ UserFunction.ioc,点击"GENERATE CODE",生成代码工程框架并打开。

其中 TIM2 的参数设定同 8.7 节。72 MHz 经过(1+719)分频后是 100 kHz,再经过(1
+999)分频后是 100 Hz,PWM 脉冲的周期为 10 ms,PWM 脉冲的宽度通过 Pulse(设置为
199)设置。设置合适的 PWM 脉冲周期有利于观察 LED 的亮度随 PWM 脉冲的占空比变
化。将 CH Polarity 设置为 Low,因为 LED 点亮方式是低电平。Pulse 的值决定占空比,占空
比=(Pulse+1)/(Counter Period+1) (%)。

**第二步:修改代码**

这个程序我们采用中断方式实现 PWM 波的脉冲宽度连续增大,再连续减小。每计数
1000 次进一次中断,也就是说每个 PWM 周期到后就会产生一次中断,在中断服务程序中改
变 PWM 脉冲宽度。

在 STM32F1xx HAL drivers. pdf 中可以找到 PWM 配置的 API 函数:HAL_TIM_
PWM_ConfigChannel,如图 8-16 所示。

### 39.2.74 HAL_TIM_PWM_ConfigChannel

| Function Name | HAL_StatusTypeDef HAL_TIM_PWM_ConfigChannel (TIM_HandleTypeDef * htim, TIM_OC_InitTypeDef * sConfig, uint32_t Channel) |
|---|---|
| Function Description | Initializes the TIM PWM channels according to the specified parameters in the TIM_OC_InitTypeDef. |
| Parameters | • **htim:** : TIM handle<br>• **sConfig:** : TIM PWM configuration structure<br>• **Channel:** : TIM Channels to be enabled This parameter can be one of the following values: TIM_CHANNEL_1: TIM Channel 1 selected TIM_CHANNEL_2: TIM Channel 2 selected TIM_CHANNEL_3: TIM Channel 3 selected TIM_CHANNEL_4: TIM Channel 4 selected |
| Return values | • HAL status |

图 8-16 PWM 配置的 API 函数

HAL_TIM_PWM_ConfigChannel 函数怎么用呢? 在 main. c 中就有实例,自动生成程序
框架时就是使用 HAL_TIM_PWM_ConfigChannel 函数对 PWM 通道进行初始化的。具体如下:

```
/* TIM2 init function */
void MX_TIM2_Init(void)
{
    TIM_ClockConfigTypeDef   sClockSourceConfig;
    TIM_MasterConfigTypeDef  sMasterConfig;
    TIM_OC_InitTypeDef   sConfigOC;
    htim2. Instance = TIM2;
    htim2. Init. Prescaler = 719;
    htim2. Init. CounterMode = TIM_COUNTERMODE_UP;
    htim2. Init. Period = 999;
    htim2. Init. ClockDivision = TIM_CLOCKDIVISION_DIV1;
    HAL_TIM_Base_Init(&htim2);
    sClockSourceConfig. ClockSource = TIM_CLOCKSOURCE_INTERNAL;
    HAL_TIM_ConfigClockSource(&htim2, &sClockSourceConfig);
    HAL_TIM_PWM_Init(&htim2);
    sMasterConfig. MasterOutputTrigger = TIM_TRGO_RESET;
    sMasterConfig. MasterSlaveMode = TIM_MASTERSLAVEMODE_DISABLE;
    HAL_TIMEx_MasterConfigSynchronization(&htim2, &sMasterConfig);
    sConfigOC. OCMode = TIM_OCMODE_PWM1;
    sConfigOC. Pulse = 199;
```

```
    sConfigOC. OCPolarity = TIM_OCPOLARITY_HIGH;
    sConfigOC. OCFastMode = TIM_OCFAST_DISABLE;
    HAL_TIM_PWM_ConfigChannel(&htim2, &sConfigOC, TIM_CHANNEL_1);
}
```

我们只需要修改 sConfigOC. Pulse, 然后调用 HAL_TIM_PWM_ConfigChannel (&htim2, &sConfigOC, TIM_CHANNEL_1)即可。但是该函数输入的第二个参数是一个 TIM_OC_InitTypeDef 结构体指针,这个结构体涉及定时器通道配置的多个参数,在改变 PWM 占空比时,很可能会改变定时器通道的其他配置,使用起来不是很方便。因此要在 main. c 文件中编写一个含有结构体变量的用户函数,通过该用户函数来改变 PWM 的占空比。

在 main. c 里添加如下代码:

```
/* USER CODE BEGIN PFP */
void User_PWM_SetValue(uint16_t);                      //声明 PWM 波脉冲宽度调整函数
/* USER CODE END PFP */

/* USER CODE BEGIN 2 */
HAL_TIM_PWM_Start(&htim2, TIM_CHANNEL_1);
HAL_TIM_Base_Start_IT(&htim2);
/* USER CODE END 2 */

/* USER CODE BEGIN 4 */
void HAL_TIM_PeriodElapsedCallback(TIM_HandleTypeDef * htim)
                                                       //在中断回调函数中修改脉冲宽度
{
    static volatile int16_t duty = 0;
    static volatile int8_t step;
    if(duty == 0)
        step = 1;
    if(duty == 199)
        step = -1;
    duty += step;
//TIM2->CCR1 = duty;
    User_PWM_SetValue(duty);
}

void User_PWM_SetValue(uint16_t PW_Value)              //PWM 脉冲宽度修改函数
{
    TIM_OC_InitTypeDef sConfigOC;
    sConfigOC. OCMode = TIM_OCMODE_PWM1;
    sConfigOC. Pulse = PW_Value;
    sConfigOC. OCPolarity = TIM_OCPOLARITY_LOW;
    sConfigOC. OCFastMode = TIM_OCFAST_DISABLE;
    HAL_TIM_PWM_ConfigChannel(&htim2, &sConfigOC, TIM_CHANNEL_1);
    HAL_TIM_PWM_Start(&htim2, TIM_CHANNEL_1);
}
/* USER CODE END 4 */
```

**第三步:编译、下载、运行**

连接 PA0 和 LED,可以看到呼吸灯现象。配置 TIM2 的相关参数,提高输出 PWM 波的频率,用示波器观察可看到 PA0 输出占空比不断变化的 PWM 波。

# 8.9 呼吸灯实验(TIM2_PWM)(通过宏定义调整脉冲宽度)

8.8 节的呼吸灯程序中控制 PWM 占空比使用的函数是 HAL_TIM_PWM_ConfigChannel( ),该函数输入的第二个参数是一个 TIM_OC_InitTypeDef 结构体指针,这个结构体涉及定时器通道配置的多个参数。在改变 PWM 占空比时,很可能会改变定时器通道的其他配置。我们要控制 PWM 的占空比,只需要改变脉宽 Pulse 这个参数即可,其对应的寄存器是 CCRx。HAL 底层操作的宏定义 __HAL_TIM_SetCompare 正好是用于修改这个参数的,该宏定义在 stm32_hal_legacy.h 文件中,此文件包含了 HAL 库提供的一些兼容传统库的宏定义。

**第一步:修改工程**

新建工程文件夹 Experiment_4_6_LED_Breath_MacroDefinition,拷贝 8.7 节的 STM32CubeMX 工程文件到新建文件下,将其改名为 Experiment_4_6_LED_Breath_Macro-Definition.ioc,双击打开,点击"GENERATE CODE",生成代码工程框架并打开,然后关闭。拷贝 8.7 节提到的 main.c 到新建工程对应的目录下,双击 Experiment_4_5_LED_Breath_UserFunction.ioc,点击"GENERATE CODE",生成代码工程框架并打开。

TIM2 的参数设定同 8.7 节,仅将 PWM 脉冲宽度 Pulse 设置为 199,其余设置均不变。72 MHz 经过(1+719)分频后是 100 kHz,再经过(1+999)分频后是 100 Hz,PWM 脉冲的周期为 10 ms,PWM 脉冲的宽度通过 Pulse 设置。设置比较长的 PWM 脉冲周期有利于观察 LED 的亮度随 PWM 脉冲的占空比变化。将 CH Polarity 设置为 Low,因为 LED 点亮方式是低电平。Pulse 的值决定占空比,占空比=(Pulse+1)/(Counter Period+1) (%)。

**第二步:修改代码**

这里我们继续采用中断方式实现 PWM 波的脉冲宽度连续增大,再连续减小。每计数 1000 次进一次中断,也就是说每个 PWM 周期到后就会产生一次中断,在中断服务程序中改变脉冲宽度。

在这个程序中我们采用宏定义 __HAL_TIM_SET_COMPARE 来修改 Pulse 的值,该宏定义在 stm32f1xx_hal_tim.h 文件中,__HAL_TIM_SET_COMPARE 函数的宏定义如下:

```
#define __HAL_TIM_SET_COMPARE(__HANDLE__, __CHANNEL__, __COMPARE__) \
(((__CHANNEL__) == TIM_CHANNEL_1)? ((__HANDLE__)->Instance->CCR1 = (__COMPARE__)):\
((__CHANNEL__) == TIM_CHANNEL_2) ? ((__HANDLE__)->Instance->CCR2 = (__COMPARE__)) :\
((__CHANNEL__) == TIM_CHANNEL_3) ? ((__HANDLE__)->Instance->CCR3 = (__COMPARE__)) :\
((__HANDLE__)->Instance->CCR4 = (__COMPARE__)))
```

在 STM32F1xx HAL drivers.pdf 中可以找到单独设置 PWM 脉冲宽度的 API 函数 __HAL_TIM_SET_COMPARE,如图 8-17 所示。

在 main.c 里添加如下代码:

```
/* USER CODE BEGIN 2 */
HAL_TIM_PWM_Start(&htim2, TIM_CHANNEL_1);   //开启 TIM2,从 Channel_1(即 PA0)输出
                                            PWM 波
HAL_TIM_Base_Start_IT(&htim2);              //开启 TIM2 定时器中断
/* USER CODE END 2 */
```

```
/* USER CODE BEGIN 4 */
void HAL_TIM_PeriodElapsedCallback(TIM_HandleTypeDef * htim)
{
    static volatile int16_t duty = 0;
    static volatile int8_t step;
    if(duty == 0)
        step = 1;
    if(duty == 199)
        step = -1;
    duty += step;
//TIM2->CCR1 = duty;
    __HAL_TIM_SET_COMPARE(&htim2, TIM_CHANNEL_1, duty);
}
/* USER CODE END 4 */
```

> **HAL_TIM_SET_COMPARE**
>
> **Description:**
> - Sets the TIM Capture Compare Register value on runtime without calling another time ConfigChannel function.
>
> **Parameters:**
> - __HANDLE__: TIM handle.
> - __CHANNEL__: : TIM Channels to be configured. This parameter can be one of the following values:
>   - TIM_CHANNEL_1: TIM Channel 1 selected
>   - TIM_CHANNEL_2: TIM Channel 2 selected
>   - TIM_CHANNEL_3: TIM Channel 3 selected
>   - TIM_CHANNEL_4: TIM Channel 4 selected
> - __COMPARE__: specifies the Capture Compare register new value.
>
> **Return value:**
> - None:

图 8-17 单独设置 PWM 脉冲宽度的 API 函数

该函数定义了两个 16 位 int 型静态变量,目的是退出该子程序后其值保持不变。该回调函数的功能是每次计数值达到(Counter Period+1)后产生中断。在中断服务程序中修改 Pulse 的值,每中断一次,Pulse 的值改变一次,从而达到改变 PWM 波的占空比。

**第三步:编译、下载、运行**

连接 PA0 和 LED 灯,下载、运行程序,观察示波器可看到 PA0 输出占空比不断变化的 PWM 波,也可以看到呼吸灯现象。

从 8.7、8.8、8.9 节的例程可以看出,修改参数最好的办法是宏定义,这样写程序的易读性比较好。

# 8.10 四通道 PWM 波(脉宽固定)

在电机控制中往往会用到多通道 PWM 波,本实验输出 4 路不同占空比的 PWM 波。

**第一步:创建工程**

参照 4.1 节创建新工程 Experiment_4_7_4CH_PWM.ioc,选择 TIM3。TIM3 的模式配

置如图 8-18 所示,TIM3 的参数配置如图 8-19 所示。

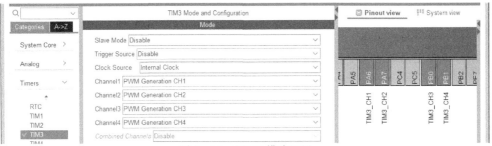

图 8-18 TIM3 模式配置

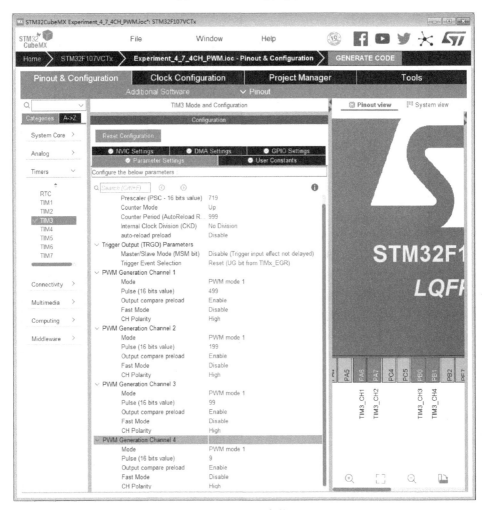

图 8-19 TIM3 参数配置

注意:选择从 Channel1~Channel4 输出 PWM 波后,PA6、PA7、PB0、PB1 自动配置成立
PWM 波输出端口 TIM3_CH1~ TIM3_CH4。

72 MHz 经过(1+719)分频后是 0.1 MHz,再经过(1+999)分频后是 0.1 kHz,每个计数
周期是 10 ms,也就是说 PWM 波的周期是 10 ms。这里只能拿示波器进行观察,将 CH 极性
设置为 High,其中 Pulse 的值决定占空比,因为计数周期数是 1000,将 CH1 的 Pluse 值设置

为 499+1,则 CH1 占空比为 50%,CH2 的占空比为 20%,CH3 的占空比为 10%,CH4 的占空比为 1%。

**第二步:添加代码**

在 main. c 里面添加如下代码:

```
/* USER CODE BEGIN 2 */
HAL_TIM_PWM_Start(&htim3, TIM_CHANNEL_1);   //开启 TIM3,从 Channel_1(即 PA6)输出 PWM 波
HAL_TIM_PWM_Start(&htim3, TIM_CHANNEL_2);   //开启 TIM3,从 Channel_2(即 PA7)输出 PWM 波
HAL_TIM_PWM_Start(&htim3, TIM_CHANNEL_3);   //开启 TIM3,从 Channel_3(即 PB0)输出 PWM 波
HAL_TIM_PWM_Start(&htim3, TIM_CHANNEL_4);   //开启 TIM3,从 Channel_4(即 PB1)输出 PWM 波
/* USER CODE END 2 */
```

**第三步:编译、下载、运行**

下载、运行程序,用示波器观察可看到 PA6、PA7、PB0、PB1 输出频率为 100 Hz,占空比分别为 50%、20%、10%、1% 的脉冲波形。修改各通道 Pulse 的值,可观察到 PA6、PA7、PB0、PB1 输出脉冲的占空比改变。占空比=(Pulse+1)/(Counter Period+1) (%)。也可用 LED 的亮度做粗略观察和比较。

# 8.11  四通道 PWM(占空比变化)

在电机控制中往往会用到多通道占空比可变的 PWM 波,本实验输出 4 路不同占空比变化的 PWM 波。

**第一步:修改工程**

(1)复制 8.10 节用 TIM3 做的脉宽固定的四通道 PWM 波工程文件夹,将复制的文件夹和其中的 STM32CubeMX 工程文件名重命名为 Experiment_4_8_4CH_PWM_PulseChange。双击 Experiment_4_8_4CH_PWM_PulseChange. ioc,保留原有设置。

(2)采用在定时中断里面修改 PWM 脉冲宽度的方法。在 TIM3 Mode and Configuration 栏中的 Configuration 下点 NVIC Settings,使能 TIM3 global interrupt。

由于选择了从 Channel1~Channel4 输出 PWM 波,所以 PA6、PA7、PB0、PB1 自动配置成立了复用端口 TIM3_CH1~ TIM3_CH4。

72 MHz 经过(1+719)分频后是 0.1 MHz,再经过(1+999)分频后是 0.1 kHz,可见每个计数周期是 10 ms,也就是说 PWM 波的周期是 10 ms。

将极性设置为 Low,因为此 LED 点亮方式是低电平。

其中 Pulse 的值决定占空比。因为计数周期是1000,将 CH1 的 Pluse 值设置为 499+1,则 CH1 的占空比为 50%,CH2 的占空比为 20%,CH3 的占空比为 10%,CH4 的占空比为 1%。

这些设置都与 8.10 节 Experiment_4_7_4CH_PWM.ioc 四通道 PWM(脉宽固定)实验的设置相同。

(3)配置完成,保存 STM32CubeMX 工程文件,点击"GENERATE CODE",生成代码工程框架并打开。

**第二步:修改代码**

(1)在 main. c 里面添加如下代码。

```
/* USER CODE BEGIN 2 */
```

```
HAL_TIM_PWM_Start(&htim3, TIM_CHANNEL_1);   //开启 TIM3,从 Channel_1(即 PA6)输出 PWM 波
HAL_TIM_PWM_Start(&htim3, TIM_CHANNEL_2);   //开启 TIM3,从 Channel_2(即 PA7)输出 PWM 波
HAL_TIM_PWM_Start(&htim3, TIM_CHANNEL_3);   //开启 TIM3,从 Channel_3(即 PB0)输出 PWM 波
HAL_TIM_PWM_Start(&htim3, TIM_CHANNEL_4);   //开启 TIM3,从 Channel_4(即 PB1)输出 PWM 波
HAL_TIM_Base_Start_IT(&htim3);              //以中断方式开启 TIM3
/* USER CODE END 2 */
```

(2)添加定时到中断回调函数。

```
/* USER CODE BEGIN 4 */
voidHAL_TIM_PeriodElapsedCallback(TIM_HandleTypeDef * htim)
{
  static volatile int16_t duty1 = 0;
  static volatile int8_t step1;
  static volatile int16_t duty2 = 0;
  static volatile int8_t step2;
  static volatile int16_t duty3 = 0;
  static volatile int8_t step3;
  static volatile int16_t duty4 = 0;
  static volatile int8_t step4;
  if(duty1 == 0)
    step1 = 1;
  if(duty1 == 499)
    step1 = -1;
  duty1 += step1;
  __HAL_TIM_SET_COMPARE(&htim3, TIM_CHANNEL_1, duty1);
  if(duty2 == 0)
    step2 = 1;
  if(duty2 == 199)
    step2 = -1;
  duty2 += step2;
  __HAL_TIM_SET_COMPARE(&htim3, TIM_CHANNEL_2, duty2);
  if(duty3 == 0)
    step3 = 1;
  if(duty3 == 99)
    step3 = -1;
  duty3 += step3;
  __HAL_TIM_SET_COMPARE(&htim3, TIM_CHANNEL_3, duty3);
  if(duty4 == 0)
    step4 = 1;
  if(duty4 == 9)
    step4 = -1;
  duty4 += step4;
  __HAL_TIM_SET_COMPARE(&htim3, TIM_CHANNEL_4, duty4);
}
/* USER CODE END 4 */
```

**第三步:编译、下载、运行**

下载、运行程序,用示波器观察可看到 PA6、PA7、PB0、PB1 输出频率为 100 Hz,最大占空比分别为 50%、20%、10%、1%,且占空比实时变化。修改各通道 Pulse 的值,可观察到 PA6、PA7、PB0、PB1 输出脉冲的占空比改变。占空比＝(Pulse＋1)/(Counter Period＋1)　(%)。也可用 LED 的亮度做粗略观察和比较。

# 8.12    输入捕获实验

输入捕捉功能可以捕捉边沿出现的时刻。如果只捕捉下降沿,那么两次捕捉的差表示输入信号的周期,即两次下降沿之间的时间。

如果要测量低电平的宽度,应该在捕捉到下降沿的中断处理中把捕捉边沿改变为上升沿,然后把两次捕捉的数值相减就得到了需要测量的低电平宽度。

如果要测量的低电平宽度太窄,中断中来不及改变捕捉方向时或不想在中断中改变捕捉方向,则需要使用 PWM 输入模式,PWM 输入模式需要使用两个 TIMx 通道,一个通道捕捉下降沿,另一个通道捕捉上升沿,然后对两次捕捉的数值相减。使用两个通道时,最好使用通道 1 和通道 2,或通道 3 和通道 4,这样上述功能只需要使用一个 I/O 管脚,详细请看 STM32 技术参考手册中的 TIMx 框图。PWM 输入捕获模式是输入捕获模式的特例。

通用定时器具有输入捕获功能。我们用 TIM5 的通道 1(PA0)来做输入捕获,捕获 PA0 上高电平的脉宽(用 KEY_UP 按键输入高电平),通过串口来打印高电平脉宽时间。输入捕获模式可以用来测量脉冲宽度或者测量频率。

图 8-20 是输入捕获测量高电平脉宽的原理,假设定时器工作在向上计数模式,图中 $t_1 \sim t_2$ 的时间就是我们需要测量的高电平时间。测量方法如下:首先设置定时器通道 x 为上升沿捕获,这样 $t_1$ 时刻就会捕获到当前的 CNT 值,然后立即清零 CNT,并设置通道 x 为下降沿捕获,这样到 $t_2$ 时刻又会发生捕获事件,得到此时的 CNT 值,记为 CCRx2。这样,根据定时器的计数频率,就可以算出 $t_1 \sim t_2$ 的时间,从而得到高电平脉宽。$t_1 \sim t_2$ 可能产生 N 次定时器溢出,这就要求我们对定时器溢出做处理,防止高电平太长导致数据不准确。如图 8-20 所示,$t_1 \sim t_2$ 时,CNT 计数的次数为 N * ARR+CCRx2,有了这个计数次数,再乘以 CNT 的计数周期,即可得到 $t_2 \sim t_1$ 的时间长度,即高电平持续时间。

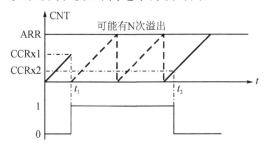

图 8-20    输入捕获测量高电平脉宽的原理

STM32F1 定时器中,除了 TIM6 和 TIM7,其他定时器都有输入捕获功能。STM32F1 的输入捕获就是通过检测 TIMx_CHx 上的边沿信号,在边沿信号发生跳变(比如上升沿/下降沿)的时候,将当前定时器的值(TIMx_CNT)存放到对应通道的捕获/比较寄存器(TIMx_CCRx)里面,完成一次捕获。同时还可以配置捕获时是否触发中断/DMA 等。这里用 TIM5_CH1 来捕获高电平脉宽,捕获/比较通道(通道 1)如图 8-21 所示。

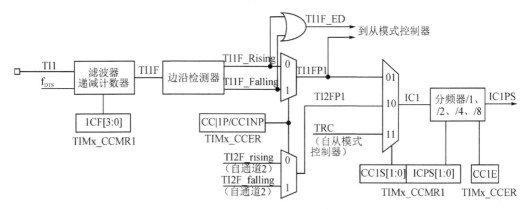

图 8-21　捕获/比较通道

接下来介绍一些寄存器:TIMx_ARR、TIMx_PSC、TIMx_CCMR1、TIMx_CCER、TIMx_DIER、TIMx_CR1、TIMx_CCR1)。

(1)TIMx_ARR 和 TIMx_PSC 是自动重装载值寄存器和 TIMx 时钟预分频寄存器;

(2)TIMx_CCMR1 是 TIMx 捕获/比较模式寄存器;

(3)TIMx_CCER 是 TIMx 捕获/比较使能寄存器;

(4)TIMx_DIER 是 DMA/中断使能寄存器;

(5)TIMx_CR1 是控制寄存器,是用来使能定时器的;

(6)TIMx_CCR1 是捕获/比较寄存器,该寄存器用来存储捕获发生时 TIMx_CNT 的值。

我们从 TIMx_CCR1 就可以读出通道 1 捕获发生时刻的 TIMx_CNT 值,通过两次捕获(一次上升沿捕获,一次下降沿捕获)的差值,就可以计算出高电平脉冲的宽度(注意,对于脉宽太长的情况,还要计算定时器溢出的次数)。

如果是基于寄存器的开发,要设置好一个捕获模式很费劲,采用 STM32CubeMX 就很容易配置好捕获模式,只要掌握捕获原理就很容易编写出频率和占空比的测量程序来。

**第一步:创建工程**

参照 4.1 节创建新工程 Experiment_4_9_InputCapture.ioc,采用 TIM2 的 CH1 作为输入捕获通道,TIM3 的 CH1～CH4 和 TIM4 的 CH1、CH2 输出不同频率和占空比的 PWM 波。用 TIM2 的 CH1 测量 TIM3 和 TIM4 不同 PWM 输出通道的 PWM 波的频率和占空比。这里只介绍新的相关的配置内容。

1)配置时钟

使用外部 25 MHz 晶振作为 PLL 时钟输入,并使用 PLL 输出作为系统时钟。为了后面的计算方便,将系统时钟配置成 40 MHz,如图 8-22 所示。

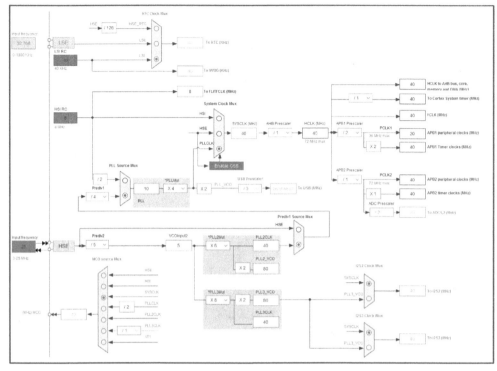

图 8-22　配置时钟

2）配置 TIM2

配置 TIM2 使用内部时钟源，CH1 作为输入捕获通道，默认映射到 PA0 引脚。TIM2：Parameter Settings 配置如图 8-23 所示。

图 8-23　配置 TIM2：Parameter Settings

使能 TIM2 捕获/比较中断,TIM2 global interrupt 包含了 TIM2 相关的所有中断,如图 8-24 所示。

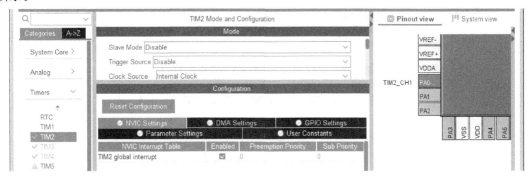

图 8-24　使能 TIM2 捕获/比较中断

TIM2:在 Parameter Settings 处配置预分频系数为 3,其计数时钟就是 40 MHz/(3+1) =10 MHz。TIM2 挂在 APB1 总线,APB1 timer clocks 的频率已经配置成 40 MHz。计数周期(自动加载值)转换为十六进制形式,输入 16 bit 最大值 0xFFFF。注意,TIM2 的自动加载寄存器 ARR 和各个通道的捕获/比较寄存器 CCRx 都是 16 bit 的。

3)配置 TIM3

TIM3 的 Mode 选择如图 8-25 所示。使用内部时钟,CH1~CH4 为 PWM 输出通道,默认映射引脚分别为 PA6、PA7、PB0、PB1。

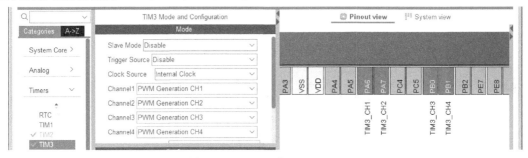

图 8-25　TIM3 的 Mode 配置

TIM3:在 Parameter Settings 处配置预分频系数为 3,计数周期(自动加载值)为 9999。其溢出频率就是 40 MHz/(3+1)/(9999+1)=1 kHz,这就是 TIM3 各通道输出的 PWM 信号的频率,如图 8-26 所示。

各通道输出 PWM 的占空比参数如图 8-26 所示,其他参数使用默认值。按照图中参数,CH1~CH4 输出的 PWM 周期都是 1 ms,而高电平时间分别是 123.4 $\mu s$、234.5 $\mu s$、567.8 $\mu s$、678.9 $\mu s$。

图 8－26　TIM3 的 Parameter Settings 配置

4）配置 TIM4

TIM4 的 Mode 配置如图 8－27 所示，使用内部时钟，CH1、CH2 为 PWM 输出通道，映射引脚分别为 PD12、PD13。

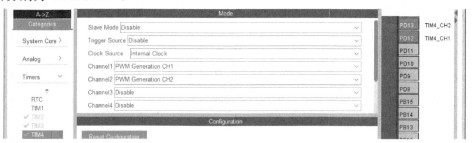

图 8－27　TIM4 的 Mode 配置

TIM4 的 Parameter Settings 如图 8－28 所示，将 TIM4 的预分频系数设置为 3，计数周期（自动加载值）为 999，其溢出频率就是 10 kHz，这就是 TIM4 各通道输出的 PWM 信号的频率。各通道输出 PWM 的占空比参数如 8－28 所示，其他参数使用默认值。CH1、CH2 输出的 PWM 周期都是 $100~\mu s$,而高电平时间分别是$23.4~\mu s$、$56.7~\mu s$。

图 8 - 28　TIM4 的 Parameter Settings 配置

5)定时器相关引脚配置

点"GPIO"→点"TIM"→配置引脚如图 8 - 29 所示。

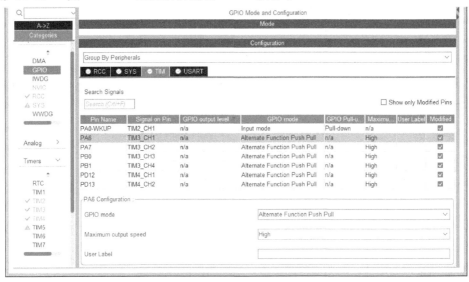

图 8 - 29　定时器相关引脚配置

在 GPIO 配置页面设置捕获输入引脚下拉电阻,设置成上拉也可以,主要是为了在没有信号输入时,在输入引脚上得到稳定的电平。将输出 PWM 波的 GPIO 最大输出速度设为 High,其他参数按默认值。

6)配置串口 USART1

USART1 串口将测量到的频率和占空比发送到计算机的串口调试助手,配置如图 8-30 所示。串口参数配置使用默认值即可。

图 8-30　配置串口 USART1

7)配置完成,保存 STM32CubeMX 工程文件

点击"GENERATE CODE",生成代码工程框架并打开。

**第二步:添加代码**

(1)先在 main.c 文件用户代码区输入包含标准输入输出头文件。

```
/* Private includes ------------------------ */
/* USER CODE BEGIN Includes */
# include<stdio. h>
/* USER CODE END Includes */
```

(2)在主函数前面的用户代码区 0,定义一些全局变量。

```
/* USER CODE BEGIN PV */
uint32_t capture_buf[3]={0};
uint8_t capture_cnt=0;
uint32_t pwm_cycle, high_time;
uint64_t duty;
/* USER CODE END PV */
```

(3)在 while(1)之前的用户代码区 2,使能 TIM3、TIM4 的各个通道 PWM 输出。

```
/* USER CODE BEGIN 2 */
HAL_TIM_PWM_Start(&htim3,TIM_CHANNEL_1);
HAL_TIM_PWM_Start(&htim3,TIM_CHANNEL_2);
HAL_TIM_PWM_Start(&htim3,TIM_CHANNEL_3);
```

```
HAL_TIM_PWM_Start(&htim3,TIM_CHANNEL_4);

HAL_TIM_PWM_Start(&htim4,TIM_CHANNEL_1);
HAL_TIM_PWM_Start(&htim4,TIM_CHANNEL_2);
/* USER CODE END 2 */
```

(4)在用户代码区 4 实现标准输出 printf()的底层驱动函数 fputc(),功能是在 UART1 输出一个字符。

添加对 TIM2 输入捕获中断处理的回调函数。

```
/* USER CODE BEGIN 4 */
int fputc(int ch, FILE *f)
//实现标准输出 printf()的底层驱动函数 fputc(),功能是在 UART1 输出一个字符。
{
    HAL_UART_Transmit(&huart1,(uint8_t *)&ch,1,10);
    return ch;
}

void HAL_TIM_IC_CaptureCallback(TIM_HandleTypeDef *htim)
{
    if(TIM2==htim->Instance)
    {
        if(HAL_TIM_ACTIVE_CHANNEL_1==htim->Channel)
        {
            switch(capture_cnt)
            {
                case 1:
                    capture_buf[0]=__HAL_TIM_GET_COMPARE(htim,TIM_CHANNEL_1);
                    __HAL_TIM_SET_CAPTUREPOLARITY(htim,TIM_CHANNEL_1,TIM_IN-
                    PUTCHANNELPOLARITY_FALLING);
                    capture_cnt++;
                    break;
                case 2:
                    capture_buf[1]=__HAL_TIM_GET_COMPARE(htim,TIM_CHANNEL_1);
                    __HAL_TIM_SET_CAPTUREPOLARITY(htim,TIM_CHANNEL_1,TIM_IN-
                    PUTCHANNELPOLARITY_RISING);
                    capture_cnt++;
                    break;
                case 3:
                    capture_buf[2]=__HAL_TIM_GET_COMPARE(htim,TIM_CHANNEL_1);
                    HAL_TIM_IC_Stop_IT(htim,TIM_CHANNEL_1);//停止捕获
                    capture_cnt++;
                    break;
                default:
                    break;
            }
        }
    }
}
/* USER CODE END 4 */
```

(5)在 while(1)中的用户代码区 3 写入 TIM2 CH1 通道的输入捕获控制和数据处理。

```
/* USER CODE BEGIN WHILE */
while (1)
{
/* USER CODE END WHILE */
/* USER CODE BEGIN 3 */
    switch(capture_cnt)
    {
    case 0:
        capture_cnt++;
        __HAL_TIM_SET_CAPTUREPOLARITY(&htim2,TIM_CHANNEL_1,TIM_INPUTCHAN-
        NELPOLARITY_RISING);
        HAL_TIM_IC_Start_IT(&htim2,TIM_CHANNEL_1);        //启动捕获
        break;
    case 4:
        pwm_cycle=capture_buf[2]-capture_buf[0];
        printf("Cycle:%.4fms\r\n", pwm_cycle/10000.0);
        high_time=capture_buf[1]-capture_buf[0];
        printf("High :%.4fms\r\n", high_time/10000.0);
        duty=high_time;
        duty*=1000;
        duty/=pwm_cycle;
        printf("Duty :%.1f%%\r\n", duty/10.0);
        HAL_Delay(1000);//延时 1 秒
        capture_cnt=0;
        break;
    }
}
/* USER CODE END 3 */
```

编译总在"__HAL_TIM_SET_CAPTUREPOLARITY(&htim2,TIM_CHANNEL_1,
TIM_INPUTCHANNELPOLARITY_RISING);"处报错。通过点鼠标右键,查找定义,找到
TIM_SET_CAPTUREPOLARITY 定义处,发现 TIM_RESET_CAPTUREPOLARITY 定
义处多了一个括号,导致编译不能通过。

```
#define TIM_RESET_CAPTUREPOLARITY(__HANDLE__, __CHANNEL__) \
    ((((__CHANNEL__) == TIM_CHANNEL_1) ? ((__HANDLE__)->Instance->CCER &= \
    ~(TIM_CCER_CC1P | TIM_CCER_CC1NP))) :\
    ((__CHANNEL__) == TIM_CHANNEL_2) ? ((__HANDLE__)->Instance->CCER &= \
    ~(TIM_CCER_CC2P | TIM_CCER_CC2NP)) :\
    ((__CHANNEL__) == TIM_CHANNEL_3) ? ((__HANDLE__)->Instance->CCER &= \
    ~(TIM_CCER_CC3P)) :\
    ((__HANDLE__)->Instance->CCER &= ~(TIM_CCER_CC4P)))
*/

#define TIM_RESET_CAPTUREPOLARITY(__HANDLE__, __CHANNEL__) \
    ((((__CHANNEL__) == TIM_CHANNEL_1) ? ((__HANDLE__)->Instance->CCER &= \
    ~(TIM_CCER_CC1P | TIM_CCER_CC1NP)) :\
    ((__CHANNEL__) == TIM_CHANNEL_2) ? ((__HANDLE__)->Instance->CCER &= \
    ~(TIM_CCER_CC2P | TIM_CCER_CC2NP)) :\
    ((__CHANNEL__) == TIM_CHANNEL_3) ? ((__HANDLE__)->Instance->CCER &=
```

~(TIM_CCER_CC3P)) ;\

((__HANDLE__)−>Instance−>CCER &= ~(TIM_CCER_CC4P)))

至此,工程完成。使用 TIM 的输入捕获功能,实现对 PWM 信号的周期和占空比测量,并将数据通过串口发送出去。

### 第三步:编译、下载、运行

用杜邦线将 PA0 和其他 PWM 信号输出脚相连,即可测量信号的周期、高电平所占时间以及占空比。在串口 USART1 会输出这些信息,输出信息示例如下:

Cycle:1.0000ms
High :0.1234ms
Duty :12.3%
Cycle:0.1000ms
High :0.0567ms
Duty :56.7%

按照本例的配置,测量精度是 0.1 $\mu$s,测量信号周期范围是 0～0xFFFF * 0.1 $\mu$s,即 0～6553.5 $\mu$s。

测量基本思路是:

(1)设置 TIM2_CH1 为输入捕获功能。

(2)设置上升沿捕获。

(3)使能 TIM2_CH1 捕获功能。

(4)捕获到上升沿后,存入 capture_buf[0],改为捕获下降沿。

(5)捕获到下降沿后,存入 capture_buf[1],改为捕获上升沿。

(6)捕获到上升沿后,存入 capture_buf[2],关闭 TIM2 CH1 捕获功能。

(7)计算:capture_buf[2]−capture_buf[0]就是周期,capture_buf[1]−capture_buf[0]就是高电平所占时间。

特别说明:

printf()函数的详细使用方法见 13.1 节,解释如下:

printf("Cycle:%.4fms\r\n", pwm_cycle/10000.0);

其中,"%f"是输出浮点数的格式,加了".4"就是保留 4 位小数。

pwm_cycle 是 32bit 无符号整形,除以 10000.0 就是先将其变成小数,再除以 10000。

printf("Duty :%.1f%%\r\n", duty/10.0);

因为%在 printf()函数的格式转换中是特殊符号,因此要打印一个"%"时,就要写成"%%"。

HAL_TIM_PWM_Start()函数用于使能定时器某一通道的 PWM 输出。

HAL_TIM_IC_Start_IT()函数用于使能定时器某一通道的输入捕获,并使能相应的中断。对应的 HAL_TIM_IC_Stop_IT()函数和其功能相反,用于关闭定时器某一通道的输入捕获功能和相应中断。__HAL_TIM_SET_CAPTUREPOLARITY 不是函数,而是对底层操作的一个宏定义,在 stm32f1xx_hal_tim.h 文件中可以找到,其作用是修改定时器某一通道的输入捕获极性。

#define __HAL_TIM_SET_CAPTUREPOLARITY(__HANDLE__, __CHANNEL__, __POLARITY__)\
  do{                                                                        \
    TIM_RESET_CAPTUREPOLARITY((__HANDLE__), (__CHANNEL__));                  \
    TIM_SET_CAPTUREPOLARITY((__HANDLE__), (__CHANNEL__), (__POLARITY__));    \

}while(0)

__HAL_TIM_GET_COMPARE 也是一个宏定义，在 stm32f1xx_hal_tim.h 文件中可以找到。其作用是获取定时器某一通道的捕获/比较寄存器值。

```
#define __HAL_TIM_GET_COMPARE(__HANDLE__, __CHANNEL__) \
((((__CHANNEL__) == TIM_CHANNEL_1) ? ((__HANDLE__)->Instance->CCR1) :\
((__CHANNEL__) == TIM_CHANNEL_2) ? ((__HANDLE__)->Instance->CCR2) :\
((__CHANNEL__) == TIM_CHANNEL_3) ? ((__HANDLE__)->Instance->CCR3) :\
((__HANDLE__)->Instance->CCR4))
```

从 STM32CubeMX 开发的经验来看，发现 HAL 库并没有把所有的操作都封装成函数。对于底层的寄存器操作（如本例中的读取捕获/比较寄存器），还有修改外设的某个配置参数（如本例中的改变输入捕获的极性），HAL 库会使用宏定义来实现，而且会用 __HAL_ 作为这类宏定义的前缀。获取某个参数，宏定义中一般会有_GET，而设置某个参数的宏定义中就会有_SET。在开发过程中，如果遇到寄存器级或者更小范围的操作时，可以到该外设的头文件中查找，一般都能找到相应的宏定义。

连接 PA0 和 PA6，测量结果如图 8-31 所示，将 PA0 分别接到 PA6、PA7、PB0、PB1、PD12、PD13 观察测量结果，并与理论值比较。

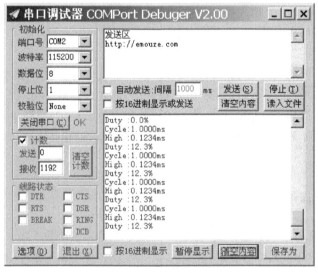

图 8-31 测量结果

定时器是 STM32 最重要也是相对复杂的功能，虽然 STM32CubeMX 生成了工程框架，从可视化配置界面中很容易配置相关的参数，但是要配置好定时器，还需要深入理解定时器的各种工作原理，这样才能理解定时器相关参数配置的意义，正确配置定时器的相关参数。

# 学习与练习

1. 参照 8.6 节用示波器观察定时中断与 PWM 波之间的相位关系。
2. 采用 TIM1 高级定时器设计带死区的四通道占空比可变的 PWM 波。
3. 设计一个等精度频率计，频率测量结果通过串口显示在串口调试器中。
4. 参照例程编写利用 PWM 输入捕获功能测量待测信号的占空比。

# 第9章 模数转换

STM32 单片机内嵌了一个逐次逼近型 12 位模数转换器,可对多达 18 路的模拟信号进行模数转换,每一路都可以设定其参考电压,用户可直接使用其中 16 路,另外两路用于单片机的内部温度和内核电压测量。各通道的 A/D 转换可以执行单次、连续、扫描或间断 4 种模式之一。

## 9.1 模数转换器结构与原理

**1. STM32 ADC 简介**

(1)STM32 的 ADC 是 12 位逐次逼近型的模拟数字转换器。

(2)STM32 有 2 个 ADC ,ADC 可以独立使用,也可以使用交叉采样(提高采样率)。

(3)ADC 有 18 个通道,可测量 16 个外部和 2 个内部信号源。

(4)A/D 转换可以单次、连续、扫描或间断模式执行。

(5)ADC 的结果可以左对齐或右对齐方式存储在 16 位数据寄存器中。

(6)模拟看门狗特性允许应用程序检测输入电压是否超出用户定义的高/低阈值。

(7)STM32 ADC 最大的转换速率为 1 MHz,即转换时间为 1 μs ,交叉采样时采样率可以达到 2 MHz。

(8)STM32 将 ADC 的转换分为 2 个通道组:规则通道组和注入通道组。规则通道组相当于正常运行的程序,注入通道组相当于中断。

**2. STM32 ADC 内部结构图**

如图 9-1 所示是 STM32 模数转换的逻辑图,从图中可以看出,STM32 单片机的模数转换由模拟通道选择器、触发控制逻辑、逐次逼近型 12 位模数转换器、转换结果寄存器、转换阈值检测、中断请求逻辑等 6 部分构成。其中模拟通道选择器有两个,分别用作规则组和注入组的通道选择。对于规则组,最多可任选 18 个通道中 16 个通道的模拟信号。而对于注入组,最多可任选 18 个通道中 4 个通道的模拟信号。有趣的是它们的触发信号基本都来自定时器 1、2、3、4、8 的某种输出,而且各自还有外部中断触发的专有信号,EXTI_11(PA11、PB11、PC11、PD11、PE11、PF11)对应注入组,EXTI_15(PA15、PB15、PC15、PD15、PE15、PF15)对应规则组,而且每个组都可以软件触发。

观察图 9-1 可以看到,注入组的模数转换结果被存入 ADCx_JDRx 寄存器中,而规则组只有一个 ADCx_DR 寄存器。如果是多通道转换,则每个通道完成转换后,就会请求 DMA 传输数据。

无论是注入组还是规则组(单次、连续、扫描或间断工作方式),只要触发(无论是何种触发源)模数转换,一旦转换结束,就会使相应的标志置位,如果允许模数转换结束申请中断,就会向 CPU 申请中断服务。还有一点值得说明,STM32 单片机的模数转换器还具有模拟信号超限申请中断的能力。

从图 9-1 还可以看到,STM32 单片机的模数转换器使用的是一组独立电源,电压总是由这组独立电源产生,这样才能确保转换精度。

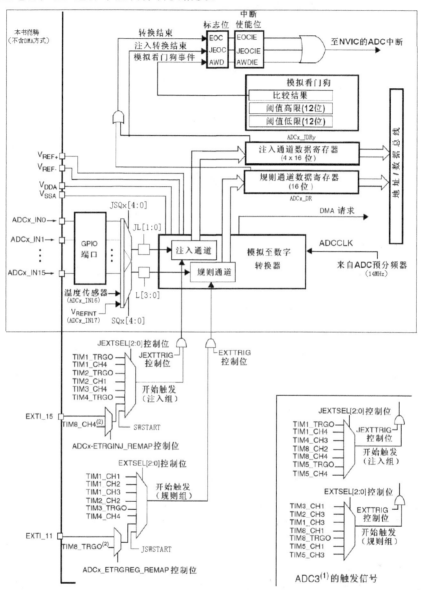

图 9-1  模数转换原理框图

STM32 单片机的 ADC 和其串口一样,也可以通过三种方式控制,分别为查询方式、中断方式和 DMA 方式。查询方式用在不需要精确采样位置和采样数据不多的场合;中断方式可以提高 CPU 的工作效率;DMA 方式用在需要大量数据采集的场合。在 stm32f1xx_hal_adc.h 头文件中可以找到如下 ADC 操作函数。

与查询方式有关的库函数:

HAL_ADC_Start(ADC_HandleTypeDef * hadc);        //启动 ADC 装换
HAL_ADC_Stop(ADC_HandleTypeDef * hadc);        //停止 ADC 转换

HAL_ADC_PollForConversion(ADC_HandleTypeDef * hadc, uint32_t Timeout);
　　　　　　　　　　　　　　　　　//等待转换完成,超时 ms
　AL_ADC_PollForEvent(ADC_HandleTypeDef * hadc, uint32_t EventType, uint32_t Timeout);
　　HAL_ADC_GetState(&hadc1)为获取 ADC 状态,HAL_ADC_STATE_REG_EOC 为转换完成标志位。

　　HAL_IS_BIT_SET(HAL_ADC_GetState(&hadc1), HAL_ADC_STATE_REG_EOC) 判断转换完成标志位是否设置。

　　与中断方式有关的库函数:
　HAL_ADC_Start_IT(ADC_HandleTypeDef * hadc);
　HAL_ADC_Stop_IT(ADC_HandleTypeDef * hadc);
　　与 DMA 方式有关的库函数:
　HAL_ADC_Start_DMA(ADC_HandleTypeDef * hadc, uint32_t * pData, uint32_t Length);
　HAL_ADC_Stop_DMA(ADC_HandleTypeDef * hadc);
　　查询方式和中断方式读取 ADC 转换值:
　uint32_t　HAL_ADC_GetValue(ADC_HandleTypeDef * hadc);

　　读取 ADC 转换数据,数据为 12 位。查看数据手册可知,寄存器为 16 位存储转换数据,数据右对齐,则转换的数据范围为 $0 \sim (2^{12}-1)$,即 $0 \sim 4095$。与 ADC 中断有关的 HAL 函数如下:

```
/* ADC IRQHandler and Callbacks used in non—blocking modes (Interruption and DMA) */
void HAL_ADC_IRQHandler(ADC_HandleTypeDef * hadc);
void HAL_ADC_ConvCpltCallback(ADC_HandleTypeDef * hadc);
void HAL_ADC_ConvHalfCpltCallback(ADC_HandleTypeDef * hadc);
void HAL_ADC_LevelOutOfWindowCallback(ADC_HandleTypeDef * hadc);
void HAL_ADC_ErrorCallback(ADC_HandleTypeDef * hadc);
/* *
```

# 9.2　模数转换轮询方式测温

　　STM32 内部有一个温度传感器,用来测量其周围及 CPU 的温度。该传感器和 ADC1_IN16 输入通道相连,此通道把传感器输出的电压值转换为数字值。温度传感器模拟输入推荐采样时间是 17.1 $\mu$s。使用 STM32 内部温度传感器很简单,只要设置一下内部 ADC 并打开其内部通道就可以。接下来介绍和温度传感器设置相关的地方:① 要使用 STM32 的内部温度传感器,必须先打开 ADC 的内部通道。② STM32 的内部温度传感器固定连接在 ADC 1 的通道 16 上,所以,在设置好 ADC 后只要读取通道 16 的值,就是温度传感器返回来的电压值。根据这个值,可以计算出当前温度,计算式如下:

$$T = \{(V_{25} - Vsense)/Avg\_Slope\} + 25 \qquad (9-1)$$

式(9-1)中,$V_{25}$ 为 Vsense 在 25 ℃时的数值(典型值为 1.43);$Avg\_Slope$ 为温度与 Vsense 曲线的平均斜率(单位为 mV/℃或 $\mu$V/℃,典型值为 4.3 mV/℃)。

　　利用上式,可以方便地计算出当前温度传感器的温度。

**第一步:创建工程**

　　在这个实验中用查询方式测量 STM32F107 的内部温度。参照 4.1 节的相关步骤创建新工程 Experiment_5_1_ADC1_Temperature_Poll.ioc,这里只介绍新的相关的配置内容。

　　(1)配置时钟。首先配置 RCC,系统时钟要先配好。再切换到 Clock Configuration,配置时钟。开发板的外部时钟为 25 MHz。HCLK 配置为 72 MHz,将 ADC 时钟配置为 12 MHz。注意:只有选择 ADC 的通道后才能配 ADC 的时钟。

(2)配置 SYS,在此用的是 J-Link,JTAG(5 针)用来下载和调试。

(3)ADC1 外设选择内部温度传感器通道。

(4)配置 ADC1,切换到 Configuration,点"Analog"选项框中的"ADC1"→"Parameter Settings",配置如图 9-2,基本全选默认设置。Date Alignment 设置为数据右对齐,"User Constants Settings""NVIC Settings" "GPIO Settings"按默认设置,"DMA Settings"按默认设置(即不使用 DMA 传输方式)。

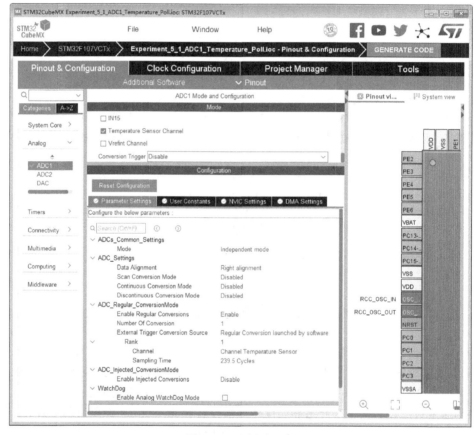

图 9-2　配置 ADC1

(5)配置完成,保存 STM32CubeMX 工程文件,点击"GENERATE CODE",生成代码工程框架并打开。

**第二步:添加代码**

编译程序。在 Drivers/STM32F1xx_HAL_Driver 下的 stm32f1xx_hal_adc.c 文件中可以看到 ADC 初始化函数 HAL_StatusTypeDef HAL_ADC_Init(ADC_HandleTypeDef * hadc)。所有的初始化和 ADC 相关的函数已经准备好了,用户只需启动转换,读转换值即可。

1)在 main()函数前面声明变量保存 AD 采集的值

```
/ * USER CODE BEGIN PV * /
/ * Private variables ------------------------ * /
```

```
uint16_t AD_Value = 0;
float Temp,Temp1;
/* USER CODE END PV */
```

2）在 main（）函数 while（1）循环采集并保存 AD 采集的值

```
/* USER CODE BEGIN WHILE */
while (1)
{
/* USER CODE END WHILE */

/* USER CODE BEGIN 3 */
HAL_ADC_Start(&hadc1);          //查询方式:启动转换、延时、查询转换结束、读转换结果
HAL_ADC_PollForConversion(&hadc1, 50);
if(HAL_IS_BIT_SET(HAL_ADC_GetState(&hadc1), HAL_ADC_STATE_REG_EOC))
{
   AD_Value = HAL_ADC_GetValue(&hadc1);
     Temp=(1.43-AD_Value * 2.048/4096)/0.0043+25;
   Temp1=Temp;
}
}
/* USER CODE END 3 */
```

AD_Value $* 2.048/4096$ 为转换后的电压,单位为 V,参考电压为 2.048 V。查询 STM32F107 的数据手册可以知道电压和温度的关系。经过计算式转换后得到 MCU 内部温度值。

**第三步:编译、下载、运行**

测量前先将开发板的 JP3 的 VREF+引脚接 2.048 V,下载、设置断点,添加变量观察窗口,运行程序,可以观察到所测量的 STM32F107 内部温度值如图 9-3 所示。

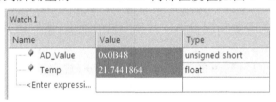

图 9-3 芯片内部温度

# 9.3 模数转换轮询方式多通道采集

STM32 的 ADC 转换模式种类多、灵活、强大,这导致很多用户在没细心研究参考手册的情况下容易混淆,不知道该用哪种方式来实现自己想要的功能。网上也可以搜到很多资料,但是大部分是针对之前老版本的标准库的。搜索 ADC 多通道采集,大部分都是基于采用 DMA 模式才能实现的。这里我们使用轮询方式实现多通道数据采集,有几个概念要搞清楚。

扫描模式(想采集多通道必须开启):依次对选中的通道进行转换,比如开了 ch0、ch1、ch4、ch5,ch0 转换完以后就会自动转换通道 ch1,直到转换完所有通道。但是这种连续性并不是不能被打断,这就引入了间断模式,可以说是对扫描模式的一种补充。间断模式可以把 0、1、4、5 这四个通道分成 0、1 一组,4、5 一组,也可以每个通道配置为一组,这样每一组转换

之前都需要先触发一次。

STM32 ADC 有单次模式和连续模式,这两种模式的概念是相对应的。这里的单次模式并不是指一个通道,假如同时开了 ch0、ch1、ch4、ch5 这四个通道,单次模式下会把这 4 个通道采集一遍就停止了,而连续模式就是这四个通道转换完以后再循环从 ch0 开始。

另外还有规则组和注入组的概念,下面这个例程只用到了规则组。这里简单介绍这两个概念,供读者参考。

STM32 的每个 ADC 模块通过内部的模拟多路开关,可以切换到不同的输入通道并进行转换。STM32 特别加入了多种成组转换的模式,可以由程序设置好之后,对多个模拟通道自动进行逐个采样转换。

STM32 的 ADC 有 16 个通道,有两种划分转换组的方式:规则通道组和注入通道组。通常规则通道组中可以安排最多 16 个通道,而注入通道组可以安排最多 4 个通道。注入组的优先级更高,对于常规使用,设置规则组就行了,但遇到两种不同优先级的 ADC 需要采样时,就要划分规则组和注入组了。

在执行规则通道组扫描转换时,如有例外处理则可启用注入通道组的转换。

规则通道组的转换好比是程序的正常执行,而注入通道组的转换则好比是程序正常执行之外的一个中断处理程序。

假如你在院子内放了 5 个温度探头,室内放了 3 个温度探头,你需要时时检测室外温度,但想偶尔看看室内的温度,可以使用规则通道组循环扫描室外的 5 个探头并显示 AD 转换结果。当你想看室内温度时,通过一个按钮启动注入转换组(3 个室内探头)并暂时显示室内温度,放开这个按钮后,系统又会回到规则通道组继续检测室外温度。

从系统设计上,测量并显示室内温度的过程中断了测量并显示室外温度的过程,但程序设计上可以在初始化阶段分别设置好不同的转换组,系统运行中不必再变更循环转换的配置,从而达到两个任务互不干扰和快速切换的结果。设想一下,如果没有规则组和注入组的划分,当你按下按钮后,需要重新配置 AD 循环扫描的通道,然后松开按钮后需再次配置 AD 循环扫描的通道。

上面的例子因为速度较慢,不能完全体现这样区分(规则组和注入组)的好处,但在工业应用领域中有很多检测和监视探头需要较快地处理,这样对 AD 转换的分组将简化事件处理的程序并提高事件处理的速度。

如果规则转换已经在运行,为了在注入转换后确保同步,所有 ADC(主和从)的规则转换被停止,并在注入转换结束时同步恢复,如图 9-4 所示。

规则转换和注入转换均有外部触发选项,规则通道转换期间由 DMA 请求产生,而注入转换则无 DMA 请求,需要用查询或中断方式保存转换的数据。还有一点需注意:规则通道序列长度的设置值=通道序列转换总数-1,DMA 设置则是规则序列转换总数;注入通道序列长度的设置值=注入通道序列转换总数数-1。

**第一步:创建工程**

在此实验中我们用规则组查询方式对四个通道的模拟信号进行采样。参照 4.1 节的相关步骤创建新工程 Experiment_5_2_ADC1_4CH_Poll.ioc,这里只介绍 ADC 相关的配置,其他配置请参照 4.1 节。

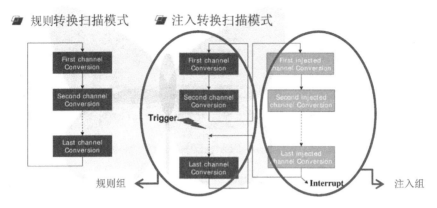

图 9-4　规则组与注入组关系

1）配置 ADC1：Mode

点"Pinout & Configuration"→点"Analog"→点"ADC1"→选择通道 IN0、IN1、IN4、IN5
后，引脚 PA0、PA1、PA4、PA5 自动配置成 ADC1_IN0、ADC1_IN1、ADC1_IN4、ADC1_IN5。
配置如图 9-5 所示。

图 9-5　配置 ADC1：Mode

2）配置 ADC1 参数

ADC1 的参数配置如图 9-6 所示。点到某个参数时，在最下方有该参数的简要说明。

图 9-6　配置 ADC1 参数

　　经过测试，要想用非 DMA 和中断模式只有这样配置可以正确进行多通道转换：扫描模式＋单次转换模式＋间断转换模式（每个间断组一个通道）。

　　为什么配置成这样的模式？因为扫描模式在配置为多个通道时必须打开，STM32CubeMX 上也默认只能为 Enabled。单次转换模式不需要不停地采集每个通道值，而是把四个通道采集完以后即停止。这里间断配置是关键，间断模式可以让扫描的四个通道成四个组分别进行采样，STM32CubeMX 参数里面 Number of Discontinous Conversions 是配置每个间断组有几个通道的，这里必须配置为 1（否则在获取 ADC 转换值的时候只能读取到每个间断组最后一个通道）。

　　这里通过程序控制转换，也可以用外部触发源来控制 ADC 的转换。例如可以通过定时 TIM3 来控制 ADC 的采样率。

3）配置完成保存 STM32CubeMX 工程文件

点击"GENERATE CODE"，生成代码工程框架并打开。

**第二步:添加代码**

生成的 MDK 工程代码只实现了 ADC 的初始化部分,采集这四个通道值的函数还需要另写。

1)声明要变量

```
/* USER CODE BEGIN PV */
/* Private variables ----------------------- */
uint16_t i, adcBuf[4];
/* USER CODE END PV */
```

2)修改 while 循环

```
/* USER CODE BEGIN WHILE */
while (1)
{
/* USER CODE END WHILE */

/* USER CODE BEGIN 3 */
  for(i=0;i<4;i++)
  {
    HAL_ADC_Start(&hadc1);                      //查询方式:启动转换
    HAL_ADC_PollForConversion(&hadc1,0xffff);   //等待通道转换结束,oxffff 是超时时间
    adcBuf[i]=HAL_ADC_GetValue(&hadc1);         //读转换结果
  }
  HAL_ADC_Stop(&hadc1);
  HAL_Delay(200);
}
/* USER CODE END 3 */
```

调用 HAL 库接口函数也需要注意,HAL_ADC_Start 一定要放在 for 里面,即每一个通道都要单独启动。四个通道都采集完了,再去调用 HAL_ADC_Stop(&hadc1); 结束本次 ADC 采集。

**第三步:编译、下载、运行**

测量前先将开发板的 JP3 的 VREF+引脚接 2.048 V,下载、设置断点、添加变量观察窗口运行程序,将 PA0、PA1、PA4、PA5 分别接不同电平,可以观察到测量值的改变。如图 9-7 所示是 PA0、PA1 接 VCC,PA4 接地,PA5 悬空时的测量结果。

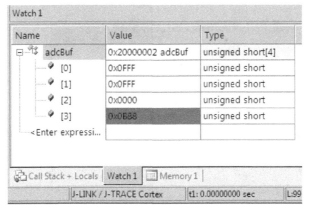

图 9-7　四通道 ADC 转换结果

# 9.4 模数转换中断方式

STM32 单片机的 ADC 可以采用查询方式、中断方式和 DMA 方式，在这个实验中用中断方式。与 51 单片机控制 ADC0809 一样，可以采用查询方式和中断方式读取 ADC0809 的转换值。采用中断方式的好处是不用等待，ADC 转换结束后会产生中断，在 ADC 中断回调函数中读取转换结果即可。

**第一步：创建工程**

打开 STM32CubeMX，创建一个新工程 Experiment_5_3_ADC1_1CH_INT.ioc，基本配置同 9.2 节模数转换轮询方式测温，注意先选 ADC，再配时钟，不同的地方如下：

(1)将 PB9 配置成输出，接 LED，用于转换完成指示，如图 9-8 所示。

图 9-8 LED 灯配置

(2)启用 ADC1 的 IN1（在 PA1 端口），点"Analog"选项框中的"ADC1"→"Parameter Settings"，配置如图 9-9 所示，配置为连续转换模式。"NVIC Settings"配置如图 9-10 所示。"DMA Settings""GPIO Settings""User Constants Settings"等按默认即可，即不使用 DMA 传输方式。

图 9-9 配置 ADC1_IN1

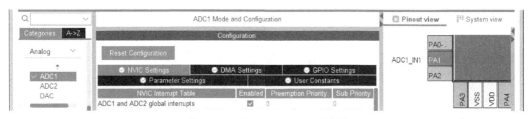

图 9 - 10　"NVIC Settings"配置

(3)配置完成,保存 STM32CubeMX 工程文件,点击"GENERATE CODE",生成代码工程框架并打开。

### 第二步:添加代码

(1)在 main.c 里面添加 ADC 转换值变量。

```
/ * USER CODE BEGIN PV * /
__IO uint16_t uhADCxConvertedValue = 0;
/ * USER CODE END PV * /
```

(2)开启中断方式的 ADC1。

```
/ * USER CODE BEGIN 2 * /
HAL_ADC_Start_IT(&hadc1);//开启中断方式的 ADC1 转换
/ * USER CODE END 2 * /
```

(3)在中断回调函数中读取 ADC 转换值。

```
/ * USER CODE BEGIN 4 * /
void HAL_ADC_ConvCpltCallback(ADC_HandleTypeDef * AdcHandle)
{
    / * Get the converted value of regular channel * /
    uhADCxConvertedValue = HAL_ADC_GetValue(AdcHandle);
    HAL_GPIO_TogglePin(GPIOB, LED1_Pin);
}
/ * USER CODE END 4 * /
```

添加很少程序,就可以完成中断方式的 ADC。

注意:这里也使用了回调函数。AD 转换完成后调用这个函数,在函数里读取转换结果。这是和 DMA 方式的模数转换最大的区别,中断方式是要读取转换结果的,而 DMA 方式是直接将转换结果存在变量中。

### 第三步:编译、下载、运行

测量前先将开发板的 JP3 的 VREF+引脚接 2.048 V 或者 3.3 V,将 PA1 接 TP1 的 1 脚或 2 脚。下载、设置断点、添加变量观察窗口,运行程序,调节电位器 VR1,观察测量到的 A/D 转换值的改变。

可以通过测量 PB9 引脚的方波信号的频率来实测采样率:

(1)实测采样率为 857.2 kHz。

(2)实测采样率为 585.2 kHz。

(3)实测采样率为 95.2 kHz。

## 9.5　模数转换 DMA 方式

STM32 单片机的 ADC 可以采用查询方式、中断方式和 DMA 方式。在这个实验中我们采用 DMA 方式。

用 DMA 的好处:无论是中断采样还是查询采样,都需要在主程序中占用很多时间。可以这样理解,无论是中断方式还是查询方式,都需要调用 HAL_ADC_GetValue()函数取得转换后的值,这是需要花费时间的。中断还好点,要是查询的话,有可能会丢失数据,用 DMA 就可以避免这些问题。

DMA 用的是 DMA 总线时间,无需 CPU 干预,在 AD 转换结束时自动连接已准备存取变量的地址,数据一步到位。只有采用 DMA 方式才可能达到 STM32F107 所说的 2 MHz 的采样率。

**第一步:创建工程**

创建 STM32CubeMX 工程的方法参照 4.1 节,基本配置参照 4.1 节,以下介绍 ADC1 的配置:

(1)选择 ADC1 的输入通道 IN6 和 IN7。

(2)切换到 Configuration。点"Analog"选项框中的"ADC1"→"Parameter Settings",配置如图 9-11 所示。模式为独立模式;Data alignment(数据对齐):右对齐;Scan Conversion Mode(扫描转换模式):如果使用了一个 ADC 下的多个采集通道,需要使能 Enable,否则只会转换设置的第一个通道;Continuous Conversion Mode(连续转换模式)、Discontinuous Conversion Mode(不连续转换模式)、ADC_Regular_ConversionMode(规则 A/D 转换模式)、WatchDog(模拟看门狗)、User Constants Settings、NVIC Settings、GPIO Settings 均按默认设置。

(3)DMA Settings 配置如图 9-12 所示。配置完后会发现 NVIC 中的 DMA 中断强行使能了。

(4)配置完成,保存 STM32CubeMX 工程文件,点击"GENERATE CODE",生成代码工程框架并打开。

**第二步:添加代码**

(1)在 main.c 里面添加变量。

```
/* USER CODE BEGIN PV */
/* Private variables ------------------------ */
uint32_t ADC_Value[100];
uint8_t i;
uint32_t ad1,ad2;
/* USER CODE END PV */
```

(2)启动 DMA 方式的 ADC 转换。顺序转换两个通道,将 100 个字的转换结果传输到 uhADCxConvertedValue。

```
/* USER CODE BEGIN 2 */
HAL_ADC_Start_DMA(&hadc1,(uint32_t *)&ADC_Value,100);
/* USER CODE END 2 */
```

(3)在 while 循环中添加采样处理程序。

```
/* USER CODE BEGIN 3 */
HAL_Delay(500);ad1=0;ad2=0;
for(i = 0; i < 100;i++)
{
    ad1+=ADC_Value[i];
```

```
    i++;
    ad2+=ADC_Value[i];
}
ad1=ad1/50;ad2=ad2/50;
}
/* USER CODE END 3 */
```

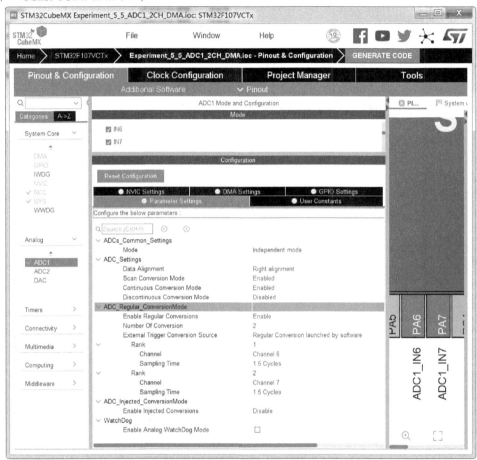

图 9-11　配置 ADC1 的通道和参数

图 9-12　DMA Setting 配置

添加少量程序就可以完成 DMA 方式的 ADC 了,关键在配置 ADC 的相关设置。

**第三步:编译、下载、运行**

下载程序,设置断点和观察变量。观察窗口中 uhADCxConvertedValue 的值,第一个是 PA6 的、第二个是 PA7 的、第三个是 PA6 的、第四个是 PA7 的,依次类推,运行结果如图 9 - 13 所示。由于 DMA 采用了连续传输的模式,ADC 采集到的数据会不断传到存储器中(此处即为数组 uhADCxConvertedValue)。ADC 采集的数据从 uhADCxConvertedValue[0]一直存储到 uhADCxConvertedValue[99],然后采集到的数据又重新存储到 uhADCxConvertedValue[0],一直到 uhADCxConvertedValue[99]。所以 uhADCxConvertedValue 数组里面的数据会不断被刷新。这个过程中是通过 DMA 控制的,不需要 CPU 参与。我们只需定时读取 uhADCxConvertedValue 里面的数据即可得到 ADC 采集到的数据,实现定时采样的目的。

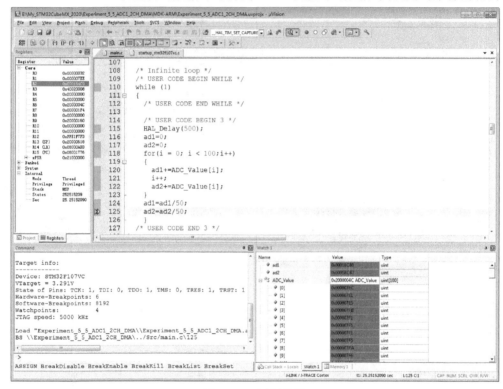

图 9 - 13    运行结果

## 9.6    使用定时器触发 ADC 转换(DMA_TIM3_Trig)

对于 ADC,经常用到的是定时采样。我们经常会遇到要对一个模拟信号(如心电信号、脉搏信号、振动信号、冲击响应信号等)进行定时采样,每隔一段时间(如 1 ms)采样一次。

最容易的办法是使用定时器中断,每隔一定时间定时中断一次,在定时中断中读取 ADC 转换值,再次启动 ADC 转换,这样每次都必须读 ADC 的数据寄存器,非常浪费时间。

还有一种方法是把 ADC 设置成连续转换模式,同时对应的 DMA 通道开启循环模式,这样 ADC 就一直在进行数据采集,然后通过 DMA 把数据搬运至内存。但是这样做还得加一个定时中断,用来定时读取内存中的数据。

以上采样方式的缺点是 ADC 的转换时间点很难每次都卡的很准。在很多场合,如电机、电源、变频器等应用中,ADC 的采样点可能会有很严格的时间要求,如果采样点选择错误,可能会给整个控制系统造成不良后果。

对于 STM32 芯片的 ADC 的转换启动,除了通过定时中断或者任意时刻来实现软件启动外,还可以通过定时器提供外部触发事件启动,这相当于硬件启动 ADC 转换。其中外部触发事件启动 ADC 的源可以是定时器触发事件或 EXTI 引脚信号。这里针对 STM32 的定时器周期性地触发 ADC 采样的实现方式做简要介绍。

STM32F107 的 ADC1 的外部触发源如图 9 - 14 所示。从图 9 - 14 可见,我们可以利用定时器更新事件或捕获比较输出信号作为 ADC 的触发使能信号。对于 STM32F107,可以使用 TIM3 的 TRGO 事件或定时器 1、2、4 的捕获比较事件来触发规则通道(或注入通道)的 ADC 转换。

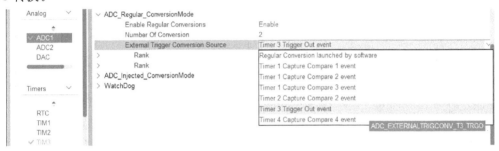

图 9 - 14 ADC 转换的外部触发源

**1. 使用 TIM3_TRGO 来触发 ADC**

1)选择 TIM3 更新事件作为 TRGO

点"Pinout & Configuration"→点"Timers"→点"TIM3"→Mode 选项卡中,Clock Source 选 Internal Clock→TIM3 Mode and Configuration 的 Configuration 菜单栏中,点"Parameter Settings"→Trigger Output(TRGO)Parameters 下拉选项中,Trigger Event Selection 选择 Update Event。

2)设定 TIM3_TRGO 作为 ADC 触发源

点"Pinout & Configuration"→点"Analog"→点"ADC1"→Mode 选项卡中,选择 ADC1 的通道→在"ADC1 Mode and Configuration"的"Configuration"菜单栏中,点"Parameter Settings"→"ADC_Regular_ConversionMode"下拉选项中,"External Trigger Conversion Source"选择"Timer 3 Trigger Out event"。

经过这两步设置后,ADC 的转换就由定时器 TIM3 的更新事件启动了,不再需要软件启动 ADC,一旦定时到就会启动一次 ADC 转换。所以 ADC 的连续转换模式要设置成禁止,否则启动一次后转换就一直连续转换下去,不受 TIM3 的控制。TIM3 何时启动 ADC 与 TIM3 的计数模式有关,从图 9 - 15 中计数溢出中断发生的位置可以知道 ADC 启动的位置。

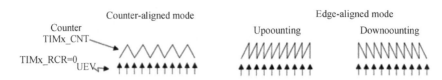

图 9-15　定时器计数模式与溢出事件的位置

**2. 利用 TIM4 CH4 的比较事件来触发 ADC**

1）选择 OC4REF 作为 TRGO

点"Pinout & Configuration"→点"Timers"→点"TIM4"→Mode 选项卡中，Clock Source 选 Internal Clock→TIM4 Mode and Configuration 的 Configuration 菜单栏中，点"Parameter Settings"→Trigger Output（TRGO）Parameters 下拉选项中，Trigger Event Selection 选择 Output Compare（OC4REF）。

2）设定 TIM4_TRGO 作为 ADC 触发源

点"Pinout & Configuration"→点"Analog"→点"ADC1"→Mode 选项卡中，选择 ADC1 的通道→在"ADC1 Mode and Configuration"的"Configuration"菜单栏中，点"Parameter Settings"→"ADC_Regular_ConversionMode"下拉选项中，"External Trigger Conversion Source"选择"Timer 4 Capture Compare 4 event"。

相比上面第 1 种方法，第 2 种方法 ADC 采样时间点更灵活可调，不仅仅局限于定时器的更新事件，还可以通过捕获比较来改变触发位置。

无论是单通道还是多通道，往往都要采样一组数据来进行处理，所以对于这种大量数据的存取最好用 DMA 方式。我们使用 ADC 的定时器触发 ADC 转换的功能，使用 DMA 进行数据的搬运，这样只要设置好定时器的触发间隔，就能实现 ADC 定时采样转换的功能。可以在程序的死循环中检测 DMA 转换完成标志，检测到完成标志后，进行数据的读取。或者使能 DMA 转换完成中断，这样每次转换完成就会产生中断，在转换完成中断中处理数据。

这里采用 TIM3 溢出更新事件触发 ADC，启动 DMA 方式的 ADC 转换对两个通道进行定时采样，在 ADC_DMA 转换结束回调函数中处理数据。

**第一步：创建工程**

打开 STM32CubeMX，创建一个新工程 Experiment_5_6_ADC1_2CH_DMA_TIM3_Trig.ioc，基本配置同 9.2 节模数转换轮询方式测温，不同的地方如下：

1）配置 ADC1 的通道和参数

点"Pinout & Configuration"→点"Analog"→点"ADC1"→Mode 选项卡中，选择 ADC1 的通道 IN6 和 IN7→在"ADC1 Mode and Configuration"的"Configuration"菜单栏中，点"Parameter Settings"。

（1）Mode Independent（默认）。由于本例只有 ADC1，所以只能是独立模式，如果还有 ADC2 则可选多种模式。

（2）Data Alignment：Right alignment（默认）。转换结果数据位右对齐。

（3）Scan Conversion Mode：Enabled。由于是两个通道（IN6 和 IN7），所以一定要使能扫描转换模式，否则每次只转换 IN6 通道。

（4）Continuous Conversion Mode：Disabled。这里一定不能选 Enabled，如果选了

Enabled,则 ADC 转换一旦启动,就不会停止了。

(5) Discontinuous Conversion Mode:Disabled。如果选择了 Enabled,则需要指定连续转换多少次才停止转换。选择 Disabled 后,所有通道扫描转换一次即停止,等待下次触发启动 ADC。

(6) Enable Regular Conversions:Enable。使能规则转换。

(7) Number Of Conversion:2。两个通道,转换两次。

(8) External Trigger Conversion Source:Timer 3 Trigger Out event。采用 TIM3 的溢出事件来触发启动 ADC。

(9) Sampling Time:1.5 Cycles。采样时间。

(10) Enable Injected Conversions:Disabled。关闭注入方式,如果有多个通道且需要开启注入方式时,也可采用定时器触发 ADC,其他选择按默认即可。ADC1 的参数设置如图 9 - 16所示。

图 9 - 16　配置 ADC1

2）配置 ADC1 的 DMA

点"Pinout & Configuration"→点"Analog"→点"ADC1"在"ADC1 Mode and Configuration"的"Configuration"菜单栏中,点"DMA Settings"。

（1）通过点"Add"按钮,添加 ADC1 下的 DMA1 Channel 1。选择 ADC1 后自动添加其 DMA 通道。

（2）DMA Request Settings。配置 DMA,如图 9－17 所示。

Mode:Circular。设置 DMA 的传输模式为连续不断的循环模式。若只想访问一次后就不访问（或按指令操作来访问,也就是想要访问时就访问,不访问的时候就停止）,可以设置成通用模式 DMA_Mode_Normal。

Peripheral:Increment Address,不勾选。如果 DMA 通道有外设,可以通过 DMA 通道将数据输出。

Memory,勾选。DMA 通过地址递增方式将数据存储到内部数据存储器中。

Data Width:Word。Word 是 32 bits,Half Word 是 16 bits。选择应与存放 ADC 转换结果的变量的数据宽度相同。

图 9－17　配置 DMA

3）配置 ADC1 的 NVIC

不做任何选择,按默认即可,如图 9－18 所示。DMA1 中断已经默认强制选择了。我们在这里采用 TIM3 的定时溢出事件触发 ADC 转换,在 DMA 中断服务程序中读取数据,所以不需要使能 ADC 的中断。

图 9－18　"NVIC Settings"配置

4）"User Constants"和"GPIO Settings"按默认即可

5）配置 TIM3,用其更新事件作为 TRGO 触发 ADC

用鼠标点"Pinout & Configuration"→点"Timers"→点"TIM3"→"Mode"选项卡中,

"Clock Source"栏中选"Internal Clock"→"TIM3 Mode and Configuration"的"Configuration"菜单栏中,点"Parameter Settings"→"Trigger Output(TRGO)Parameters"下拉选项中,"Trigger Event Selection"选择"Update Event"。这样就为 ADC 的启动提供触发信号。72 MHz的时钟信号经过(7199+1)和(39999+1)分频后,频率为 0.25 Hz,其周期为 4 s,也就是说每 4 s 触发一次 ADC 转换。配置结果如图 9-19 所示。

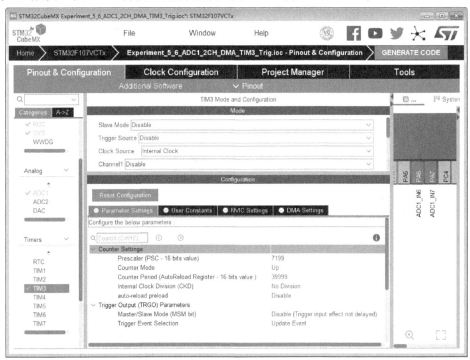

图 9-19 配置 TIM3

6)为了观察程序运行,添加 PB9 接 LED1

7)配置完成,保存 STM32CubeMX 工程文件

点击"GENERATE CODE",生成代码工程框架并打开。

**第二步:添加代码**

1)在 main.c 里面添加 ADC 转换的相关变量

```
/* USER CODE BEGIN PV */
uint32_t ADC_Value[10];                    //通道 IN6、IN7 采样 5 次的值
uint8_t i,j,ADC_DMA_ConvCpltFlag=0;        //ADC1_DMA 方式转换结束标志
uint32_t IN6_Value[5],IN7_Value[5];        //从 DMA 转换值中分离 IN6 和 IN7 的值
uint32_t IN6_AverageValue,IN7_AverageValue;  //IN6 和 IN7 的平均值
/* USER CODE END PV */
```

2)开启定时器 TIM3,通过 TIM3 启动 ADC,开启 DMA 方式的 ADC1

```
/* USER CODE BEGIN 2 */
HAL_TIM_Base_Start(&htim3);  //启动 TIM3 基本定时功能,定时到触发 ADC 启动
HAL_ADC_Start_DMA(&hadc1,(uint32_t *)&ADC_Value,10);  //启动 DMA 方式的 ADC 转换,
采样到 10 个数据之后触发 DMA 方式的 ADC 中断
/* USER CODE END 2 */
```

3）在中断回调函数中做简单的数据处理

```
/* USER CODE BEGIN 4 */
void HAL_ADC_ConvCpltCallback(ADC_HandleTypeDef * AdcHandle)//DMA 方式的 ADC 中断回
调函数
{
//HAL_TIM_Base_Stop(&htim3);
//HAL_ADC_Stop_DMA(&hadc1);
    j=0;                                    //将采样到的 10 个 ADC 转换值分离给 IN6 和 IN7
    for(i = 0; i < 10;i++)
    {
      IN6_Value[j]=ADC_Value[i];
      i++;
      IN7_Value[j]=ADC_Value[i];
      j++;
    }
    ADC_DMA_ConvCpltFlag=1;                  //置 DMA 方式的 ADC 转换结束标志
}
/* USER CODE END 4 */
```

4）在主程序中做较复杂的数据处理

```
while (1)
{
  /* USER CODE END WHILE */

  /* USER CODE BEGIN 3 */
  HAL_GPIO_TogglePin(GPIOB,LED1_Pin);   //用 LED1 指示主程序运行
  HAL_Delay(200);                       //每 200msLED1 闪烁一次
  if(ADC_DMA_ConvCpltFlag==1)           //判断 DMA 方式的 ADC 转换结束了没有
    {
      IN6_AverageValue=0;               //一次 DMA 方式的 ADC 转换结束,计算两个通道的平均值
      IN7_AverageValue=0;
      for(i =0;i <5;i++)
      {
      IN6_AverageValue+=IN6_Value[i];
      IN7_AverageValue+=IN7_Value[i];
      }
    IN6_AverageValue=IN6_AverageValue/5;
    IN7_AverageValue=IN7_AverageValue/5;
    //HAL_TIM_Base_Start(&htim3);
    //HAL_ADC_Start_DMA(&hadc1, (uint32_t * )&ADC_Value, 10);
    ADC_DMA_ConvCpltFlag=0;   //清除转换结束标志,以便判断下次中断
    }
  }
/* USER CODE END 3 */
```

启动 TIM3 定时器后,TIM3 计数溢出事件将触发 ADC 启动转换,ADC 转换按照规定的 DMA 方式进行。先转换 IN6 通道,再转换 IN7 通道,就是扫描转换各通道一次,等到下一次 TIM3 溢出事件再次启动 ADC 转换,这样反复 5 次,转换得到 10 个 ADC 转换值后,将触发 DMA 中断,在 DMA 中断回调函数中做简单的数据处理,置 DMA 中断标志。在主程序中,通过 LED1 指示主程序的运行情况,检测到 DMA 中断后对采样到的数据做处理,并复位

DMA 中断标志。

DMA 中断为什么是 void HAL_ADC_ConvCpltCallback(ADC_HandleTypeDef * AdcHandle)这个函数? 这个函数不是当开启 AD 中断的时候才调用的吗? 仔细分析开启 AD 的 DMA 中断函数,在里面就会发现这个函数也在。在 main.c 中找到 HAL_ADC_Start_DMA(&hadc1,(uint32_t *)&ADC_Value,10);,在 HAL_ADC_Start_DMA 上点鼠标右键,跟踪其定义可以找到函数 HAL_StatusTypeDef HAL_ADC_Start_DMA(ADC_HandleTypeDef * hadc,uint32_t * pData,uint32_t Length),该函数中有一句:

```
/* Set the DMA transfer complete callback */
hadc->DMA_Handle->XferCpltCallback = ADC_DMAConvCplt;
```

DMA 传输完成,自动调用 ADC_DMAConvCplt 函数,在 ADC_DMAConvCplt 上点鼠标右键,跟踪其定义,进入到 void ADC_DMAConvCplt(DMA_HandleTypeDef * hdma)函数里面可以找到。

```
/* Conversion complete callback */
#if (USE_HAL_ADC_REGISTER_CALLBACKS == 1)
    hadc->ConvCpltCallback(hadc);
#else
    HAL_ADC_ConvCpltCallback(hadc);
#endif /* USE_HAL_ADC_REGISTER_CALLBACKS */
```

DMA 方式的 ADC 转换,按照开辟的数据区大小,转换结果将数据区填满后,转换完成,还是调用 HAL_ADC_ConvCpltCallback(hadc)这个回调函数,在回调函数中对数据做初步处理。今后用到 AD,不论是中断方式还是 DMA 方式,都可以直接调用这个回调函数。需要注意的是,中断方式的 ADC 在回调函数中需要通过 uhADCxConvertedValue = HAL_ADC_GetValue(AdcHandle);获得 ADC 的转换值,而 DMA 方式的 ADC,则通过 DMA 直接将转换值存放在用数组名开辟的片内 RAM 中,当数组存满数据后会触发 DMA 中断,在回调函数中直接从数组中取转换结果即可。

以上程序是连续启动 ADC 转换的,如果要想控制这个转换过程,可以通过以下语句实现:

```
HAL_TIM_Base_Stop(&htim3);          //关闭定时器,停止溢出事件触发 ADC
HAL_ADC_Stop_DMA(&hadc1);           //停止 DMA 方式的 ADC 转换
HAL_TIM_Base_Start(&htim3);         //启动定时器,定时溢出事件触发 ADC
HAL_ADC_Start_DMA(&hadc1,(uint32_t *)&ADC_Value,10);
                                    //启动 DMA 方式的 ADC 转换,得到 10 个转换值后中断
```

**第三步:编译、下载、运行**

程序运行前先用短路帽将 PB9 与 LED1 连接,将开发板的 JP3 的 VREF+引脚接 2.048 V 或 3.3 V,为观察到变化效果,可以先将 PA6(IN6)和 PA7(IN7)悬空,此时测量到的是干扰。程序运行后,可以看到 LED1 持续闪烁,表明主程序一直在运行,不用设置断点,全速运行程序,在观察窗口中可以看到每隔 4 s,ADC_Value 的值以组(IN6 和 IN7)为单位变化一次,因为 TIM3 定时 4 s,所以每隔 4 s 触发一次 ADC 转换,转换结果通过 DMA 送给 ADC_Value 数组。20 s 后,ADC_Value 填满,触发 DMA 中断,IN6_Value 和 IN7_Value 在中断回调函数中得到各自的转换结果,如图 9-20 所示。也可以将 PA6 和 PA7 接 GND、3.3V、TP1 的 1 脚或 2 脚,进一步观察。

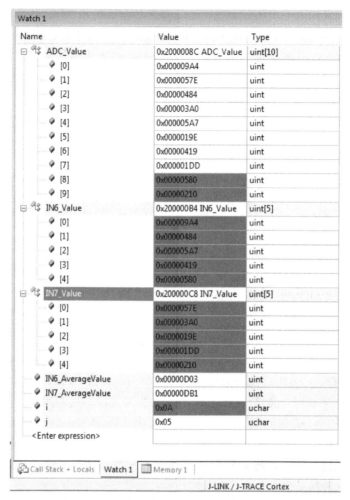

图 9 - 20　程序运行结果

# 学习与练习

1. 用定时器 TIM3 事件触发 ADC 方式实现多通道查询方式的 ADC 转换。

2. 用定时器 TIM3 事件触发 ADC 方式实现多通道中断方式的 ADC 转换。

3. 编程实现利用 TIM4 CH4 的捕获比较事件来触发 ADC,实现多通道 DMA 方式的 ADC 转换。

4. 采用定时中断控制采样率,在定时中断中开启中断方式的 ADC 转换,编程实现多通道采样。

5. 将采样值打印到串口调试器中,或者用 LabView 等软件接收开发板传来的数据并显示波形。

6. 完成多通道中断方式数据采集,在串口调试器中显示测量结果。

7. 采用定时触发完成中断方式数据采集,在串口调试器中显示测量结果。

# 第 10 章　数模转换

STM32 的数字/模拟转换模块(DAC)是 12 位的数字输入、电压输出的数模转换器。虽然是 12 位的,但是也可以配置成 8 位的模式(即数字输入可以是 12 位或者 8 位)。它可以与 DMA 控制器配合使用,在 12 位数字输入模式时,数据的对齐方式可以左对齐或者右对齐,而在 8 位模式下是固定的右对齐(无需配置)。DAC 模块有 2 个通道,每个通道都是独立的,这也导致了 DAC 可以单通道独立使用,也可以双通道同时使用。2 个通道分别对应的是 PA4(1 通道)和 PA5(2 通道)。

## 10.1　STM32 的数模转换器

**1. STM32 数模转换器的特点**

STM32 单片机的 DAC 有如下特点:

(1)2 个 DAC 转换器,每个转换器对应 1 个输出通道。

(2)8 位或者 12 位转换模式。

(3)12 位模式下数据左对齐或者右对齐。

(4)同步更新功能。

(5)噪声波形生成。

(6)三角波形生成。

(7)双 DAC 通道同时或者分别转换。

(8)每个通道都有 DMA 功能。

(9)外部触发转换。

(10)输入参考电压 VREF+。

**2. STM32 数模转换器模块框图**

STM32 的 2 个 12 位的数模转换器的模块框图如图 10-1 所示。

1)DAC 引脚

在框图的四周是 DAC 的各个引脚,它们的名称、信号类型和作用见表 10-1。一旦使能 DACx 通道,相应的 GPIO 引脚(PA4 或者 PA5)就会自动与 DAC 的模拟输出相连(DAC_OUTx)。

表 10-1　DAC 相关引脚

| 名称 | 信号类型 | 作用 |
|---|---|---|
| VREF+ | 输入,正模拟参考电压 | 2.4 V≤VREF+≤VDDA(3.3 V) |
| VDDA | 输入,模拟电源 | 模拟电源 |
| VSSA | 输入,模拟电源地 | 模拟电源的地线 |
| DAC_OUTx | 模拟输出信号 | DAC 通道 x 的模拟输出 |

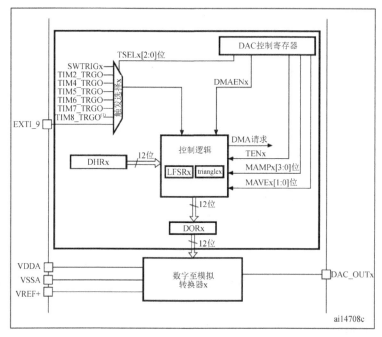

图 10-1　STM32 数模转换器的模块框图

2）DAC 触发选择

DAC 转换可以由某外部事件触发（定时器计数器、外部中断线）。可以选择 8 个触发事件之一触发 DAC 转换，见表 10-2。

表 10-2　DAC 触发源

| 触发源 | 类型 |
| --- | --- |
| 定时器 6 TRGO 事件 | 来自片上定时器的内部信号 |
| 互联型产品的定时器 3 TRGO 事件<br>或大容量产品的定时器 8 TRGO 事件 | |
| 定时器 7 TRGO 事件 | |
| 定时器 5 TRGO 事件 | |
| 定时器 2 TRGO 事件 | |
| 定时器 4 TRGO 事件 | |
| EXTI 线路 9 | 外部引脚 |
| SWTRIG（软件触发） | 软件控制位 |

3）DAC 转换

不能直接对寄存器 DAC_DORx 写入数据，任何输出到 DAC 通道 x 的数据都必须写入 DAC_DHRx 寄存器（数据实际写入 DAC_DHR8Rx、DAC_DHR12Lx、DAC_DHR12Rx、DAC_DHR8RD、DAC_DHR12LD、或者 DAC_DHR12RD 寄存器）。

如果没有选中硬件触发（寄存器 DAC_CR1 的 TENx 位置"0"），存入寄存器 DAC_DHRx 的数据会在一个 APB1 时钟周期后自动传至寄存器 DAC_DORx。如果选中硬件触发（寄存器 DAC_CR1 的 TENx 位置"1"),数据传输在触发发生以后 3 个 APB1 时钟周期后完成。

一旦数据从 DAC_DHRx 寄存器装入 DAC_DORx 寄存器,在经过建立时间后,输出即有效,这段时间的长短随电源电压和模拟输出负载的不同会有变化。

4)DAC 输出电压

数字输入经过 DAC 被线性地转换为模拟电压输出,其范围为 0 到 VREF+ 。任一 DAC 通道引脚上的输出电压满足关系:DAC 输出 ＝ VREF x (DOR / 4095)。

**3. DAC 相关的 HAL 函数**

HAL_DAC_Stop(&hdac, DAC_CHANNEL_2);　　//停止 DAC 转换

HAL_DAC_Start(&hdac,DAC_CHANNEL_2);　　//启动 DAC 转换

HAL_DAC_SetValue(&hdac, DAC_CHANNEL_2, DAC_ALIGN_12B_R, SinDataSamples[j]);
　　　　　　　　　　　　　　　　//设置 DAC 输出值

uint32_t HAL_DAC_GetValue(DAC_HandleTypeDef * hdac, uint32_t Channel);
　　　　　　　　　　　　　　//获取当前 DAC 输出值

HAL_DAC_Start_DMA(&hdac,DAC_CHANNEL_2,(uint32_t *)&SinDataSamples[0],1000,DAC_ALIGN_12B_R);　　　　　　　　//启动 DMA 方式的 ADC 转换,从 SinDataSam-
　　　　　　　　　　　　　　ples 首地址开始输出 1000 个采样值

HAL_DAC_SetValue 和一般 DAC 功能相同,常用于输出一个可以控制的电平,比如给比较器设定一个可变的比较电平。HAL_DAC_Start_DMA 则不需要 CPU 参与,可以批量将数据从 DAC 输出成模拟信号。

# 10.2　数模转换产生 1 Hz 方波

DAC 的工作原理相对比较简单,配置好 STM32CubeMX 工程后,我们要做的事情就是启动 DAC 转换,输出要转换的数字量即可。在这个例程中我们使用 DAC 产生 1 Hz 的方波信号。

**第一步:创建工程**

参照 4.1 节创建新工程 Experiment_6_1_DAC_SquareWave.ioc。注意:DAC 是挂在 APB1 总线上的,挂在 APB1 总线上的引脚的最高时钟频率为 36 MHz。DAC 的配置如图 10-2所示。配置 DAC 为通道 2 输出后,PA5 自动被配置成 DAC_OUT2。"User Constants""DMA Settings""GPIO Settings"均不作设置,保持默认,这是 DAC 最简单的使用方式。

配置完成,保存 STM32CubeMX 工程文件,点击"GENERATE CODE",生成 MDK-ARM 代码工程框架并打开。STM32CubeMX 已经完成了 DAC 的初始化代码。用户只需针对自己的需要启动 DAC,完成转换即可。

**第二步:添加代码**

1)启动 DAC

```
/* USER CODE BEGIN 2 */
HAL_DAC_Start(&hdac,DAC_CHANNEL_2);        //启动 DAC
/* USER CODE END 2 */
```

图 10 - 2　配置 DAC

2）循环输出高低电平

```
while (1)
{
  /* USER CODE END WHILE */
  /* USER CODE BEGIN 3 */
  HAL_DAC_SetValue(&hdac, DAC_CHANNEL_2, DAC_ALIGN_12B_R, 0xfff);
  HAL_Delay(500);
  HAL_DAC_SetValue(&hdac, DAC_CHANNEL_2, DAC_ALIGN_12B_R, 0x000);
  HAL_Delay(500);
}
/* USER CODE END 3 */
```

注意：请不要随意改变 USER CODE BEGIN 和 USER CODE END 的位置，一定要将代码写在两者之间，否则重新生成工程代码框架时会丢失用户代码。

**第三步：编译、下载、运行**

将开发板的 JP3 的 VREF＋引脚接 2.048 V 或者 3.3 V，用示波器观察 PA5 引脚上的波形，应该是 1 Hz 的方波。如果没有示波器，可以用杜邦线连接 PA5 和 LED，可以看到 LED 按 1 Hz 的频率闪烁。改变延时可调整方波信号的频率，显然这种产生方波信号的方法占用了 CPU 的大量时间，而且方波信号的频率不够精确。

## 10.3　数模转换产生正弦波

实验目的：在 10.2 节的基础上，使用 DAC 产生正弦波信号。

**第一步:创建工程**

复制 10.2 节的 STM32CubeMX 工程,将其命名为 Experiment_6_2_DAC_SinWave. ioc。工程配置与 10.2 节完全相同,不同之处仅在于代码。

**第二步:添加代码**

在 main. c 里面添加如下代码:

1)添加用户包含头文件

```
/* USER CODE BEGIN Includes */
♯include "math. h"                    //因为要用到 sin 函数
/* USER CODE END Includes */
```

2)添加用户私有变量

```
/* USER CODE BEGIN PV */
/* Private variables ------------------------ */
uint16_t SinDataSamples[1000];        //定义一个 1000 点的数组
/* USER CODE END PV */
```

3)添加用户私有函数声明

```
/* USER CODE BEGIN PFP */
/* Private function prototypes ----------------------------------- */
void GetSinData(void);                //正弦波数据生成函数说明
/* USER CODE END PFP */
```

4)生成正弦波数据

```
/* USER CODE BEGIN 1 */
unsigned int j;
GetSinData();                         //生成正弦波数据
/* USER CODE END 1 */
```

5)启动 DAC

```
/* USER CODE BEGIN 2 */
HAL_DAC_Start(&hdac,DAC_CHANNEL_2); //启动 DAC
/* USER CODE END 2 */
```

6)输出正弦波

```
/* Infinite loop */
/* USER CODE BEGIN WHILE */
while (1)
{
  /* USER CODE END WHILE */

  /* USER CODE BEGIN 3 */
  for(j=0;j<1000;j++)                 //输出一个周期的正弦波数据
  {
    HAL_DAC_SetValue(&hdac, DAC_CHANNEL_2, DAC_ALIGN_12B_R, SinDataSamples[j]);
    HAL_Delay(2);                     //用来调整输出波形的周期
  }
}
/* USER CODE END 3 */
```

7)产生正弦波数据函数

```
/* USER CODE BEGIN 4 */
```

```
/* 获得一个周期的正弦波数据,一个周期是 1000 个点 */
  void GetSinData(void)
  {
    unsigned int i;
    for(i=0;i<1000;i++)
    {SinDataSamples[i]=1500 * sin(2 * i * 3.14159/1000)+2048;}
  }
/* USER CODE END 4 */
```

注意:不要随意改变 USER CODE BEGIN 和 USER CODE END 的位置。一定要将代码写在 USER CODE BEGIN 和 USER CODE END 之间。

### 第三步:编译、下载、运行

将开发板的 JP3 的 VREF+引脚接 2.048 V 或者 3.3 V,用示波器观察 PA5 脚上的波形,应该是一个频率很低的正弦波。如果没有示波器,可以将 PA5 接在 LED 上,应该看到 LED 由灭到亮,再由亮到灭缓慢循环变化的呼吸灯效果。

# 10.4  定时中断控制数模转换(TIM6)

在 10.2 和 10.3 节中我们用延时的办法来控制输出信号频率,这种办法很难精确控制输出信号的频率。这个实验中我们用 TIM6 定时中断精确控制由 DAC 转换输出的正弦波信号的频率。

### 第一步:创建工程

创建一个 STM32CubeMX 新工程 Experiment_6_3_DAC_TIM6_SinWave.ioc,RCC、SYS 的配置同 4.1 节。注意:开发板的外部时钟为 25 MHz,DAC 和 TIM6 挂在 APB1 总线上,TIM6 的时钟频率是 72 MHz。

1)配置 DAC

配置 DAC 见图 10-2。

2)配置 TIM6(见图 10-3)

我们计划产生一个周期的正弦波数据(1000 个点),要输出 100 Hz 的正弦信号,则点和点之间的时间是 10 μs。所以我们将预分频设为(71+1),72 MHz 定时器时钟信号经过预分频后是 1 MHz,1 MHz 再经过 10 分频(9+1=10)后是 100 kHz,即 TIM6 每 10 μs 产生一次中断,在 TIM6 的中断服务程序中,将一个点的正弦波数据送给 DAC,进行 D/A 转换就会输出 100 Hz 的正弦波。

"User Constants"和"DMA Settings"均不作设置,维持默认即可。"NVIC Settings"设置如图 10-4 所示。

这里使用的是 TIM6 的基本定时方式,DAC 的配置中没有选择 Trigger。如果在图 10-3 中,Trigger 方式选为 Timer 6 Trigger Out event,也可以实现触发 DAC 转换功能,此时需要处理"DAC_TRIGGER_T6_TRG0"事件,具体怎么做还需进一步探讨,这里使用 TIM6 定时中断方式来控制 DAC 的转换。

3)配置完成,保存 STM32CubeMX 工程文件

点击"GENERATE CODE",生成代码工程框架并打开。

图 10 - 3　配置 TIM6

图 10 - 4　配置 TIM6 的 NVIC

## 第二步:添加代码

在 main. c 里面添加如下代码:

1)添加用户包含头文件

```
/ *  Private includes -------------------------- * /
/ *  USER CODE BEGIN Includes  * /
# include "math. h"                          //因为要用到 sin 函数
/ *  USER CODE END Includes  * /
```

2)添加用户私有变量

```
/ *  USER CODE BEGIN PV  * /
uint16_t SinDataSamples[1000];              //定义一个 1000 点的数组
/ *  USER CODE END PV  * /
```

3)添加用户私有函数声明

```
/ *  USER CODE BEGIN PFP  * /
void GetSinData(void);                      //正弦波数据生成函数说明
/ *  USER CODE END PFP  * /
```

4)生成正弦波数据

```
/* USER CODE BEGIN 1 */
GetSinData();                              //生成正弦波数据
/* USER CODE END 1 */
```

5)启动定时器 TIM6 和 DAC

```
/* USER CODE BEGIN 2 */
HAL_TIM_Base_Start_IT(&htim6);             //启动定时器 TIM6,定时中断
HAL_DAC_Start(&hdac,DAC_CHANNEL_2);        //启动 DAC
/* USER CODE END 2 */
```

6)产生正弦波数据函数,在定时器中断回调函数中定时输出正弦波数据

```
/* USER CODE BEGIN 4 */
/* 获得一个周期的正弦波数据,一个周期是 1000 个点
要求输出信号的频率为 1 kHz,则每个点的时间间隔 1ms/1000＝1us */
    void GetSinData(void)
    {
      unsigned int i;
      for(i=0;i<1000;i++)
      {SinDataSamples[i]=1500 * sin(2 * i * 3.14159/1000)+2048;}
    }

    voidHAL_TIM_PeriodElapsedCallback(TIM_HandleTypeDef * htim)
    {
      static unsigned num;
      HAL_DAC_SetValue(&hdac, DAC_CHANNEL_2, DAC_ALIGN_12B_R,SinDataSamples[num]);
      num=num+1;
      if(num==1000) num=0;
    }
/* USER CODE END 4 */
```

**第三步:编译、下载、运行**

将开发板的 JP3 的 VREF＋引脚接 2.048 V 或者 3.3 V,用示波器观察 PA5 脚上的波形,应该是 100 Hz 的正弦波。如果没有示波器,可以调整分频,降低正弦波的频率到 1 Hz,用 LED 的亮度观察。可以通过修改 STM32CubeMX 工程配置中 TIM6 的"Counter Period"参数为 999,也可以直接修改程序 htim6. Init. Period ＝ 999;。注意,如果在程序中直接修改 TIM6 的初始化参数,下次生成工程时,初始化参数又会回到 STM32CubeMX 工程配置参数。修改程序后,将 PA5 接在 LED 上,可以看到 1 Hz 的呼吸灯现象。

# 10.5　数模转换 DMA＋定时触发方式

DAC 的一个重要应用就是产生波形,如输出正弦波。我们容易想到的办法是产生一个正弦波数据表,通过查表的办法由 DAC 输出波形,波形的频率可以通过定时器来控制。如果用 51 单片机来实现,只能通过定时中断来实现对波形输出频率的控制,在定时中断服务程序中控制 DAC 输出,必须通过 CPU 的参与才能输出波形。STM32 中可以通过定时器来控制 DMA,定时由 DMA 输出数据给 DAC,这样就不用 CPU 参与也能输出波形。下面我们用定时器控制 DMA 方式的 DAC,产生 1 kHz 的正弦波。另外增加一个按键,通过按键改变定时

器的分频系数,从而达到改变频率的目的。

**第一步:创建工程**

创建一个 STM32CubeMX 新工程 Experiment_6_4_DAC_DMA_TIM6_SW1_Change-Frequency. ioc,RCC、SYS 的配置同 4.1 节。

1)配置 DAC

选择 OUT2 Configuration,选择 Timer6 Trigger Out event,如图 10-5 所示。

图 10-5 配置 DAC 的通道 2 输出参数

2)配置 DAC 的 DMA 设置

先点 Add,选择 DAC_CH2,其中 Mode 选 Circular 为连续循环输出模式。勾选 Memory 后,DMA 从 Memory 的起始位置依次取数,Data Width 取 Half word,如图 10-6 所示。

图 10-6 配置 DAC 的 DMA 设置

3)配置 DAC 的 NVIC

配置完 DAC 的 DMA Settings 后,与 DAC 联系的 DMA2 channel4 global interrupt 就被

强制使能了,如图 10 - 7 所示。"User Constants"和"GPIO Settings"不做设置,维持默认。

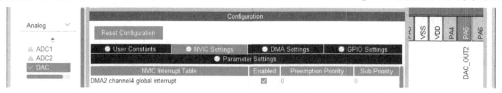

图 10 - 7　配置 DAC 的 NVIC

4)配置 TIM6 作为 DMA 的触发器,如图 10 - 8 所示

开发板的外部时钟为 25 MHz,在 Clock Configuration 配置时钟后 APB1 总线时钟为 72 MHz。在本实验中我们用 TIM6 定时触发 DMA,DMA 直接从存储器中取值送给 DAC。TIM6 是挂在 APB1 总线上的,因此 TIM6 的时钟是 72 MHz。我们计划产生一个周期的正弦波数据(1000 个点),要输出 1 Hz 的正弦信号,则点和点之间的时间是 1 ms。所以我们将预分频设为 71+1,72 MHz 预分频后是 1 MHz,1 MHz 再经过 1000 分频(999+1=1000)后是 1 kHz,即 TIM6 每 1 ms 产生一个触发信号,触发 DMA 输出一个数据给 DAC 进行 D/A 转换。关键点是将 Trigger Event Selection 设置为 Update Event。

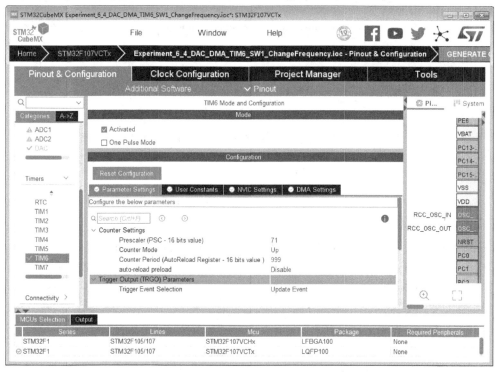

图 10 - 8　配置 TIM6

注意:不要使能 TIM6 中断,因为我们仅仅使用 TIM6 的溢出更新事件来触发 DAC 输出。TIM6 Configuration 中的"User Constants"和"DMA Settings"不作设置,维持默认。

5)配置外部中断,如图 10 - 9 所示

我们外接一个按键,通过按键调整定时器 TIM6 的定时时间来改变输出信号的频率。根据原理图可知,按键按下时为低电平,所以将 GPIO 外部中断模式设置为检测下降沿。按键

已经有上拉电阻,所以不选内部上拉或下拉电阻。

图 10 - 9　配置外部中断

6)配置系统的 NVIC,如图 10 - 10 所示

因为我们要在外部中断中用到 HAL_Delay()函数,所以将外部中断的优先级设为最低。

图 10 - 10　配置系统 NVIC

7)配置完成,保存 STM32CubeMX 工程文件

点击"GENERATE CODE",生成代码工程框架并打开。

### 第二步:添加代码

在 main.c 里面添加如下代码:

1)添加用户包含头文件

```
/* Private includes --------------------------- */
/* USER CODE BEGIN Includes */
```

```
# include "math. h"                                    //因为要用到 sin 函数
/*  USER CODE END Includes  */
```

2)添加用户私有变量

```
/*  USER CODE BEGIN PV  */
uint16_t SinDataSamples[1000];                         //定义一个 1000 点的数组
uint8_t KeyTimes=1,KeyPressed;
uint16_t PrescalerValue,PeriodValue;
/*  USER CODE END PV  */
```

3)添加用户私有函数声明

```
/*  USER CODE BEGIN PFP  */
void GetSinData(void);                                 //正弦波数据生成函数说明
/*  USER CODE END PFP  */
```

4)生成正弦波数据

```
/*  USER CODE BEGIN 1  */
GetSinData();                                          //生成正弦波数据
/*  USER CODE END 1  */
```

5)启动定时器 TIM6 和 DMA 方式的 DAC

```
/*  USER CODE BEGIN 2  */
HAL_TIM_Base_Start(&htim6);                            //启动定时器 TIM6 基本方式
HAL_DAC_Start_DMA(&hdac,DAC_CHANNEL_2,(uint32_t  *)&SinDataSamples[0],1000,DAC_
ALIGN_12B_R);                                          //启动 DAC
/*  USER CODE END 2  */
```

6)产生正弦波数据函数,在外部中断回调函数中记录按键次数

```
/*  USER CODE BEGIN 4  */
/* 获得一个周期的正弦波数据,一个周期是 1000 个点
要求输出信号的频率为 1 kHz,则每个点的时间间隔 1ms/1000=1us */
void GetSinData(void)
{
  unsigned int i;
  for(i=0;i<1000;i++)
  {SinDataSamples[i]=1500 * sin(2 * i * 3.14159/1000)+2048;}
}


voidHAL_GPIO_EXTI_Callback(uint16_t GPIO_Pin)
{
  uint8_t j;
  HAL_Delay(10);                                       //延时 10ms 去前沿抖动
  j=HAL_GPIO_ReadPin(GPIOE,GPIO_PIN_8);                //读按键引脚
  if(j==0)                                             //如果是低电平,则按键有效
  {                                                    //处理按键事件
    KeyPressed=1;
    if(KeyTimes==4)
      KeyTimes=1;
    else
      KeyTimes=KeyTimes+1;
    while(HAL_GPIO_ReadPin(GPIOE,GPIO_PIN_8)==0);      //等待按键释放
    HAL_Delay(10);                                     //延时 10 ms 去后沿抖动
  }
```

```
}
/* USER CODE END 4 */
```

7)在主循环中检测按键按下标志,如果有键按下则改变 TIM6 的分频情况

```
/* USER CODE BEGIN WHILE */
  while (1)
{
  /* USER CODE END WHILE */

  /* USER CODE BEGIN 3 */
  if(KeyPressed ==1)
  {
//    PrescalerValue = 72 * KeyTimes -1;
      PeriodValue=1000 * KeyTimes -1;
//    __HAL_TIM_SET_PRESCALER(&htim6,PrescalerValue);
      __HAL_TIM_SET_AUTORELOAD(&htim6,PeriodValue);
      HAL_TIM_Base_Start(&htim6);      //重新启动 TIM6
      KeyPressed = 0;
  }
}
/* USER CODE END 3 */
```

这里采用宏定义来修改定时器的分频和预分频,TIM 相关的宏可以在 Description of STM32F1xx HAL drivers. pdf 文件中找到定义。

**第三步:编译、下载、运行**

将开发板的 JP3 的 VREF＋引脚接 2.048 V 或者 3.3 V 电源,用示波器观察 PA5 脚上的波形,应该是 1 Hz 的正弦波。将 PA5 接在 LED 上,可以看到 LED 在呼吸似的亮灭。可以通过按键 SW1 调整输出信号的频率,用 LED 亮灭快慢来观察。

这个程序展示了 DMA 的作用,即使我们在 While(1)循环中不做任何工作,在 DMA 的作用下系统也会产生正弦波,说明 DMA 是独立于 CPU 运行的。

# 学习与练习

参照 10.5 节的方法,设计一个简易信号发生器,要求:
(1)能够用按键选择三角波、方波、正弦波;
(2)能够用按键修改频率和幅度;
(3)能够用按键修改输出波形的直流偏移量。

# 第 11 章　I2C 接口

I2C 总线是飞利浦公司开发的一种双向两线串行总线,用来实现集成电路之间的有效控制,这种总线也称为 Inter IC 总线。目前,飞利浦及其他半导体厂商提供了大量的含有 I2C 总线的外围接口芯片,I2C 总线已成为广泛应用的工业标准之一。本章我们通过了解 I2C 总线的工作原理及其相关的 HAL 函数,实现 STM32 通过 I2C 总线对 CAT24WC02 芯片的写和读控制。

## 11.1　I2C 总线简介

标准模式下,基本的 I2C 总线规范的规定数据传输速率为 100 kBits/s;快速模式下,数据传输速率为 400 kBits/s;高速模式下,数据传输速率为 3.4 MBits/s。

(1)I2C 总线采用二线制传输,一根是数据线 SDA,另一根是时钟线 SCL,所有 I2C 器件都连接在 SDA 和 SCL 上,每一个器件具有唯一的地址。

(2)I2C 总线是一个多主机总线,总线上可以有一个或多个主机(或称主控制器件),总线运行由主机控制。

主机是指启动数据的传送(发起始信号)、发出时钟信号、发出终止信号的器件。通常,主机由单片机或其他微处理器担任。

被主机访问的器件叫从机(或称从器件),它可以是其他单片机,或者其他外围芯片,如:A/D、D/A、LED 或 LCD 驱动、串行存储器芯片。

(3)I2C 总线支持多主(multi-mastering)和主从(master-slave)两种工作方式。

多主方式下,I2C 总线上可以有多个主机。I2C 总线需通过硬件和软件仲裁来确定主机对总线的控制权。同一时间只能有一个主设备,其他为从设备。

主从工作方式时,系统中只有一个主机,总线上的其他器件均为从机(具有 I2C 总线接口)。只有主机能对从机进行读写访问,因此,不存在总线的竞争等问题。通常 MCU 作为主设备,外设作为从设备。在主从方式下,I2C 总线的时序可以模拟,且 I2C 总线的使用不受主机是否具有 I2C 总线接口的制约。例如:MCS-51 系列单片机本身没有 I2C 总线接口,可以用其 I/O 口线模拟 I2C 总线。器件连接到 I2C 总线的形式如图 11-1 所示,其中 $R_P$ 取 5～10 kΩ。

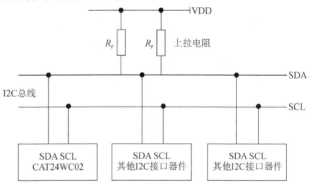

图 11-1　器件连接到 I2C 总线的形式

# 11.2　I2C 总线的数据传输

**1. 数据位的传送**

I2C 总线上主机与从机之间一次传送的数据称为一帧,由启动信号、若干个数据字节、应答位和停止信号组成。数据传送的基本单元为一位数据,时钟线 SCL 的一个时钟周期只能传输一位数据。在 SCL 时钟线为高电平期间内,数据线 SDA 上的数据必须稳定。当 SCL 时钟线变为低电平时,数据线 SDA 的状态才能改变,如图 11-2 所示。

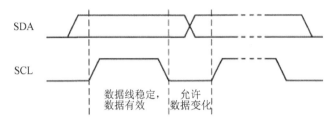

图 11-2　数据位传输时序

**2. 起始和停止状态**

起始和停止状态由主机发出。

起始(START)状态:I2C 总线传输过程中,当时钟线 SCL 为高电平时,数据线 SDA 出现高电平到低电平跳变时,标志着 I2C 总线传输数据开始,如图 11-3 所示。

停止(STOP)状态:I2C 总线传输过程中,当时钟线 SCL 为高电平时,数据线 SDA 出现低电平到高电平跳变时,标志着 I2C 总线传输数据结束,如图 11-3 所示。

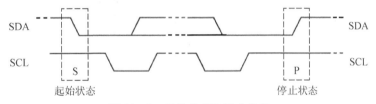

图 11-3　起始状态和停止状态

**3. 传输数据**

传输到数据线 SDA 上的每个字节必须为 8 位,每次传输的字节数不受限制,每个字节后必须跟一个应答位。数据传输时,首先传送最高位,如图 11-4 所示,如果从机暂时不能接收下一个字节数据,如从机响应内部中断,可以使时钟线 SCL 保持为低电平,迫使主机处于等待状态;当从机准备就绪后,再释放时钟线 SCL,使数据传输继续进行。

**4. 应答**

I2C 协议规定,在每个字节传送完毕后,必须有一个应答位。应答位的时钟脉冲由主机产生。在应答时钟有效期内,发送设备把数据线 SDA 置为高电平;接收设备必须把数据线 SDA 置为低电平,并且在此期间保持低电平状态,以便产生有效的应答信号,如图 11-5 所示。

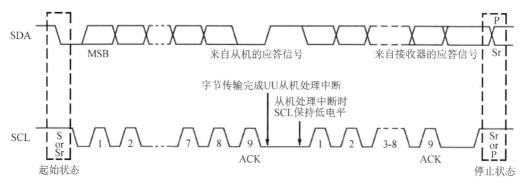

图 11-4　数据传输时序图

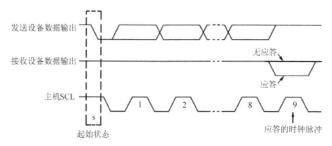

图 11-5　应答时序

### 5. 数据传输格式

在起始状态 S 之后，先发送一个 7 位从机地址，接着第 8 位是数据方向位，$R/\overline{W}=0$ 表示发送（写），$R/\overline{W}=1$ 表示请求数据（读）。一次数据传输总是由主机产生停止状态 P 而结束。但是，如果主机还希望在总线上传输数据，那么，它可以产生另一个起始状态和寻址另一个从机，不需要先产生一个停止状态。在这种传输方式中，就可能有读写方式的组合。如图 11-6 所示。

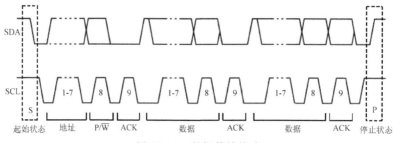

图 11-6　数据传输格式

在 I2C 总线启动或应答信号后的第 1～8 个时钟脉冲对应一个字节的 8 位数据传送。高电平期间，数据串行传送；低电平期间为数据准备，允许总线上数据电平变化。一旦 I2C 总线启动，传送的字节数没有限制，只要求每传送一个字节后，对方回应一个应答位。发送时，最先发送的是数据的最高位。每次传送开始有起始信号，结束时有停止信号。传送完一个字节，可以通过对时钟线的控制使传送暂停。

在 I2C 总线上，传输数据可能的数据格式有：

(1)主机发送器发送到从机接收器,数据传输的方向不变化,如图 11 - 7 所示。

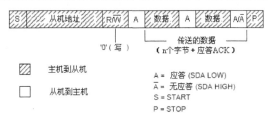

图 11 - 7　主机发送从机接收

(2)在第一个字节后主机立即读从机,如图 11 - 8 所示。

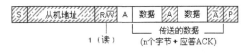

图 11 - 8　主机读从机

(3)组合格式,如图 11 - 9 所示。

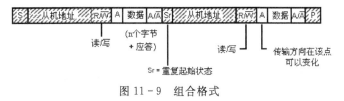

图 11 - 9　组合格式

## 11.3　I2C 总线寻址

　　每个连接在 I2C 总线的器件都具有唯一确定的地址。无论何时,I2C 总线上只能有一个主机对总线实行控制权,分时实现点对点的数据传送。器件(从机)的地址由 7 位组成,它与 1 位方向位构成了 I2C 总线数据传输时起始状态 S 之后的第 1 个字节。从机地址由固定位和可编程位组成。固定位由器件出厂时给定,用户不能自行设置,它是器件的标识码,如图 11 - 10所示。

| D7 | D6 | D5 | D4 | D3 | D2 | D1 | D0 |
|----|----|----|----|----|----|----|----|
| A6 | A5 | A4 | A3 | A2 | A1 | A0 | R/$\overline{W}$ |

图 11 - 10　器件的标识码

　　当主机发送了第 1 个字节后,系统中的每个从机(器件)都在起始状态 S 之后把高 7 位与本机的地址比较,如果与本机地址一样,则该从机被主机选中,是接收数据还是发送数据由 R/$\overline{W}$ 确定。

　　从机地址由固定位和可编程位组成。固定位由器件出厂时给定,用户不能自行设置,它是器件的标识码。当系统中使用了多个相同器件时,从机地址中的可编程位可使这些器件具有不同的地址,这些可编程位也规定了 I2C 总线上同类芯片的最大个数。常用器件的标识码见表 11 - 1。

表 11 - 1  常见 I2C 器件的标识码

| 类别 | 型号 | A6～A3 |
|---|---|---|
| 静态 RAM | PCF8570/71 | 1010 |
| | PCF8570C | 1011 |
| EEPROM | PCF8582 | 1010 |
| | AT24C02 | 1010 |
| | AT24C04 | 1010 |
| | AT24C08 | 1010 |
| | AT24C16 | 1010 |
| I/O 口 | PCF8574 | 0100 |
| | PCF8574A | 0111 |
| LED/LCD 驱动控制器 | SAA1064 | 0111 |
| | PCF8576 | 0111 |
| | PCF8578/79 | 0111 |
| ADC/DAC | PCF8951 | 1001 |
| 日历时钟 | PCF8583 | 1010 |

STM32F107 单片机有一个 I2C 总线接口,可以方便地与 I2C 总线器件连接,对 I2C 器件进行控制。

## 11.4  STM32 的 I2C 总线原理图

STM32 单片机的 I2C 接口由接收发送模块和时钟发生器模块构成,其总线原理如图 11 - 11所示。

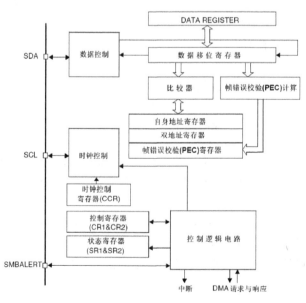

图 11 - 11  STM32 的 I2C 总线原理图

STM32 单片机的 I2C 串行通信接口有如下特点：

(1)支持 7 位或 10 位器件地址；

(2)支持普通呼叫；

(3)支持多主机收发；

(4)支持多从机收发；

(5)传输速率高达 400 kBits/s；

(6)主机可编程时钟频率；

(7)具有中断处理功能。

## 11.5　CAT24WC02 简介

CAT24WC01/02/04/08/16(1K/2K/4K/8K/16K 位串行 EEPROM)支持 I2C 总线数据传送协议。管脚描述如下：

SCL:串行时钟。

CAT24WC01/02/04/08/16 串行时钟输入管脚用于产生器件所有数据发送或接收的时钟,这是一个输入管脚。

SDA:串行数据/地址。

CAT24WC01/02/04/08/16 双向串行数据/地址管脚用于器件所有数据的发送或接收,SDA 是一个开漏输出管脚,可与其他开漏输出或集电极开路输出进行线或(wire-OR)。

A0、A1、A2:器件地址输入端。

这些输入脚用于多个器件级联时应设置器件地址,当这些脚悬空时默认值为 0,24WC01 除外。

当使用 24WC01 或 24WC02 时最大可级联 8 个器件。如果只有一个 24WC02 被总线寻址,这三个地址输入脚 A0、A1、A2 可悬空或连接到 VSS,如果只有一个 24WC01 被总线寻址,这三个地址输入脚 A0、A1、A2 必须连接到 VSS。

当使用 24WC04 时最多可连接 4 个器件,该器件仅使用 A1、A2 地址管脚,A0 管脚未用,可以连接到 VSS 或悬空。如果只有一个 24WC04 被总线寻址,A1 和 A2 地址管脚可悬空或连接到 VSS。

当使用 24WC08 时最多可连接 2 个器件,且仅使用地址管脚 A2,A0 和 A1 管脚未用,可以连接到 VSS 或悬空。如果只有一个 24WC08 被总线寻址,A2 管脚可悬空或连接到 VSS。

当使用 24WC16 时最多只可连接 1 个器件,所有地址管脚 A0、A1、A2 都未用,管脚可以连接到 VSS 或悬空。

WP:写保护。如果 WP 管脚连接到 VCC,所有的内容都被写保护(只能读)。当 WP 管脚连接到 VSS 或悬空,允许器件进行正常的读/写操作。

## 11.6　CAT24WC02 读写操作

### 第一步:创建工程

创建 STM32CubeMX 新工程 Experiment_7_1_I2C_WriteRead_24C02.ioc,RCC、SYS 的

配置同 4.1 节。

1)配置 I2C

I2C1 选择 I2C 模式,PB6 和 PB7 管脚被自动配置为 I2C1_SCL 和 I2C1_SDA,如图 11-12 所示。注意:STM32F107 只有一个 I2C 接口。I2C 的所有参数按默认配置,不做修改。只需注意一下,I2C 为标准模式,I2C 传输速率为 100 kHz,小于 CAT24WC02 的 400 kHz 总线速率即可。

图 11-12 配置 I2C

2)配置 USART1

用 printf 语句将程序运行结果输出到串口调试器中。USART1 按默认设置,如图11-13所示。

3)配置完成,保存 STM32CubeMX 工程文件

点击"GENERATE CODE",生成代码工程框架并打开。

在 main.c 中可以找到 I2C1 的初始化代码:

hi2c1.Instance = I2C1;

hi2c1.Init.ClockSpeed = 100000;

hi2c1.Init.DutyCycle = I2C_DUTYCYCLE_2;

hi2c1.Init.OwnAddress1 = 0;

hi2c1.Init.AddressingMode = I2C_ADDRESSINGMODE_7BIT;

hi2c1.Init.DualAddressMode = I2C_DUALADDRESS_DISABLE;

hi2c1.Init.OwnAddress2 = 0;

hi2c1.Init.GeneralCallMode = I2C_GENERALCALL_DISABLE;

hi2c1.Init.NoStretchMode = I2C_NOSTRETCH_DISABLE;

if(HAL_I2C_Init(&hi2c1) ! = HAL_OK)

{

　　Error_Handler();

}

图 11-13　配置 USART1

在 stm32f1xx_hal_i2c. h 头文件中可以看到 I2C 的操作函数,分别对应轮询、中断和 DMA 三种控制方式。我们采用轮询方式读写 24C01,代码如下。

```
/ * * @addtogroup I2C_Exported_Functions_Group2 Input and Output operation functions
  * @{
  * /
/ * IO operation functions  * * * * * * * * * * * * * * * * * * * * * * * * * * * * *
 * * * * * * * * * * * * * * * * * /
/ * * * * * * * Blocking mode:Polling * /
HAL_StatusTypeDef HAL_I2C_Master_Transmit(I2C_HandleTypeDef * hi2c, uint16_t DevAddress, uint8
_t * pData, uint16_t Size, uint32_t Timeout);
HAL_StatusTypeDef HAL_I2C_Master_Receive(I2C_HandleTypeDef * hi2c, uint16_t DevAddress, uint8_
t * pData, uint16_t Size, uint32_t Timeout);
HAL_StatusTypeDef HAL_I2C_Slave_Transmit(I2C_HandleTypeDef * hi2c, uint8_t * pData, uint16_t
Size, uint32_t Timeout);
HAL_StatusTypeDef HAL_I2C_Slave_Receive(I2C_HandleTypeDef * hi2c, uint8_t * pData, uint16_t
Size, uint32_t Timeout);
HAL_StatusTypeDef HAL_I2C_Mem_Write(I2C_HandleTypeDef * hi2c, uint16_t DevAddress, uint16_t
MemAddress, uint16_t MemAddSize, uint8_t * pData, uint16_t Size, uint32_t Timeout);
HAL_StatusTypeDef HAL_I2C_Mem_Read(I2C_HandleTypeDef * hi2c, uint16_t DevAddress, uint16_t
MemAddress, uint16_t MemAddSize, uint8_t * pData, uint16_t Size, uint32_t Timeout);
HAL_StatusTypeDef HAL_I2C_IsDeviceReady(I2C_HandleTypeDef * hi2c, uint16_t DevAddress, uint32_
t Trials, uint32_t Timeout);

/ * * * * * * * * Non-Blocking mode:Interrupt * /
HAL_StatusTypeDef HAL_I2C_Master_Transmit_IT(I2C_HandleTypeDef * hi2c, uint16_t DevAddress,
uint8_t * pData, uint16_t Size);
HAL_StatusTypeDef HAL_I2C_Master_Receive_IT(I2C_HandleTypeDef * hi2c, uint16_t DevAddress,
```

uint8_t * pData, uint16_t Size);
HAL_StatusTypeDef HAL_I2C_Slave_Transmit_IT(I2C_HandleTypeDef * hi2c, uint8_t * pData, uint16_t Size);
HAL_StatusTypeDef HAL_I2C_Slave_Receive_IT(I2C_HandleTypeDef * hi2c, uint8_t * pData, uint16_t Size);
HAL_StatusTypeDef HAL_I2C_Mem_Write_IT(I2C_HandleTypeDef * hi2c, uint16_t DevAddress, uint16_t MemAddress, uint16_t MemAddSize, uint8_t * pData, uint16_t Size);
HAL_StatusTypeDef HAL_I2C_Mem_Read_IT(I2C_HandleTypeDef * hi2c, uint16_t DevAddress, uint16_t MemAddress, uint16_t MemAddSize, uint8_t * pData, uint16_t Size);

HAL_StatusTypeDef HAL_I2C_Master_Seq_Transmit_IT(I2C_HandleTypeDef * hi2c, uint16_t DevAddress, uint8_t * pData, uint16_t Size, uint32_t XferOptions);
HAL_StatusTypeDef HAL_I2C_Master_Seq_Receive_IT(I2C_HandleTypeDef * hi2c, uint16_t DevAddress, uint8_t * pData, uint16_t Size, uint32_t XferOptions);
HAL_StatusTypeDef HAL_I2C_Slave_Seq_Transmit_IT(I2C_HandleTypeDef * hi2c, uint8_t * pData, uint16_t Size, uint32_t XferOptions);
HAL_StatusTypeDef HAL_I2C_Slave_Seq_Receive_IT(I2C_HandleTypeDef * hi2c, uint8_t * pData, uint16_t Size, uint32_t XferOptions);
HAL_StatusTypeDef HAL_I2C_EnableListen_IT(I2C_HandleTypeDef * hi2c);
HAL_StatusTypeDef HAL_I2C_DisableListen_IT(I2C_HandleTypeDef * hi2c);
HAL_StatusTypeDef HAL_I2C_Master_Abort_IT(I2C_HandleTypeDef * hi2c, uint16_t DevAddress);

/* * * * * * * * Non-Blocking mode: DMA */
HAL_StatusTypeDef HAL_I2C_Master_Transmit_DMA(I2C_HandleTypeDef * hi2c, uint16_t DevAddress, uint8_t * pData, uint16_t Size);
HAL_StatusTypeDef HAL_I2C_Master_Receive_DMA(I2C_HandleTypeDef * hi2c, uint16_t DevAddress, uint8_t * pData, uint16_t Size);
HAL_StatusTypeDef HAL_I2C_Slave_Transmit_DMA(I2C_HandleTypeDef * hi2c, uint8_t * pData, uint16_t Size);
HAL_StatusTypeDef HAL_I2C_Slave_Receive_DMA(I2C_HandleTypeDef * hi2c, uint8_t * pData, uint16_t Size);
HAL_StatusTypeDef HAL_I2C_Mem_Write_DMA(I2C_HandleTypeDef * hi2c, uint16_t DevAddress, uint16_t MemAddress, uint16_t MemAddSize, uint8_t * pData, uint16_t Size);
HAL_StatusTypeDef HAL_I2C_Mem_Read_DMA(I2C_HandleTypeDef * hi2c, uint16_t DevAddress, uint16_t MemAddress, uint16_t MemAddSize, uint8_t * pData, uint16_t Size);

HAL_StatusTypeDef HAL_I2C_Master_Seq_Transmit_DMA(I2C_HandleTypeDef * hi2c, uint16_t DevAddress, uint8_t * pData, uint16_t Size, uint32_t XferOptions);
HAL_StatusTypeDef HAL_I2C_Master_Seq_Receive_DMA(I2C_HandleTypeDef * hi2c, uint16_t DevAddress, uint8_t * pData, uint16_t Size, uint32_t XferOptions);
HAL_StatusTypeDef HAL_I2C_Slave_Seq_Transmit_DMA(I2C_HandleTypeDef * hi2c, uint8_t * pData, uint16_t Size, uint32_t XferOptions);
HAL_StatusTypeDef HAL_I2C_Slave_Seq_Receive_DMA(I2C_HandleTypeDef * hi2c, uint8_t * pData, uint16_t Size, uint32_t XferOptions);
/* *
  * @}
  */

/* * @addtogroup I2C_IRQ_Handler_and_Callbacks IRQ Handler and Callbacks
  * @{
  */

```
/ * * * * * * * I2C IRQHandler and Callbacks used in non blocking modes (Interrupt and DMA) * /
void HAL_I2C_EV_IRQHandler(I2C_HandleTypeDef * hi2c);
void HAL_I2C_ER_IRQHandler(I2C_HandleTypeDef * hi2c);
void HAL_I2C_MasterTxCpltCallback(I2C_HandleTypeDef * hi2c);
void HAL_I2C_MasterRxCpltCallback(I2C_HandleTypeDef * hi2c);
void HAL_I2C_SlaveTxCpltCallback(I2C_HandleTypeDef * hi2c);
void HAL_I2C_SlaveRxCpltCallback(I2C_HandleTypeDef * hi2c);
void HAL_I2C_AddrCallback(I2C_HandleTypeDef * hi2c, uint8_t TransferDirection, uint16_t AddrMatch-
Code);
void HAL_I2C_ListenCpltCallback(I2C_HandleTypeDef * hi2c);
void HAL_I2C_MemTxCpltCallback(I2C_HandleTypeDef * hi2c);
void HAL_I2C_MemRxCpltCallback(I2C_HandleTypeDef * hi2c);
void HAL_I2C_ErrorCallback(I2C_HandleTypeDef * hi2c);
void HAL_I2C_AbortCpltCallback(I2C_HandleTypeDef * hi2c)
```

### 第二步:添加代码

在 main.c 里面添加如下代码:

**1)添加包含头文件**

```
/ * USER CODE BEGIN Includes * /
#include<stdio.h>          //必须添加此句,进行标准化输入输出
#include<string.h>
/ * USER CODE END Includes * /
```

**2)添加用户变量和常数定义**

```
/ * USER CODE BEGIN PV * /
/ * Private variables ------------------------- * /
#define ADDR_24LCxx_Write 0xA0     //写 24C02 命令
#define ADDR_24LCxx_Read 0xA1      //读 24C02 命令
#defineBufferSize 0x10             //0x10:每次只能写一个扇区 16 个字节
uint8_t WriteBuffer[BufferSize],ReadBuffer[BufferSize];
uint16_t i;
/ * USER CODE END PV * /
```

**3)将 16 个数据写入 24C02,然后读出与写入比较,读写结果用 printf 输出**

```
/ * USER CODE BEGIN 2 * /
printf("\r\n * * * * * * * * * I2C Example * * * * * * * * * * * * \r\n");
for(i=0; i<256; i++)
    WriteBuffer[i]=i;   / * WriteBuffer init * /
/ * wrinte date to EEPROM * /
if(HAL_I2C_Mem_Write(&hi2c1, ADDR_24LCxx_Write, 0, I2C_MEMADD_SIZE_8BIT, Write-
Buffer,BufferSize, 20) == HAL_OK)
    printf("\r\n EEPROM 24C02 Write Test OK \r\n");
else
    printf("\r\n EEPROM 24C02 Write Test False \r\n");
HAL_Delay(10);//这个延迟时间必须有,否则,读出的数据不对。
/ * read date from EEPROM * /
HAL_I2C_Mem_Read(&hi2c1, ADDR_24LCxx_Read, 0, I2C_MEMADD_SIZE_8BIT,ReadBuffer,
BufferSize, 20);
for(i=0; i<BufferSize; i++)
    printf("0x%02X",ReadBuffer[i]);
if(memcmp(WriteBuffer,ReadBuffer,BufferSize) == 0 ) / * check date * /
```

```
        printf("\r\n EEPROM 24C02 Read Test OK\r\n");
else
        printf("\r\n EEPROM 24C02 Read Test False\r\n");
    /* USER CODE END 2 */
```

4)fputc 函数

```
/* USER CODE BEGIN 4 */
int fputc(int ch, FILE * f)
//实现标准输出 printf() 的底层驱动函数 fputc(),功能是在 UART1 输出一个字符。
{
    HAL_UART_Transmit(&huart1, (uint8_t *)&ch, 1, 10);
    return ch;
}
/* USER CODE END 4 */
```

程序中先初始化数据缓存,然后调用 HAL_I2C_Mem_Write() 函数将数据写入EEPROM中,根据函数返回值判断写操作是否正确。在 stm32f1xx_hall_i2c.c 中可以找到 I2C 内存写函数说明,第一个参数为 I2C 操作句柄,第二个参数为 EEPROM 的写操作设备地址,第三个参数为 I2C 器件内存首地址,第四个参数为 I2C 器件内存地址长度(EEPROM 内存长度为 8 bit),第五个参数为数据缓存的起始地址,第六个参数为传输数据的大小,第七个参数为操作超时时间。

HAL_I2C_Mem_Read() 函数的第一个参数为 I2C 操作句柄,第二个参数为 EEPROM 的读操作设备地址,第三个参数为 I2C 器件内存首地址,第四个参数为内存地址长度,第五个参数为读取数据存储的起始地址,第六个参数为传输数据的大小,第七个参数为操作超时时间。

程序最后调用 memcmp() 函数判断读写的两个缓存的数据是否一致。memcmp() 是比较内存区域是否相等的函数,在 main.c 前面需要添加 string.h 头文件。

**第三步:编译、下载、运行**

将开发板 I2C 接口的 SCL 引脚接 PB6,SDA 引脚接 PB7,编译、下载、运行。打开串口调试助手,选择好串口号,设置波特率为 115200。在串口调试器中观察到输出结果如图 11-14 所示。

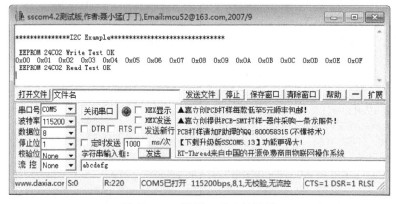

图 11-14 读写 24C02 的结果

# 学习与练习

1. 将 0~255 写入 CAT24WC02 并读出进行验证。

2. 通过串口调试器任意指定一个起始地址,写入 64 个字节的数据,并读出进行验证。

# 第 12 章　SPI 接口

SPI(Serial Peripheral Interface)是摩托罗拉公司首先在其 MC68HCXX 系列处理器上定义的串行外围设备接口。SPI 接口主要用于 EEPROM、Flash、实时时钟、AD 转换器、数字信号处理器和数字信号解码器上的通信。SPI 是一种高速、全双工、同步串行通信总线,在芯片的管脚上只占用四根线,节约了芯片的管脚,同时为 PCB 的布局节省空间,提供便利。正是出于这种简单、易用的特性,现在越来越多的芯片集成了这种通信协议。STM32 单片机虽然对外没有地址、数据和控制总线,但它具有丰富的外设,如模数转换器、数模转换器、定时器、UART 串口、SPI 串口和 I2C 串口等,真正实现了单片化。本章通过 STM32 的 SPI 总线控制W25Q16 芯片的写和读操作介绍 SPI 串口。

## 12.1　SPI 总线

### 1. 主-从模式(Master-Slave)控制方式

SPI 规定了两个 SPI 设备之间通信必须由主设备(Master)来控制从设备(Slave)。一个主设备可以通过提供时钟及对从设备进行片选(Slave Select)来控制多个从设备,SPI 协议还规定从设备的时钟由主设备通过 SCK 管脚提供给从设备,从设备本身不能产生或控制时钟,没有时钟则从设备不能正常工作,SPI 总线结构如图 12-1 所示。

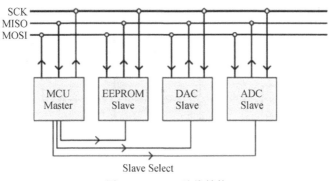

图 12-1　SPI 总线结构

### 2. SPI 采用同步方式(Synchronous)传输数据

主设备根据将要交换的数据产生相应的时钟信号,时钟信号通过时钟极性(Clock Polarity,CPOL)和时钟相位(Clock Phase,CPHA)来控制两个 SPI 设备间何时进行数据交换,及何时对接收到的数据进行采样,来保证数据在两个设备之间是同步传输的。控制位 CPHA 和CPOL 一共有 4 种组合,图 12-2 是 SPI 不同组合的通信时序图。

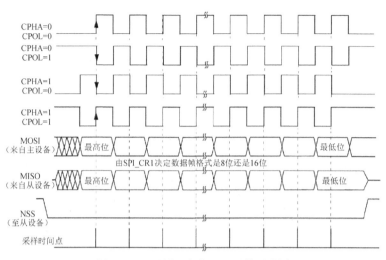

图 12-2　不同组合的 SPI 通信时序图

从图 12-2 中可以看到,对于不同的组合,SPI 采集数据对应的时钟信号的边沿不同,允许数据变化的区间也相应不同。例如,当 CPHA=0、CPOL=0 时,SPI 的数据采集都对应时钟信号的上升沿,MISO、MOSI 的数据变化,只能发生在时钟信号的低电平期间,而且在 SPI 空闲期间,时钟处于高电平。又如,当 CPHA=0、CPOL=1 时,SPI 的数据采集都是对应于时钟信号的下降沿,MISO、MOSI 的数据变化只能发生在时钟信号的高电平期间,而且在 SPI 空闲期间,时钟处于高电平。其余情况,读者自己观察分析,选择哪种时序取决于从器件的时序。

**3. SPI 典型连接**

SPI 设备之间的典型连接方式如图 12-3 所示。图中的 NSS 是 4 线制时的片选信号,当采用 3 线制时不使用此信号。

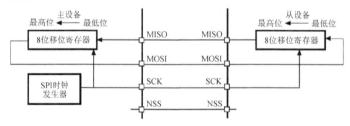

图 12-3　SPI 设备之间的典型连接方式

图 12-3 是 4 线制连接方式,如果不使用 NSS(此引脚就可以作为他用)就是 3 线制连接方式。

**4. SPI 作为主机索取数据**

当把 SPI 配置成主机模式时,SCK、MOSI、NSS(4 线制时)是输出口线,MISO 是输入口线。欲发送的数据在主机的 SCK 时钟的同步下,逐位沿着 MOSI 口线到达从机的 MOSI 引脚。与此同时,从机的 MISO 引脚上的数据也在主机的 SCK 时钟的同步下,逐位到达主机的 MISO 引脚。由此看来,如果我们要向从 SPI 索要数据,就必须先发出索要数据的命令(其实也可作为数据,不过说成是命令,其中隐含着通信的某种约定),然后主机再发出无意义的数据,其目的是给从机提供回发数据的同步时钟 SCK。等待主机收到数据后,才完成了一次数据的获得。

# 12.2 STM32 单片机的 SPI 总线

STM32 单片机的 SPI 接口由接收模块、发送模块和时钟发生器模块构成,其接口逻辑图如图 12 - 4 所示。

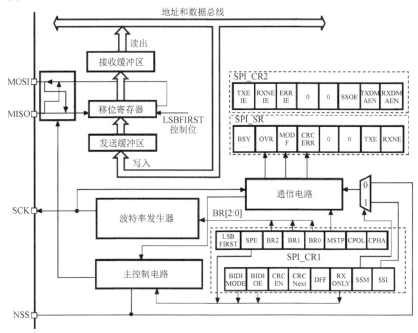

图 12 - 4 SPI 接口逻辑图

STM32F107 单片机有 3 个 SPI 串行通信接口。STM32 单片机的 SPI 同步串行通信模式有两种,一种是主机模式,另一种是从机模式。从图 12 - 4 中可以看到,每个接口对外有 4 个口线,其输入、输出方向取决于做主机还是从机(见表 12 - 1)。

STM32 单片机的 SPI 串行通信接口有如下特点:

(1)支持 8 位或 16 位数据格式;

(2)收发寄存器独立;

(3)收发缓冲器独立;

(4)支持 3 线制或 4 线制全双工;

(5)支持主或从方式;

(6)支持多主模式;

(7)传输速率可编程设定;

(8)可编程的数据顺序,MSB 在前或 LSB 在前;

(9)可选时钟极性及相位;

(10)具有中断处理功能。

为了便于学习和介绍,现将 SPI 串行通信的所有控制位对应的 STM32CubeMX 配置归纳成表 12 - 2。

**表 12 - 1 作为 SPI 外设时,引脚配置**

| SPI 引脚 | SPI 工作模式 | SPI 引脚配置 |
|---|---|---|
| SPIx_SCK | 主机模式（MSTR=1） | 推挽复用输出 |
| | 从机模式（MSTR=0） | 浮空输入 |
| SPIx_MOSI | 全双工模式/主机模式（MSTR=1） | 推挽复用输出 |
| | 全双工模式/从机模式（MSTR=0） | 浮空输入或带上拉输入 |
| | 双向数据线/主机模式（MSTR=1） | 推挽复用输出 |
| | 双向数据线/从机模式 | 未用，可作为通用 I/O |
| SPIx_MISO | 全双工模式/主机模式 | 浮空输入或带上拉输入 |
| | 全双工模式/从机模式 | 推挽复用输出 |
| | 双向数据线/主机模式 | 未用，可作为通用 I/O |
| | 双向数据线/从机模式 | 推挽复用输出 |
| SPIx_NSS | 硬件主机/从机模式 | 浮空输入或带上拉输入或带下拉输入 |
| | 硬件主机模式/NSS 输出使能 | 推挽复用输出 |
| | 软件模式 | 未用，可作为通用 I/O |

**表 12 - 2   SPI 串行通信的控制位一览表（表中对应于 SPI1 和 SPI2）**

| 控制名称 | 作  用 | STM32CubeMX 配置 |
|---|---|---|
| BR(n) | 设置波特率（fPCLK 来自时钟系统）<br>n=0：fPCLK/2；<br>n=1：fPCLK/4；<br>n=2：fPCLK/8；<br>n=3：fPCLK/16；<br>n=4：fPCLK/32；<br>n=5：fPCLK/64；<br>n=6：fPCLK/128；<br>n=7：fPCLK/256 | Prescaler(for Baud Rate)：2,4,<br>8,16,32,64,128,256 数值越大，<br>Baud Rate 越低 |
| CPHA(n) | n=0：下降沿捕获数据 | CPHA 配置 |
| | n=1：上升沿捕获数据 | |
| CPOL(n) | n=0：时钟未激活 | CPOL 配置 |
| | n=1：时钟激活 | |
| LSBFIRST(n) | n=0：低位在前 | First Bit 配置 |
| | n=1：高位在前 | |
| DFF(n) | n=0：8 位数据 | Data Size 配置 |
| | n=1：16 位数据 | |
| SSOE (n) | n=0：不允许 NSS 输出（可作为他用）；<br>n=1：允许 NSS 输出 | Hardware NSS Signal 配置 |

| 控制名称 | 作　　用 | STM32CubeMX 配置 |
|---|---|---|
| MSTR(n) | n=0：从模式 | Mode 配置 |
| | n=1：主模式 | |
| RXNEIE(n) | n=0:未接收到数据不使能 | — |
| | n=1:接收到数据使能 | |
| DR(n) | 写操作时,n 是要发送的数据；<br>读操作时,是接收到的数据 | — |
| RXNE(n) | 收到数据时该位为 1,否则为 0;读取数据后会自动清零该位 | — |
| SPE(n) | n=0:关闭 SPI 外设 | — |
| | n=1：开启 SPI 外设 | |
| SSM(n) | n=0:禁止软件从设备管理 | — |
| | n=1:启用软件从设备管 | |
| SSI(n) | n=0:NSS=0(只在 SSM 位为'1'时有意义) | — |
| | n=1:NSS=1(只在 SSM 位为'1'时有意义) | — |

# 12.3　W25Q16 简介

W25Q16 是华邦公司推出的大容量 SPI Flash 产品,W25Q16 的容量为 16 MB,该系列还有 W25Q128/64/32 等。W25Q16 将 16 MB 的容量分为 256 个块(Block),每个块大小为 64 KB,每个块又分为 16 个扇区(Sector),每个扇区 4 KB。W25Q16 的最小擦除单位为一个扇区,也就是每次必须擦除 4 KB。这样我们需要给 W25Q16 开辟一个至少 4 KB 的缓存区,这样对 SRAM 要求比较高,要求芯片必须有 4 KB 以上 SRAM 才能操作 W25Q16。W25Q16 的可擦写次数多达 10 万次,具有 20 年的数据保存期限,支持电压为 2.7～3.6 V。

W25Q128 支持标准的 SPI,还支持双输出/四输出的 SPI,最大 SPI 时钟可以到 80 MHz (双输出时相当于 160 MHz,四输出时相当于 320 MHz),更多的 W25Q16 的介绍请参考相关资料。

采用 STM32CubeMX 配置 SPI 时,我们需要了解 W25Q16 可能接受的波特率,以及数据传输时序,从而确定如何配置 SPI 的波特率和设置时钟的相位和极性。

# 12.4　W25Q16 读写操作

**第一步:创建工程**

创建 STM32CubeMX 新工程 Experiment_8_1_SPI2_WriteRead_W25Q16. ioc,RCC、SYS 的配置同 4.1 节。

1)配置 SPI

SPI2 Mode:全双工主模式,PB13、PB14 和 PB15 管脚被自动配置为 SPI2_CLK、

SPI2_MISO 和 SPI2_MOSI,如图 12 - 5 所示。Hardware NSS Signal:Disable。NSS 为片选信号,NSS 外部引脚可以作为输入信号或者输出信号,作为输入信号一般用于从机时硬件方式的片选,而作为输出信号一般用于主 SPI 去片选与之相连的从 SPI。按照标准的 SPI 协议,当 SPI 被配置为主机模式后,通过 SPI 对从设备进行操作时,其 NSS 应该自动置低,从而选中(使能)从设备;一旦不对从设备进行操作,NSS 立刻置为高。但是,经过实际调试却发现 STM32 SPI NSS 无法自动实现跳变。一旦 SPI 初始化完成并使能 SPI,NSS 立刻置低,然后保持不变。ST 官方技术人员也证实,STM32 SPI NSS 不会自动置位和复位。按照官方说法,ST 已经将其列入了改进计划,所以不要使用硬件 NSS 信号,采用软件 NSS 信号即可。而且对于 SPI 总线,也是把多个 SPI 设备挂到同一根 SPI 总线上,通过片选信号决定对哪个 SPI 设备进行读写操作。PD9 作软件 NSS 信号,配置成输出模式。SPI2 的其他配置均按默认配置即可。

图 12 - 5　配置 SPI2

2)配置 USART1

用于 printf 语句将程序运行结果输出到串口调试器中,USART1 按默认配置即可。

3)配置完成,保存 STM32CubeMX 工程文件

点击"GENERATE CODE",生成代码工程框架并打开。

在 main.c 中可以找到 SPI2 的初始化代码:

```
/* SPI2 parameter configuration */
hspi2.Instance = SPI2;
hspi2.Init.Mode = SPI_MODE_MASTER;
hspi2.Init.Direction = SPI_DIRECTION_2LINES;
```

```
hspi2. Init. DataSize = SPI_DATASIZE_8BIT;
hspi2. Init. CLKPolarity = SPI_POLARITY_LOW;
hspi2. Init. CLKPhase = SPI_PHASE_1EDGE;
hspi2. Init. NSS = SPI_NSS_SOFT;
hspi2. Init. BaudRatePrescaler = SPI_BAUDRATEPRESCALER_2;
hspi2. Init. FirstBit = SPI_FIRSTBIT_MSB;
hspi2. Init. TIMode = SPI_TIMODE_DISABLE;
hspi2. Init. CRCCalculation = SPI_CRCCALCULATION_DISABLE;
hspi2. Init. CRCPolynomial = 10;
if (HAL_SPI_Init(&hspi2) ! = HAL_OK)
{
  Error_Handler();
}
```

在 stm32f1xx_hal_spi. h 头文件中可以看到 SPI 的操作函数。分别对应轮询,中断和
DMA 三种控制方式。我们采用轮询方式读写 W25Q16。

```
/ * * @addtogroup SPI_Exported_Functions_Group2
  * @{
  * /
/ * I/O operation functions  * * * * * * * * * * * * * * * * * * * * * * * * * * * * *
* * * * * * * * * * * * * * * * * * * * */
HAL_StatusTypeDef HAL_SPI_Transmit(SPI_HandleTypeDef * hspi, uint8_t * pData, uint16_t
Size, uint32_t Timeout);
HAL_StatusTypeDef HAL_SPI_Receive(SPI_HandleTypeDef * hspi, uint8_t * pData, uint16_t Size,
uint32_t Timeout);
HAL_StatusTypeDef HAL_SPI_TransmitReceive(SPI_HandleTypeDef * hspi, uint8_t * pTxData,
uint8_t * pRxData, uint16_t Size, uint32_t Timeout);
HAL_StatusTypeDef HAL_SPI_Transmit_IT(SPI_HandleTypeDef * hspi, uint8_t * pData, uint16_t
Size);
HAL_StatusTypeDef HAL_SPI_Receive_IT(SPI_HandleTypeDef * hspi, uint8_t * pData, uint16_t
Size);
HAL_StatusTypeDef HAL_SPI_TransmitReceive_IT(SPI_HandleTypeDef * hspi, uint8_t * pTxData,
uint8_t * pRxData, uint16_t Size);
HAL_StatusTypeDef HAL_SPI_Transmit_DMA(SPI_HandleTypeDef * hspi, uint8_t * pData, uint16
_t Size);
HAL_StatusTypeDef HAL_SPI_Receive_DMA(SPI_HandleTypeDef * hspi, uint8_t * pData, uint16_t
Size);
HAL_StatusTypeDef HAL_SPI_TransmitReceive_DMA(SPI_HandleTypeDef * hspi, uint8_t * pTx-
Data, uint8_t * pRxData, uint16_t Size);
HAL_StatusTypeDef HAL_SPI_DMAPause(SPI_HandleTypeDef * hspi);
HAL_StatusTypeDef HAL_SPI_DMAResume(SPI_HandleTypeDef * hspi);
HAL_StatusTypeDef HAL_SPI_DMAStop(SPI_HandleTypeDef * hspi);
/ * Transfer Abort functions * /
HAL_StatusTypeDef HAL_SPI_Abort(SPI_HandleTypeDef * hspi);
HAL_StatusTypeDef HAL_SPI_Abort_IT(SPI_HandleTypeDef * hspi);

void HAL_SPI_IRQHandler(SPI_HandleTypeDef * hspi);
void HAL_SPI_TxCpltCallback(SPI_HandleTypeDef * hspi);
void HAL_SPI_RxCpltCallback(SPI_HandleTypeDef * hspi);
void HAL_SPI_TxRxCpltCallback(SPI_HandleTypeDef * hspi);
void HAL_SPI_TxHalfCpltCallback(SPI_HandleTypeDef * hspi);
```

```
void HAL_SPI_RxHalfCpltCallback(SPI_HandleTypeDef * hspi);
void HAL_SPI_TxRxHalfCpltCallback(SPI_HandleTypeDef * hspi);
void HAL_SPI_ErrorCallback(SPI_HandleTypeDef * hspi);
void HAL_SPI_AbortCpltCallback(SPI_HandleTypeDef * hspi);
```

**第二步:添加代码**

在 main.c 里面添加如下代码:

1)添加用户包含头文件

```
/* USER CODE BEGIN Includes */
#include<stdio.h>                                    //必须添加此句,进行标准化输入输出
#include<string.h>
/* USER CODE END Includes */
```

2)添加用户定义

```
/* Private define ---------------------------- */
/* USER CODE BEGIN PD */
#define W25Qx_TIMEOUT_VALUE 100
/* W25Q16 的指令 */
#define READ_ID_CMD          0x90            // 读 ID
#define Check_CMD            0x05            // 检查线路是否繁忙
#define WRITE_ENABLE_CMD  0x06            // 写使能,使能了才能改变芯片数据
#define READ_CMD            0x03            // 读数据命令
#define WRITE_CMD           0x02            // 写数据命令
#define SECTOR_ERASE_CMD  0x20            // 扇区擦除命令
/* USER CODE END PD */
```

3)添加用户变量

```
/* USER CODE BEGIN PV */
uint8_t m_addr[3] = {0,0,0};                      // 测试地址 0x000000
uint8_t w25x_cmd;
/* USER CODE END PV */
```

4)添加用户私有函数类型说明

```
/* USER CODE BEGIN PFP */
void ReadID(void);
void WriteData(void);
void ReadData(void);
/* USER CODE END PFP */
```

5)读 ID 号,将数据写入 W25Q16,然后读出,用 printf 输出

```
/* USER CODE BEGIN 2 */
ReadID();                                          //读器件 ID 号
WriteData();                                       //写入数据
ReadData();                                        //读数据
/* USER CODE END 2 */
```

6)fputc 函数、W25Qx 读写等函数

```
/* USER CODE BEGIN 4 */
int fputc(int ch, FILE * f)
//实现标准输出 printf()的底层驱动函数 fputc(),功能是通过 UART1 输出一个字符
{
    HAL_UART_Transmit(&huart1, (uint8_t * )&ch, 1, 10);
```

```
      return ch;
}

/* 读 ID */
void ReadID(void)
{
    uint8_t temp_ID[5] = {0,0,0,0,0};                              // 接收缓存
    w25x_cmd = READ_ID_CMD;
    HAL_GPIO_WritePin(GPIOD, GPIO_PIN_9, GPIO_PIN_RESET);          // 使能 CS
    HAL_SPI_Transmit(&hspi2, &w25x_cmd, 1, W25Qx_TIMEOUT_VALUE);   // 读 ID 发送指令
    HAL_SPI_Receive(&hspi2, temp_ID, 5, W25Qx_TIMEOUT_VALUE);      // 读取 ID
    HAL_GPIO_WritePin(GPIOD, GPIO_PIN_9, GPIO_PIN_SET);            // 失能 CS
    printf("readID is %x%x\r\n",temp_ID[3],temp_ID[4]);           // 打印 ID 号
}


/* 检查是否繁忙 */
void CheckBusy(void)
{
    uint8_t status=1;
    uint32_t timeCount=0;
    w25x_cmd =Check_CMD;
    do
    {
        timeCount++;
        if(timeCount > 0xEFFFFFFF)                                 //等待超时
        {
            return ;
        }
        HAL_GPIO_WritePin(GPIOD, GPIO_PIN_9, GPIO_PIN_RESET);      // 使能 CS
        HAL_SPI_Transmit(&hspi2, &w25x_cmd, 1, W25Qx_TIMEOUT_VALUE); // 发送指令
        HAL_SPI_Receive(&hspi2, &status, 1, W25Qx_TIMEOUT_VALUE);  // 读取
        HAL_GPIO_WritePin(GPIOD, GPIO_PIN_9, GPIO_PIN_SET);        // 失能 CS
    }while((status&0x01)==0x01);
}


/* 写入数据 */
void WriteData(void)
{
    uint8_t temp_wdata[5] = {0x55,0x19,0x49,0x11,0xAA};            // 需要写入的数据
    /* 检查是否繁忙 */
    CheckBusy();
    /* 写使能 */
    w25x_cmd = WRITE_ENABLE_CMD;
    HAL_GPIO_WritePin(GPIOD, GPIO_PIN_9, GPIO_PIN_RESET);          // 使能 CS
    HAL_SPI_Transmit(&hspi2, &w25x_cmd, 1, W25Qx_TIMEOUT_VALUE);   // 发送指令
    HAL_GPIO_WritePin(GPIOD, GPIO_PIN_9, GPIO_PIN_SET);            // 失能 CS
    /* 擦除 */
    w25x_cmd = SECTOR_ERASE_CMD;
    HAL_GPIO_WritePin(GPIOD, GPIO_PIN_9, GPIO_PIN_RESET);          // 使能 CS
    HAL_SPI_Transmit(&hspi2, &w25x_cmd, 1, W25Qx_TIMEOUT_VALUE);   // 发送指令
    HAL_SPI_Transmit(&hspi2, m_addr, 3, W25Qx_TIMEOUT_VALUE);      // 发送地址
```

```
        HAL_GPIO_WritePin(GPIOD, GPIO_PIN_9, GPIO_PIN_SET);            // 失能 CS
        /* 再次检查是否繁忙 */
        CheckBusy();
        /* 写使能 */
        w25x_cmd = WRITE_ENABLE_CMD;
        HAL_GPIO_WritePin(GPIOD, GPIO_PIN_9, GPIO_PIN_RESET);          // 使能 CS
        HAL_SPI_Transmit(&hspi2, &w25x_cmd, 1, W25Qx_TIMEOUT_VALUE);   // 发送指令
        HAL_GPIO_WritePin(GPIOD, GPIO_PIN_9, GPIO_PIN_SET);            // 失能 CS
        /* 写数据 */
        w25x_cmd = WRITE_CMD;
        HAL_GPIO_WritePin(GPIOD, GPIO_PIN_9, GPIO_PIN_RESET);          // 使能 CS
        HAL_SPI_Transmit(&hspi2, &w25x_cmd, 1, W25Qx_TIMEOUT_VALUE);   // 发送指令
        HAL_SPI_Transmit(&hspi2, m_addr, 3, W25Qx_TIMEOUT_VALUE);      // 地址
        HAL_SPI_Transmit(&hspi2, temp_wdata, 5, W25Qx_TIMEOUT_VALUE);  // 写入数据
        HAL_GPIO_WritePin(GPIOD, GPIO_PIN_9, GPIO_PIN_SET);            // 失能 CS
    }


    /* 读取数据 */
    void ReadData(void)
    {
        uint8_t temp_rdata[5] = {0,0,0,0,0};                          // 读出数据保存
                                                                        的 buff

        /* 检查是否繁忙 */
        CheckBusy();
        /* 开始读数据 */
        w25x_cmd = READ_CMD;
        HAL_GPIO_WritePin(GPIOD, GPIO_PIN_9, GPIO_PIN_RESET);          // 使能 CS
        HAL_SPI_Transmit(&hspi2, &w25x_cmd, 1, W25Qx_TIMEOUT_VALUE);   // 读发送指令
        HAL_SPI_Transmit(&hspi2, m_addr, 3, W25Qx_TIMEOUT_VALUE);      // 地址
        HAL_SPI_Receive(&hspi2, temp_rdata, 5, W25Qx_TIMEOUT_VALUE);   // 拿到数据
        HAL_GPIO_WritePin(GPIOD, GPIO_PIN_9, GPIO_PIN_SET);            // 失能 CS
        /* 打印读出的数据 */
        printf("Read flash data is:%x %x %x %x %x\r\n",temp_rdata[0],temp_rdata[1],temp_rdata
        [2],temp_rdata[3],temp_rdata[4]);
    }
    /* USER CODE END 4 */
```

程序中用 HAL_SPI_Transmit()函数发送命令、地址或数据给 W25Q16,在 stm32f1xx_hall_spi.c 中可以找到该函数的说明,第一个参数为 SPI 操作句柄,第二个参数为 W25Q16 的写操作数据的首地址,第三个参数为数据长度,第四个参数为操作超时时间。

程序中用 HAL_SPI_Receive()函数接收 W25Q16 的数据,其中第一个参数为 SPI 操作句柄,第二个参数为读取到的数据存储的起始地址,第三个参数为读取数据的长度,第四个参数为操作超时时间。

**第三步:编译、下载、运行**

将开发板 SPI_CON 接口的片选信号 CS 用杜邦线接 PD9,SCK 信号(W25Q16 的 CLK 引脚)接 PB13,MISO(W25Q16 的 DI 引脚)接 PB15(SPI2_MOSI),MOSI(W25Q16 的 DO 引脚)接 PB14(SPI2_MISO)。注意:SPI 器件的输入(DI)对应 STM32 的输出 SPIx_MOSI,SPI 器件的输出(DO)对应 STM32 的输入 SPIx_MISO。编译、下载、运行。打开串口调试助手,

选择好串口号,设置波特率为 115200。在串口调试器中观察到输出结果如图 12-6 所示。

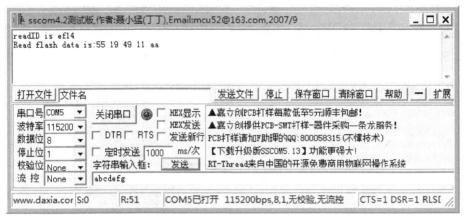

图 12-6 读写 W25Q16 的结果

## 12.5 W25Qx 模块化程序设计

上节中我们并没有列出 W25Qx 的所有操作命令和操作函数,这样编写的程序通用性不强,不便于维护和移植,这节我们以 W25Qx 为例说明如何进行模块化程序设计。STM32 模块化程序设计的关键在于:

(1)利用 STM32CubeMX 中的用户标签增加程序的可移植性,方便修改接口。例如,从 SPI2 改为 SPI3,程序不必做太大的改动。

(2)通过头文件来封装模块程序。模块化程序设计完成后,再次使用模块时,用户不必关心 W25Qx.c 中程序是怎么写的,只需要包含头文件,看看头文件中提供的接口函数即可。

**第一步:创建工程**

拷贝 12.4 节中 STM32CubeMX 的工程文件,将文件名改为 Experiment_8_3_SPI2_WriteRead_W25Q16.ioc,配置同 12.4 节。不同的是将端口名修改为 W25Qx 关联的名称,以便移植和模块化程序设计,选择 SPI2_CLK(STM32)→CLK(W25Qx)、SPI2_MISO(STM32)→DO(W25Qx)、SPI2_MOSI(STM32)→DI(W25Qx),PD9(软件 NSS)→CS(W25Qx),配置 SP12 如图 12-7 所示。

配置完成,保存 STM32CubeMX 工程文件,点击"GENERATE CODE",生成代码工程框架并打开。

**第二步:编写代码**

1)参照 main.h 的格式编写头文件 W25Qx.h

```
/* Define to prevent recursive inclusion ------------- */
#ifndef __W25Qx_H                      //保证头文件不被重复编译
#define __W25Qx_H
#ifdef __cplusplus              /* 如果采用了 C++,如下代码使用 C 编译器 */
extern "C"{                     /* 如果没有采用 C++,则顺序预编译 */
#endif
```

图 12-6　配置 SPI2

```
/ *  Includes ---------------------------- * /
# include "main. h"                                //必须包含 main. h,因为 main. h 中有端口的用户标签定义
extern SPI_HandleTypeDef hspi2;                    //必须声明 W25Qx. c 中使用的 hspi2 是一个外部句柄
# define W25Qx_TIMEOUT_VALUE 100                   //超时
/ *  W25Q16 的指令  * /
# define READ_ID_CMD0x90                           //读 ID
# define Check_CMD              0x05               //检查线路是否繁忙
# define WRITE_ENABLE_CMD  0x06                    //写使能,使能了才能改变芯片数据
# define READ_CMD               0x03               //读数据命令
# define WRITE_CMD              0x02               //写数据命令
# define SECTOR_ERASE_CMD  0x20                    //扇区擦除命令

# define W25Qx_Enable() HAL_GPIO_WritePin(W25Qx_CS_GPIO_Port, W25Qx_CS_Pin, GPIO_
PIN_RESET)
# define W25Qx_Disable() HAL_GPIO_WritePin(W25Qx_CS_GPIO_Port, W25Qx_CS_Pin, GPIO_
PIN_SET)

extern void ReadID(void);                          //声明全局函数
extern void WriteData(void);
extern void ReadData(void);

extern uint8_t temp_ID[5];                         //声明全局变量
extern uint8_t temp_rdata[5];

# ifdef __cplusplus                                //结束使用 C 编译器
```

```
}
# endif

# endif /* __W25Qx_H */
```

W25Qx. h 必须包含 main. h，因为 main. h 中有端口的用户标签定义：

```
/* Define to prevent recursive inclusion -------------------------------- */
# ifndef __MAIN_H
# define __MAIN_H

# ifdef __cplusplus
extern "C"{
# endif

/* Includes ------------------------------------------------------ */
# include "stm32f1xx_hal. h"

/* Private includes ---------------------------------------------- */
/* USER CODE BEGIN Includes */

/* USER CODE END Includes */

/* Exported types ------------------------------------------------ */
/* USER CODE BEGIN ET */

/* USER CODE END ET */

/* Exported constants -------------------------------------------- */
/* USER CODE BEGIN EC */

/* USER CODE END EC */

/* Exported macro ------------------------------------------------ */
/* USER CODE BEGIN EM */

/* USER CODE END EM */

/* Exported functions prototypes --------------------------------- */
voidError_Handler(void);

/* USER CODE BEGIN EFP */

/* USER CODE END EFP */

/* Private defines ---------------------------- */
# define W25Qx_CLK_Pin GPIO_PIN_13
# define W25Qx_CLK_GPIO_Port GPIOB
# define W25Qx_DO_Pin GPIO_PIN_14
# define W25Qx_DO_GPIO_Port GPIOB
# define W25Qx_DI_Pin GPIO_PIN_15
# define W25Qx_DI_GPIO_Port GPIOB
```

```
# define W25Qx_CS_Pin GPIO_PIN_9
# define W25Qx_CS_GPIO_Port GPIOD
/ *  USER CODE BEGIN Private defines  * /

/ *  USER CODE END Private defines  * /

# ifdef  __cplusplus
}
# endif

# endif / *  __MAIN_H  * /
```

2) 编写 W25Qx. c

```
# include "W25Qx. h"
uint8_t m_addr[3] = {0,0,0};                    // 测试地址 0x000000
uint8_t w25x_cmd;
uint8_t temp_ID[5] = {0,0,0,0,0};               // 接收缓存
uint8_t temp_rdata[5] = {0,0,0,0,0};            // 读出数据保存的 buff

/ * 读 ID * /
void ReadID(void)
{
  w25x_cmd = READ_ID_CMD;
  W25Qx_Enable();                                                        // 使能 CS
  HAL_SPI_Transmit(&hspi2, &w25x_cmd, 1, W25Qx_TIMEOUT_VALUE);   // 读 ID 发送指令
  HAL_SPI_Receive(&hspi2, temp_ID, 5, W25Qx_TIMEOUT_VALUE);      // 读取 ID
  W25Qx_Disable();                                                      // 失能 CS
}


/ *  检查是否繁忙  * /
void CheckBusy(void)
{
  uint8_t status=1;
  uint32_t timeCount=0;
  w25x_cmd =Check_CMD;
  do
  {
    timeCount++;
    if(timeCount > 0xEFFFFFFF)                                          //等待超时
    {
      return;
    }
    W25Qx_Enable();                                                      // 使能 CS
    HAL_SPI_Transmit(&hspi2, &w25x_cmd, 1, W25Qx_TIMEOUT_VALUE);   // 发送指令
    HAL_SPI_Receive(&hspi2, &status, 1, W25Qx_TIMEOUT_VALUE);      // 读取
    W25Qx_Disable();                                                    // 失能 CS
  }while((status&0x01)==0x01);
}


/ * 写入数据 * /
void WriteData(void)
```

```
{
    uint8_t temp_wdata[5] = {0x55,0x19,0x49,0x11,0xAA};
                                                                      // 需要写入的数据
    /*检查是否繁忙*/
    CheckBusy();
    /*写使能*/
    w25x_cmd = WRITE_ENABLE_CMD;
    W25Qx_Enable();                                                   // 使能 CS
    HAL_SPI_Transmit(&hspi2, &w25x_cmd, 1, W25Qx_TIMEOUT_VALUE);      // 发送指令
    W25Qx_Disable();                                                  // 失能 CS
    /*擦除*/
    w25x_cmd = SECTOR_ERASE_CMD;
    W25Qx_Enable();                                                   // 使能 CS
    HAL_SPI_Transmit(&hspi2, &w25x_cmd, 1, W25Qx_TIMEOUT_VALUE);      // 发送指令
    HAL_SPI_Transmit(&hspi2, m_addr, 3, W25Qx_TIMEOUT_VALUE);        // 发送地址
    W25Qx_Disable();                                                  // 失能 CS
    /*再次检查是否繁忙*/
    CheckBusy();
    /*写使能*/
    w25x_cmd = WRITE_ENABLE_CMD;
    W25Qx_Enable();                                                   // 使能 CS
    HAL_SPI_Transmit(&hspi2, &w25x_cmd, 1, W25Qx_TIMEOUT_VALUE);      // 发送指令
    W25Qx_Disable();                                                  // 失能 CS
    /*写数据*/
    w25x_cmd = WRITE_CMD;
    W25Qx_Enable();                                                   // 使能 CS
    HAL_SPI_Transmit(&hspi2, &w25x_cmd, 1, W25Qx_TIMEOUT_VALUE);      // 发送指令
    HAL_SPI_Transmit(&hspi2, m_addr, 3, W25Qx_TIMEOUT_VALUE);        // 地址
    HAL_SPI_Transmit(&hspi2, temp_wdata, 5, W25Qx_TIMEOUT_VALUE);     // 写入数据
    W25Qx_Disable();                                                  // 失能 CS
}


/*读取数据*/
void ReadData(void)
{
    /*检查是否繁忙*/
    CheckBusy();
    /*开始读数据*/
    w25x_cmd = READ_CMD;
    W25Qx_Enable();                                                   // 使能 CS
    HAL_SPI_Transmit(&hspi2, &w25x_cmd, 1, W25Qx_TIMEOUT_VALUE);      // 读发送指令
    HAL_SPI_Transmit(&hspi2, m_addr, 3, W25Qx_TIMEOUT_VALUE);        // 地址
    HAL_SPI_Receive(&hspi2, temp_rdata, 5, W25Qx_TIMEOUT_VALUE);      // 拿到数据
    W25Qx_Disable();                                                  // 失能 CS
}
```

注意:将 W25Qx. h 和 W25Qx. c 保存到 Src 目录下。在 Project 工程导航中的 Application/User 上点鼠标右键 → Add Existing Files to Group 'Application/User' → 添加 W25Qx. c。

在 main. c 里面添加如下代码:

### 1)添加用户包含头文件

```
/* Private includes --------------------------- */
/* USER CODE BEGIN Includes */
#include<stdio.h>                           //必须添加此句,进行标准化输入输出
#include "W25Qx.h"
/* USER CODE END Includes */
```

### 2)读 ID 号,将数据写入 W25Q16,然后读出,用 printf 输出

```
/* USER CODE BEGIN 2 */
ReadID();                                   //读器件 ID 号
printf("readID is %x%x\r\n",temp_ID[3],temp_ID[4]);      // 打印 ID 号
WriteData();                                //写入数据
ReadData();                                 //读数据
/* 打印读出的数据 */
printf("Read flash data is:%x %x %x %x %x\r\n",temp_rdata[0],temp_rdata[1],temp_rdata[2],
temp_rdata[3],temp_rdata[4]);
/* USER CODE END 2 */
```

### 3)fputc 函数

```
/* USER CODE BEGIN 4 */
int fputc(int ch, FILE * f)
//实现标准输出 printf()的底层驱动函数 fputc(),功能是在 UART1 输出一个字符。
{
    HAL_UART_Transmit(&huart1, (uint8_t *)&ch, 1, 10);
    return ch;
}
/* USER CODE END 4 */
```

### 第三步:编译、下载、运行

连线和运行结果与 12.4 节完全相同。

# 学习与练习

1.将 0~255 写入 W25Q16,并读出进行验证。

2.通过串口调试器任意指定一个起始地址,写入 20 个字节的数据,并读出进行验证。

# 第 13 章　HAL 库开发 C 语言基础简介

要看懂 STM32CubeMX 生成的工程框架,用好 HAL 库必须有一定的 C 语言基础,本章介绍基于 HAL 库函数开发涉及的数据类型、指针、结构体、弱函数等概念。

## 13.1　HAL 数据类型介绍

**1. C 语言的六种基本数据类型**

(1)字符型:char,占用 1 个字节。

(2)短整形:short,占用 2 个字节。

(3)整形:int,占用 4 个字节。

(4)长整型:long,占用 8 个字节。

(5)单精度浮点型:float,占用 4 个字节。

(6)双精度浮点型:double,占用 8 个字节。

**2. 基本数据类型 float 和 double 的区别**

1)在内存中占有的字节数不同

单精度浮点数在内存中占 4 个字节,双精度浮点数在内存中占 8 个字节。

2)有效数字位数不同

单精度浮点数有效数字为 8 位,双精度浮点数有效数字为 16 位。

3)数值取值范围

单精度浮点数的表示范围:$-3.40E+38 \sim 3.40E+38$

双精度浮点数的表示范围:$-1.79E+308 \sim 1.79E+308$

4)在程序中处理速度不同

一般来说,CPU 处理单精度浮点数的速度比处理双精度浮点数的速度快。如果不声明,默认小数为 double 类型,如果要用 float 的话,必须进行强制转换。如 float a=1.3 会编译报错。正确的写法是 float a = (float)1.3 或 float a = 1.3f(f 或 F 都可以不区分大小写)。

注意:float 是 8 位有效数字,第 9 位数字会四舍五入。

**3. 数据类型转换规则**

在 C 语言中不同类型数据可以进行混合运算。在进行运算时,不同类型的数据要先转换成同一类型,再进行运算,转换的规则如图 13-1 所示。图中箭头的方向只表示数据类型级别的高低。由低向高转换,转换过程一步到位。

数据类型的转换分为两种方式:隐式(编译软件自动完成)和显式(程序强制转换)。

1)隐式转换规则

字符必须先转换为整数(C 语言规定字符类型数据和整型数据之间可以通用);short 型

转换为 int 型(同属于整型);float 型数据在运算时一律转换为双精度(double)型,以提高运算精度(同属于实型)。

当整型数据和双精度数据进行运算时,C 语言先将整型数据转换成双精度型数据,再进行运算,结果为双精度类型数据;当字符型数据和实型数据进行运算时,C 语言先将字符型数据转换成实型数据,然后进行计算,结果为实型数据。

赋值时,一律是右部值转换为左部类型。

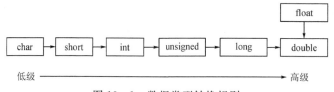

图 13-1　数据类型转换规则

2)显式转换规则

强制类型转换,如(int)(x+y)。

注意:强制类型转换时,得到一个需要的中间变量,原来变量的类型未发生变化。

**4. typedef 声明**

为现有变量类型创建一个新的名字,给一个别名,如 typedef unsigned char uchar。使用 typedef 可编写出更简洁的代码。typedef 可以用来定义关键字或标识符的别名,例如:

typedef double wages;　　　//定义 wages 代表 double

typedef wages salary;　　　//这样 salary 也代表 double

**5. HAL 库数据类型**

1)HAL 库开发经常用到的数据类型见表 13-1

表 13-1　HAL 常用数据类型

| 数据类型 | 数据长度(字节) | 占用存储单元 |
| --- | --- | --- |
| int8_t | 1 | 1 |
| int16_t | 2 | 1 |
| int32_t | 4 | 1 |
| int64_t | 8 | 2 |
| uint8_t | 1 | 1 |
| uint16_t | 2 | 1 |
| uint32_t | 4 | 1 |
| uint64_t | 8 | 2 |
| float | 8 | 2 |
| double | 16 | 4 |

STM32 内部 RAM 的数据宽度是 32 位,所以即使定义一个 int8_t 型数据,也要占用一个存储单元。具体说明如下:

(1)类型的来源。这些数据类型中都带有_t,表示这些数据类型是通过 typedef 定义的,而不是新的数据类型。也就是说,它们是我们已知的类型的别名。

(2)使用这些类型的原因。方便代码的维护。比如,在 C 语言中没有 bool 型,于是在一个软件中,一个程序员使用 int,另外一个程序员使用 short,会比较混乱。最好用 typedef 来定义一个统一的 bool:typedef char bool。

在涉及到跨平台时,不同平台会有不同的字长,所以利用预编译和 typedef 可以方便地维护代码。

(3)在 C99 标准中有这些数据类型的定义。在 CubeMX 生成的程序中,用 uint32_t 定义几个变量,编译后找到自己定义的变量,在上面点鼠标右键,Go to Definitions of 'uint32_t',即可找到它的具体定义,该定义在 stdint.h 中,如图 13-2 所示。

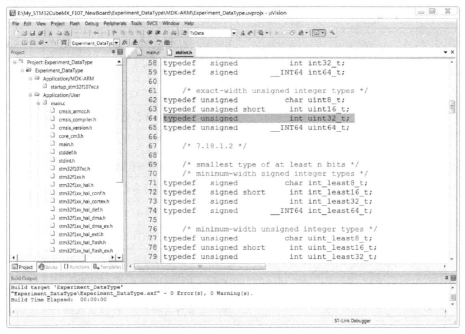

图 13-2　uint32_t 的定义位置

2)数据类型和 IO 类型限定词

HAL 库的数据类型不同于标准函数库,HAL 库采用 CMSIS 数据类型,Cortex-Mx HAL 使用标准的 ANSI C 头文件<stdint.h>定义标准类型。专门用类型限定词 IO 来访问外设的变量,CMSIS 的 IO 类型限定词见表 13-2。

表 13-2　数据类型限定词 IO

| IO 类型限定词 | #define | 描述 |
| --- | --- | --- |
| __I | volatile const | 只读访问 |
| __O | volatile | 只写访问 |
| __IO | volatile | 读和写访问 |

两个限定词 volatile 和 const 的说明如下:

(1)volatile 简称易变变量或易挥发变量。进一步解释:如果加了 volatile 这个限定词,每次取这个变量值的时候,要求不是取它上次在某个时候取的临时缓存变量(比如说暂存在某个寄存器中),而是直接到内存中取。volatile 定义的变量必须是 RAM 变量,不能是寄存器变量,尤其是在中断中用 volatile 定义全局变量。

(2)const 的字面意思是常数。当定义变量的时候,如果前面加上关键词 const,则变量的值在程序运行期间不能改变,就不能再赋值了。这种变量称为常变量或只读变量。

3)CMSIS 数据类型描述见表 13-3

### 表 13-3 CMSIS 数据类型

| CMSIS 类型 | 描述 |
|---|---|
| int32_t | 有符号 32 位数据 |
| int16_t | 有符号 16 位数据 |
| int8_t | 有符号 8 位数据 |
| uint32_t | 无符号 32 位数据 |
| uint16_t | 无符号 16 位数据 |
| uint8_t | 无符号 8 位数据 |
| const int32_t | 只读有符号 32 位数据 |
| const int16_t | 只读有符号 16 位数据 |
| const int8_t | 只读有符号 8 位数据 |
| const uint32_t | 只读无符号 32 位数据 |
| const uint16_t | 只读无符号 16 位数据 |
| const uint8_t | 只读无符号 8 位数据 |
| __IO int32_t | 易挥发读写访问有符号 32 位数据 |
| __IO int16_t | 易挥发读写访问有符号 16 位数据 |
| __IO int8_t | 易挥发读写访问有符号 8 位数据 |
| __IO uint32_t | 易挥发读写访问无符号 32 位数据 |
| __IO uint16_t | 易挥发读写访问无符号 16 位数据 |
| __IO uint8_t | 易挥发读写访问无符号 8 位数据 |
| __I int32_t | 易挥发只读有符号 32 位数据 |
| __I int16_t | 易挥发只读有符号 16 位数据 |
| __I int8_t | 易挥发只读有符号 8 位数据 |
| __I uint32_t | 易挥发只读无符号 32 位数据 |
| __I uint16_t | 易挥发只读无符号 16 位数据 |
| __I uint8_t | 易挥发只读无符号 8 位数据 |

### 6. 格式化输出——printf( )函数

printf( )函数的一般语法格式如下:

  printf("<格式化字符串>",<输出列表>);

　　格式化字符串:用双引号括起来的字符串。字符串包含普通字符,printf()函数将其原样输出到屏幕上。以"%"开头的是格式字符,printf()函数将数据转换为指定的格式输出到屏幕上。

　　输出列表:需要输出到屏幕的数据,数据可以是常量、变量或者表达式。

　　printf()函数的格式化字符串中包含原样输出文字、控制字符、转义字符三部分。格式化字符串中如果包含以"%"开头的格式字符,printf()函数将数据转换为指定的格式输出到屏幕上。如果输出列表由两个及以上变量组成,变量之间需要用逗号隔开,多个变量与格式字符串的控制字符一一对应。

　　输出不同的数据类型需要使用不同的控制符,这里汇总了一些常见的控制符,见表 13-4。

表 13-4　printf 格式常见的控制符

| printf 格式控制符 | 功能 |
| --- | --- |
| %d | 输出十进制整数,一般对应 int 类型 |
| %i | 输出有符号十进制整数,与%d 相同 |
| %x | 以无符号十六进制形式输出整型数值 |
| %c | 输出字符,一般对应 char 类型 |
| %f | 输出十进制实数,一般对应 float 类型,也可以是 double 类型 |
| %lf | 输出十进制实数,一般对应 double 类型,也可以是 float 类型 |
| %% | 输出百分号(%) |
| %s | 输出字符串 |
| %ld | 输出长整型 |
| %e | 以科学计数法输出 |
| %m.nf | 格式控制符 m.n,m 表示输出数据总宽度(包括小数点 . ),n 表示数据精度(即小数部分位数),具体因数据类型而不同。 |
| %.nf | 总长度不限,小数点后面保留 n 位,不足补零 |
| %08X | 宽度为 8,不足的用 0 补齐,以十六进制格式输出数值 |
| %02d | 指输出 2 位十进制数,右端对齐,不够位数的话左端补 0 |
| %p | 输出指针本身的值,也就是指针指向的地址值。该输出为 16 进制形式,具体输出值取决于指针指向的实际地址值 |
| %u | 输出无符号十进制数 |
| %lu | 输出无符号长整型十进制数 |
| %g | 用来输出实数,它根据数值的大小,自动选 f 格式或 e 格式(选择输出时占宽度较小的一种),且不输出无意义的 0。即%g 是根据结果自动选择科学记数法还是一般的小数记数法 |
| %I32 | 表示输出 32 位无符号整型,%u16 同理 |

　　C 语言中没有对于二进制的格式化输出,但可以定义二进制 int byte＝0b00000001,它可以用%d 打印。但要打印二进制变量,就得写个函数。

　　C 语言中定义了一些字母前加"\"来表示不能直接显示的 ASCII 字符,称为转义字符。

有三个常用的转义字符：

\r\n:回车换行,将当前位置移到下一行开头；

\t:水平制表,跳到下一个 Tab 位置；

\\:代表输出一个反斜线字符"\"。

**7. HAL 数据类型举例**

**第一步:创建工程**

参照 6.2 节创建 STM32CubeMX 工程 Experiment_9_1_UART1_Printf_DataType.ioc,
USART1 的波特率为 9600。

**第二步:添加代码**

1)添加用户包含头文件

```
/* USER CODE BEGIN Includes */
#include<stdio.h>          //必须添加此句,才能进行标准化输入输出
/* USER CODE END Includes */
```

2)添加用户变量

```
/* USER CODE BEGIN PV */
uint32_t pwm_cycle=456, high_time=123;
uint64_t duty=45;
uint8_t i=255,over;
uint16_t j=65535;
uint32_t k=4294967295;
uint64_t m=18446744073709551169;
int8_t n=-128;
int16_t p=-32768;
int32_t r=-2147483648;
int64_t w=-9223372036854775589;
float x=1.406,z;
double y=1.891;
const uint16_t kc=100;
const float pai=3.14159;
uint8_t garenName=0x47;
int garenHp=455;
int garenMoveSpeed=340;
float garenAttackSpeed=0.625;
/* USER CODE END PV */
```

3)添加计算代码

```
/* USER CODE BEGIN 2 */
    z=x*i;
    over=x*i;
/* USER CODE END 2 */
```

4)添加标准输出打印函数

```
/* USER CODE BEGIN 4 */
int fputc(int ch, FILE *f)
{
    HAL_UART_Transmit(&huart1, (uint8_t *)&ch, 1, 10);
    return ch;
```

```
}
/* USER CODE END 4 */
```

5)在 main 函数中添加代码

```
/* Infinite loop */
/* USER CODE BEGIN WHILE */
while (1)
{
  /* USER CODE END WHILE */
  /* USER CODE BEGIN 3 */
printf("z=x*i=%f\r\n",z);
printf("over=x*i=%d\r\n",over);
printf("名字:%c\r\n", garenName);
printf("生命值:%d\t 移动速度:%d\r\n", garenHp, garenMoveSpeed);
printf("攻击速度:%f\r\n", garenAttackSpeed);
printf("I love China.\r\n");
printf("我爱你中国! \r\n");
printf("Cycle:%.4fms\r\n", pwm_cycle/10000.0);
printf("High :%.4fms\r\n", high_time/10000.0);
printf("Duty :%.1f%%\r\n", duty/10.0);
printf("xjtu OK.\r\n");
}
/* USER CODE END 3 */
```

**第三步:调试、观察实验现象**

连接 UART1 的 1 脚到 PA10,UART1 的 2 脚到 PA9,用 USB 线连接开发板的 USB2 端口和计算机。

用"串口调试器"观察结果,运行结果如图 13-3 所示。

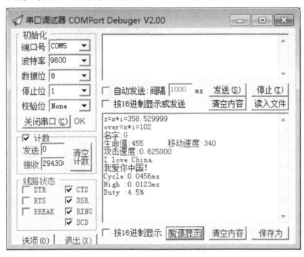

图 13-3　运行结果

# 13.2　指针、指针变量、指向指针的指针

C 语言是程序开发的基础语言,相较于其他高级语言,直接操作地址是面向过程的 C 语

言一大特点,也是 C 语言的精华所在,这也是微控制器都采用 C 语言开发的原因。

**1. 变量的实质是地址**

定义一个变量时,就为该变量在数据存储器中申请了一段地址空间。内存是存放数据的空间,不同系统的内存空间是不同的,不同类型的数据占用存储空间也不一样。从 STM32 的内存映射图可知,代码区从 0x0800 0000 开始,结束地址是 0x0800 0000 加上实际芯片的 Flash 大小,它的 RAM 的起始地址是 0x2000 0000,结束地址依然是加上芯片实际的 RAM 大小。STM32F107VCTx 有 256 KB 的 Flash,64 KB 的 SRAM,其 SRAM 的地址范围为:0x20000000~0x2000 FFFF。

```
uint32_t a=0x11223344；    //4 字节
uint16_t b=0x5566；        //2 字节
uint8_t c=0x77；           //1 字节
```

以上定义向内存申请了一个变量名为 a 的 uint32_t 型变量占 4 字节空间;向内存申请了一个变量名为 b 的 uint16_t 型变量占 2 字节空间;向内存申请了一个变量名为 c 的 uint8_t 型变量占 1 字节空间。

参照 6.2 节创建 STM32CubeMX 工程 Experiment_9_2_UART1_Printf_Point.ioc,USART1 的波特率为 9600。添加上述变量,运行程序,查询 Memory,变量的存储空间分配如图 13-4 所示,从图中可见变量的地址空间分配是由编译器优化分配的。

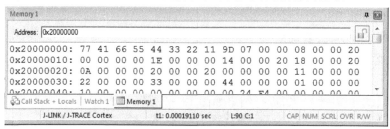

图 13-4　变量的存储空间分配

**2. 取地址符 &**

使用取地址符 &,可以查看变量 a、b、c 在内存的地址。

定义变量:

```
uint32_t   a=0x11223344；  //4 字节
uint16_t   b=0x5566；      //2 字节
uint8_t    c=0x77；        //1 字节
```

打印变量的地址:

```
printf("变量 a 的地址=%p\r\n",&a);
printf("变量 b 的地址=%p\r\n",&b);
printf("变量 c 的地址=%p\r\n",&c);
```

运行程序,从串口调试中可以看到输出变量的地址如图 13-5 所示。比较图 13-5 和图 13-4,两种办法看到的变量的地址是一致的。

**3. 指针变量**

数据存放在内存中都会有对应的地址,这个地址就是指针。C 语言中使用指针可以使程序简洁、紧凑、高效;也可以有效地表示复杂的数据结构,实现动态分配内存。

普通变量和指针变量的区别是,普通变量的值是直接可以使用的数据,而指针变量的值

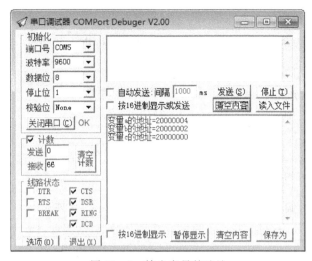

图 13 - 5　输出变量的地址

存放的是其他变量的地址。指针变量的定义与普通变量的定义是一致的,只是在数据类型后加运算符"＊",比如:

> int ＊ p;

上面定义的 p 是一个指针变量,可以存放一个整形变量的地址。通过"＊"获取 p 指向的对象内容,运算符"＊"是间接寻址或者间接引用运算符,当它作用于指针时,将访问指针所指向的对象。

int d＝1949;

int ＊p＝&d;//取 d 的地址送给 p

printf("指针变量 p 的地址＝%p\r\n",&p);

printf("指针变量 p 的内容＝%p\r\n",p);

printf("变量 d 的地址＝%p\r\n",&d);

printf("指针变量 p 指向的对象＝%d\r\n",＊p);

运行程序,从串口调试器中可以看到地址与指针变量的关系如图 13 - 6 所示。指针变量 p 有其自己的地址,指针变量 p 指向变量 d,p 地址上存放的就是变量 d 的地址,即 p 的内容是变量 d 的地址。d 地址上存放的是数据 1949,＊p 就是以 p 的内容为地址,取其内容就是 1949。

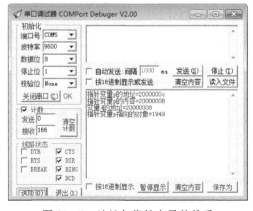

图 13 - 6　地址与指针变量的关系

### 4. 通过指针修改内存的内容

通过指针可以获取内存数据,也可以通过指针修改内存中的数据。

```
int d＝1949;
int ＊p＝&d;
printf("修改前的运算结果:\r\n");
printf("指针变量 p 指向的对象＝%d\r\n",＊p);
printf("变量 d 的内容＝%d\r\n",d);
＊p＝100;//修改指针对象
printf("修改后的运算结果:\r\n");
printf("指针变量 p 指向的对象＝%d\r\n",＊p);
printf("变量 d 的内容＝%d\r\n",d);
```

运行程序,从串口调试器中可以看到输出结果如图 13-7 所示。＊p＝100 是把 100 送给以 p 的内容为地址的那个存储单元,p 的内容就是 d 的地址,因此 d＝100,这样就实现了通过指针改变变量的值。

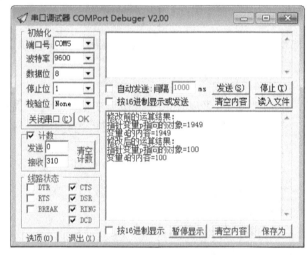

图 13-7　通过指针修改内存的内容

### 5. 指针变量的赋值、运算

数组名就是数组的首地址,所以可以通过指针对数组元素进行操作。

```
int ＊w＝NULL;                    //指针 w 初始化为空
int array[4]＝{0x11,0x22,0x33,0x44};
w＝array;                        //w 指向数组 array 的首地址
＊w＋＝0x02;                      //array[0]的内容加 0x02
w＋＋;                           //指向下一个元素
＊w－＝0x02;                      //array[1]的内容减 0x02
w＋＋;                           //指向下一个元素
＊w＊＝0x02;                      //array[2]的内容乘 0x02
w＋＋;                           //指向下一个元素
＊w/＝0x02;                      //array[3]的内容除 0x02
printf("运算结果:\r\n");
printf("array[0]＝0x%x\r\n",array[0]);
printf("array[1]＝0x%x\r\n",array[1]);
printf("array[2]＝0x%x\r\n",array[2]);
```

```
printf("array[3]=0x%x\r\n",array[3]);
```

运行程序,从串口调试器中可以看到输出结果如图 13-8 所示。通过指针很容易实现对数组的操作。w 是地址,w++是地址累加,累加的步长正是指针向量的类型 int(4 个字节)。

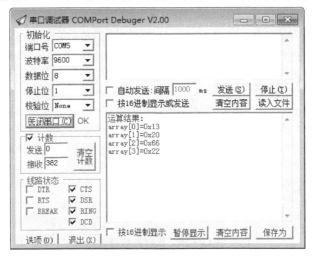

图 13-8　指针变量的赋值和运算

### 6. 指向指针的指针

可以用指针指向普通变量或指针变量。

```
int j=30;
int * x=&j;
int * * y=&x;
```

程序中指针的指针 y 指向的对象是指针变量 x,指针变量 x 指向的对象是变量 j,如图 13-9所示。& 是取地址运算符,* 是间接运算符(取的是指针对象),那么 * * y、* x、j 是等价的;* y、x、&j 是等价的;y、&x 是等价的。

图 13-9　指针指示图

谨记一条原则:所有数据存放在内存都有地址,普通变量的值是数据,指针变量的值是地址,所以指向指针的指针的值还是地址,只是这个地址的值是另一个指针的地址。

```
int j=30;
int * x=&j;
int * * y=&x;
printf("运算结果:\r\n");
printf("变量 j 的地址=%p\r\n",&j);
printf("指针变量 x 的地址=%p\r\n",&x);
printf("指针变量 x 的内容=%p\r\n",x);
printf("指针变量 x 的对象=%d\r\n", * x);
printf("指针的指针 y 的地址=%p\r\n",&y);
printf("指针的指针 y 的内容=%p\r\n",y);
printf("指针的指针 y 的对象=%p\r\n", * y);
```

printf("指针的指针 y 的对象的对象＝%d\r\n",＊＊y);

运行上面程序,从串口调试器中可以看到输出结果如图 13－10 所示。

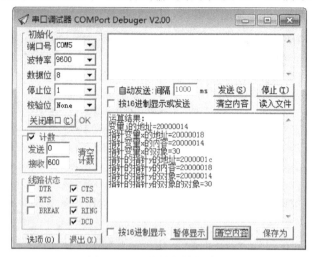

图 13－10　指针的指针演示

总结:指针的实质是间接寻址。 ＊p 是以 p 的内容为地址,取其存储单元中的数据。

int d＝1949;

int ＊p＝&d;　　　　　　　　　　//取 d 的地址送给 p

＊p＝&d 只完成将变量 d 的地址赋给 p,并非将变量 d 的地址送给 ＊p,＊p＝&d 后,指针变量 ＊p 的值就是 1949 了,＊p＝&d 可以认为是一种隐式指针变量赋值,即间接寻址,将 d 的地址上的内容送＊p。 ＊p＝30 是显式变量指针赋值。

# 13.3　结构体

在 C 语言中有整形(int,long,…)、浮点型(flaot,double)、字符型(char)等基本数据类型,还有数组这种存储一组具有相同类型的复合数据类型。但是,许多事物需要用复杂的信息来表征。例如,一个学生的信息需要学号(字符串)、姓名(字符串)、年龄(整型)、身高(浮点型)、体重(浮点型)等,如何表示这种信息结构? C 语言中定义了结构体这种复合数据类型,能将不同类型的数据存放在一起,作为一个整体进行处理。结构体可以被声明为变量、指针或数组等,用以实现较复杂的数据结构。结构体同时也是一些元素的集合,这些元素称为结构体的成员(member),且这些成员可以为不同的类型。成员一般用名字访问。

**1. 结构体类型定义**

1)在定义结构体类型的同时定义变量

```
struct Student//结构体类型,struct(结构体类型关键字),Student(结构体)
{
    char Name[20];      //结构体成员(由基本类型变量组成)
    uint Age;           //结构体成员
    float Height;       //结构体成员
}Student1,Student2;     //结构体类型变量
```

通过定义的结构体类型可以定义更多的结构体变量,如 struct Student Student3,

Student4，Student5。也可以在声明结构体类型的同时对结构体变量进行初始化。

```
struct Student
{
    char Name[20];
    uint Age;
    float Height;
}Student1={"Zhang San",21,1.75};
```

2）可以先定义结构体类型，后定义结构体变量

```
struct Student
{
    char Name[20];
    unint Age;
    float Height;
};
struct Student Student1,Student2,Student3;
```

3）用 typedef 使用别名简化结构体类型的书写

```
typedef struct Student
{
    char Name[20];
    unint Age;
    float Height;
};
Student Student1,Student2,Student3;        //这是 STM32CubeMX 中常见的格式
```

**2. 结构体类型的作用域**

结构体类型及其变量的声明位置决定了其作用域。如果结构体类型和变量的声明放在 main 函数的起始部分，则该声明后面的所有函数都可以使用。如果这种声明在某个函数的内部，则只能在其内部使用，并且在其声明后才能使用。

**3. 结构体的嵌套定义**

在结构体的内部也可以使用结构体，也就是说结构体的成员也可以是一个结构体，下面就是一个简单的例子。

```
struct workers
{
    int num; char name[20]; char c;
    struct{int day; int month; int year;} s;
};
struct workers w, * pw=&w;
w.s.year=2019;        //这是 STM32CubeMX 中常见的格式
```

**4. 结构体变量的初始化与整体赋值**

除初始化外，不能对结构体变量整体赋值。

```
struct Circle
{unint Number,float Radius;} R1={1,2.3}, R2;
R2 = R1;
R2 = {2,3.8};                //这是错误的
struct Circle R3={3,10.1};        //变量声明的同时，允许整体赋值进行初始化
```

**5. 结构体变量成员的赋值操作**

对结构体成员变量进行赋值操作的一般格式：结构体变量.结构体成员变量＝xxx；

可以把结构体变量理解为对结构体成员变量的限定。结构体成员可以是数组、指针变量、函数指针、其他结构体等。也可以按数组去理解,结构体变量是整体,成员变量是分量。数组是通过"[数字下标]"的形式去访问其成员,而结构体变量是通过". 结构体成员变量"去访问其成员。

一个结构体就相当于数据库中的一条记录。如果定义一个结构体数组,就有了二维结构,相当于一个数据库表的数据结构。如果结构体中是数组或结构体,也就成了多维结构。

### 6. 结构体类型也可以声明数组变量

与普通的数组声明一样,int i[10]中 int 为元素的数据类型,i 为数组名,[10]表示申请了 10 个 int 单元的内存。

再看结构体声明,struct Student Boy[10]。与数组声明类似,struct Student 为数组元素的数据类型,Boy 为数组名,[10]为申请了 10 个 struct Student 单元的内存。声明 Boy 为一个具体 10 个元素的数组,并且每个元素都是 Student 类型的结构,因此可以得到 Boy[0],Boy[1]…Boy[9]都是独立的 Student 结构。注意 Boy 本身不是结构体名而是一个数组名。

访问结构体数组的成员:

Boy[9]. Name[5];//注意 Name 是字符型数组,表示第 10 个数组元素的 Name 成员变量的第 6 个字符;

Boy[9]. Height;//表示第 10 个元素的 Height 成员;Boy[9]是结构体变量名,Height 就是成员变量名;

### 7. 结构体类型也可以声明指针变量

指向数组的指针比数组本身更容易操作,指向结构体的指针通常也比结构体本身更容易操作。声明和初始化结构体指针:struct Student ＊ Girl2。

规则是:struct 结构体名＋ ＊ ＋ 指针名。

这个声明不是建立一个新的结构体,而是创建了一个指针类型的 Girl2 指针变量,它可以指向任何现有的 Student 类型的结构体,例如:Girl2 ＝ ＆Student[0];//指针 Girl2 指向结构体 Student[0]。

如何使用 Girl2 来获取 Student[0]的一个成员呢?

方法一:使用"－＞"运算符。"－＞"只用于结构体指针访问成员,例如:Girl2－＞Age＝21。". "点只用于结构体名访问成员,例如:Student[0]. Age＝21。

方法二:如果 Girl2＝＆Student[0],那么＊Girl2＝Student[0],因为 ＆ 和 ＊ 是互逆的运算符。＆ 取地址,＊取值。Student[0]. Age 等价于(＊Girl2). Age;注意必须使用圆括号;这都与 Girl2－＞Age 是一个作用。

### 8. 结构体变量作为函数参数和返回值

【例 13. 1】参照 6. 2 节创建 STM32CubeMX 工程 Experiment_9_3_UART1_Printf_Struct_1. ioc,USART1 的波特率为 9600,添加程序如下:

```
/ ＊ USER CODE BEGIN Includes ＊ /
＃include＜stdio. h＞
/ ＊ USER CODE END Includes ＊ /

/ ＊ USER CODE BEGIN PV ＊ /
struct STU{ char name[10]; int num;};
struct STU a＝{"Wang1",202001}, b＝{"Wang2",202003}, c＝{"Wang3",202005};
/ ＊ USER CODE END PV ＊ /
```

```
/ *  USER CODE BEGIN 0 * /
void f1(struct STU d)                              //仅仅值传递
{
struct STU a ={"Zhang San",202002};

                                                   //函数中的结构体变量 a 是另外一个变量,与全局变量 a
                                                   不同

d=a;
}


struct STU f2(struct STU d)                        //值传递,但有返回值,返回的是一个结构体变量
{
struct STU b={"Li Si",202004};
d=b;
return d;
}


void f3(struct STU * d)                            //指针传递
{
struct STU c={"Wang Wu",202006};
* d=c;
}
/ *  USER CODE END 0 * /


/ *  USER CODE BEGIN 2 * /
f1(a);                                             //仅仅值传递,a 不会变
b=f2(b);                                           //有返回值的值传递,b 会改变
f3(&c);                                            //指针传递,c 会改变
printf("%d %d %d\n",a. num,b. num,c. num);
/ *  USER CODE END 2 * /


/ *  USER CODE BEGIN 4 * /
int fputc(int ch, FILE * f)                        //实现标准输出 printf()的底层驱动函数
{
HAL_UART_Transmit(&huart1, (uint8_t * )&ch, 1, 10);
return ch;
}
/ *  USER CODE END 4 * /
```
打印结果:202001 202004 202006

【例 13.2】参照 6.2 节创建 STM32CubeMX 工程 Experiment_9_3_UART1_Printf_
Struct_2.ioc,USART1 的波特率为 9600,添加程序如下:

```
/ *  USER CODE BEGIN Includes * /
♯include<stdio. h>
/ *  USER CODE END Includes * /


/ *  USER CODE BEGIN PV * /
//结构体定义
struct student
{
  int age;
```

```
        float weight;
      char name[20];
    };
    /* USER CODE END PV */

      /* USER CODE BEGIN PFP */
      void struct_caculate(struct student * p);        //以结构体为参数的函数
      /* USER CODE END PFP */

      /* USER CODE BEGIN 2 */
      puts("----------------------------------------\r\n");
        printf("student 结构体字节数 = %d\r\n",sizeof(struct student));
                                                        //4+4+20=28
        struct student kinson =                         //结构体赋值
      {
        21,61,"kinson"
      };
        printf("%d\r\n",sizeof(kinson));                //28
        printf("%p\r\n",&kinson);                       //取结构体名 kinson 的地址
                                                        //结构体指针运算根据指针的类型来判断
        printf("%p\r\n",(&kinson+1));                   //首地址+28
                                                        //结构体的地址就是第一个成员的地址
        printf("%p\r\n",&kinson.age);                   //结构体成员的地址是连续的
        printf("%p\r\n",&kinson.weight);
        printf("%p\r\n",&kinson.name);
        printf("%s\r\n",kinson.name);
        printf("%d\r\n",kinson.age);
        struct_caculate(&kinson);
        printf("%d\r\n",kinson.age);
      puts("!!! Hello World!!! \r\n");                 /* prints !!! Hello World!!! */
    /* USER CODE END 2 */

      /* USER CODE BEGIN 4 */
      int fputc(int ch, FILE * f)                       //实现标准输出 printf()的底层驱动函数
      {
        HAL_UART_Transmit(&huart1, (uint8_t *)&ch, 1, 10);
        return ch;
      }

      void struct_caculate(struct student * p)
      {
        //p->age=57;
        (*p).age=57;
      }
      /* USER CODE END 4 */
```

打印结果:(注意:p->age=57;与 (*p).age=57;等同)

----------------------------------------

student 结构体字节数 = 28

28

20000438

```
20000454
20000438
2000043c
20000440
kinson
21
57
!!! Hello World!!!
```

### 9. 认识 STM32CubeMX 生成的工程框架中的结构体变量

STM32CubeMX 生成的工程框架中到处都是结构体,STM32CubeMX 就是基于结构体来构建 STM32 程序框架的,其所有的内部模块和外设都通过结构体来描述。下面以 UART 为例来看看 STM32CubeMX 生成的工程框架中的结构体。

1)main 函数中的 USART1 初始化函数

```
/* *
    * @brief USART1 Initialization Function
    * @param None
    * @retval None
    */
static void MX_USART1_UART_Init(void)
{

    /* USER CODE BEGIN USART1_Init 0 */

    /* USER CODE END USART1_Init 0 */

    /* USER CODE BEGIN USART1_Init 1 */

    /* USER CODE END USART1_Init 1 */
    huart1.Instance = USART1;
    huart1.Init.BaudRate = 9600;
    huart1.Init.WordLength = UART_WORDLENGTH_8B;
    huart1.Init.StopBits = UART_STOPBITS_1;
    huart1.Init.Parity = UART_PARITY_NONE;
    huart1.Init.Mode = UART_MODE_TX_RX;
    huart1.Init.HwFlowCtl = UART_HWCONTROL_NONE;
    huart1.Init.OverSampling = UART_OVERSAMPLING_16;
    if (HAL_UART_Init(&huart1) ! = HAL_OK)
    {
        Error_Handler();
    }
    /* USER CODE BEGIN USART1_Init 2 */

    /* USER CODE END USART1_Init 2 */

}
```

可以看出 huart1 是一个结构体,该结构体中还嵌有结构体 Init。

2）查看结构体 huart1

跟踪 huart1 定义→找到 UART_HandleTypeDef huart1；→跟踪 UART_HandleTy-
peDef 定义→找到 UART 句柄结构体定义：

```
/ * *
  * @brief  UART handle Structure definition
  * /
typedef struct __UART_HandleTypeDef
{
    USART_TypeDef              * Instance；    / *！＜ UART registers base address  * /

    UART_InitTypeDef            Init；        / *！＜ UART communication parameters  * /

    uint8_t                    * pTxBuffPtr；  / *！＜ Pointer to UART Tx transfer Buffer * /

    uint16_t                   TxXferSize；   / *！＜ UART Tx Transfer size  * /

    __IO uint16_t              TxXferCount；  / *！＜ UART Tx Transfer Counter  * /

    uint8_t                    * pRxBuffPtr；  / *！＜ Pointer to UART Rx transfer Buffer * /

    uint16_t                   RxXferSize；   / *！＜ UART Rx Transfer size  * /

    __IO uint16_t              RxXferCount；  / *！＜ UART Rx Transfer Counter  * /

    DMA_HandleTypeDef          * hdmatx；     / *！＜ UART Tx DMA Handle parameters  * /

    DMA_HandleTypeDef          * hdmarx；     / *！＜ UART Rx DMA Handle parameters  * /

    HAL_LockTypeDef            Lock；         / *！＜ Locking object  * /
    __IO HAL_UART_StateTypeDef  gState；  / *！＜ UART state information related to global
                                           Handle management
                                           and also related to Tx operations.
                                           This parameter can be a value of @ ref HAL_
                                           UART_StateTypeDef * /

    __IO HAL_UART_StateTypeDef  RxState；/ *！＜ UART state information related to Rx operations.
                                           This parameter can be a value of @ ref HAL_UART_
                                           StateTypeDef * /

    __IO uint32_t              ErrorCode；    / *！＜ UART Error code  * /

#if (USE_HAL_UART_REGISTER_CALLBACKS == 1)
    void ( * TxHalfCpltCallback)(struct __UART_HandleTypeDef * huart)；
                                     / *！＜ UART Tx Half Complete Callback  * /
    void ( * TxCpltCallback)(struct __UART_HandleTypeDef * huart)；
                                     / *！＜ UART Tx Complete Callback  * /
    void ( * RxHalfCpltCallback)(struct __UART_HandleTypeDef * huart)；
                                     / *！＜ UART Rx Half Complete Callback  * /
    void ( * RxCpltCallback)(struct __UART_HandleTypeDef * huart)；
                                     / *！＜ UART Rx Complete Callback  * /
```

```
        void ( * ErrorCallback)(struct __UART_HandleTypeDef * huart);
                                        /* ! < UART Error Callback                          */
        void ( * AbortCpltCallback)(struct __UART_HandleTypeDef * huart);
                                        /* ! < UART Abort Complete Callback                 */
        void ( * AbortTransmitCpltCallback)(struct __UART_HandleTypeDef * huart);
                                        /* ! < UART Abort Transmit Complete Callback  */
        void ( * AbortReceiveCpltCallback)(struct __UART_HandleTypeDef * huart);
                                        /* ! < UART Abort Receive Complete Callback    */
        void ( * WakeupCallback)(struct __UART_HandleTypeDef * huart);
                                        /* ! < UART Wakeup Callback                          */

        void ( * MspInitCallback)(struct __UART_HandleTypeDef * huart);
                                        /* ! < UART Msp Init callback                        */
        void ( * MspDeInitCallback)(struct __UART_HandleTypeDef * huart);
                                        /* ! < UART Msp DeInit callback                      */
#endif   /* USE_HAL_UART_REGISTER_CALLBACKS */

} UART_HandleTypeDef;
```

3）从 UART 句柄结构体定义中可以看到 Init 结构体定义 UART_InitTypeDef

跟踪 UART_InitTypeDef→找到 UART 初始化结构体定义：

```
/* *
  * @brief UART Init Structure definition
  */
typedef struct
{
    uint32_t BaudRate;           /* ! < This member configures the UART communication baud rate.
                                      The baud rate is computed using the following formula:
                                      − IntegerDivider = ((PCLKx) / (16 * (huart − > Init.
                                      BaudRate)))
                                      − FractionalDivider = ((IntegerDivider − ((uint32_t) Integ-
                                      erDivider)) * 16) + 0.5 */

    uint32_t WordLength;         /* ! < Specifies the number of data bits transmitted or received in a
                                      frame.
                                      This parameter can be a value of @ ref UART_Word_
                                      Length */

    uint32_t StopBits;           /* ! < Specifies the number of stop bits transmitted.
                                      This parameter can be a value of @ref UART_Stop_Bits */

    uint32_t Parity;             /* ! < Specifies the parity mode.
                                      This parameter can be a value of @ ref UART_Parity
                                      @note When parity is enabled, the computed parity is insert-
                                      ed at the MSB position of the transmitted data(9th bit when
                                      the word length is set to 9 data bits; 8th bit when the word
                                      length is set to 8 data bits). */

    uint32_t Mode;               /* ! < Specifies whether the Receive or Transmit mode is enabled or
                                      disabled.
                                      This parameter can be a value of @ref UART_Mode */
```

```
uint32_t HwFlowCtl;          /*! < Specifies whether the hardware flow control mode is enabled or
                                   disabled.
                                   This parameter can be a value of @ref UART_Hardware_Flow
                                   _Control */

uint32_t OverSampling;       /*! < Specifies whether the Over sampling 8 is enabled or disabled, to
                                   achieve higher speed (up to fPCLK/8).
                                   This parameter can be a value of @ref UART_Over_Sampling.
                                   This feature is only available on STM32F100xx family, so Over-
                                   Sampling parameter should always be set to 16. */

} UART_InitTypeDef;
```

## 13.4　句柄(handle)

在面向对象的程序设计中,很多 API(Application Programming Interface)函数中都会接收到一个 handle 指针,API 函数需要根据 handle 的指向来操作具体的对象。

所有对象都会至少有一个属于自己的"手柄",用 handle 指向操作对象。在 STM32 中有很多对象,例如 GPIO、UART、TIM、DAC、ADC 等,每个对象都有一个属于自己的句柄。

handle 在 STM32 中充当各种"物体"的"手柄"。事实上,很多 STM32 的 API 都需要一个 handle 作为输入参数,因为 API 需要和一些看不见的对象打交道,这些对象不能移动或修改,所以不能给你一个指针来对它进行操作。使用指针的时候要小心,不然会造成严重错误。所以为了安全,还是给你一个 handle 吧,通过这个 handle,就可以对那些对象进行一些处理。handle 是固定的,它不会变,但是对象的地址会变。当对象在内存中的位置发生改变后,我们不能通过之前的对象指针找到对象,该怎么办呢? 此时就可以用 handle。handle 是用来记录对象最新地址的,换一种说法,其实你知道 handle 在哪里,但你不知道对象在哪里,而 handle 知道对象在哪里。所以只要知道了 handle 在哪里,就能找到对象(尽管还是不知那个对象在内存的哪个地方,不过找到它就行了)。是不是有点像索引的作用? 为什么不让我们知道对象在内存中的位置呢? 因为系统怕你对它进行一些不利的操作。通过 handle 能让对象做它应该做的事,这就足够了,这就是封装吧!

句柄是指向某一结构体的指针。在 STM32_HAL 库中,句柄是一种特殊的指针,通常指向结构体。以 UART1 为例说明:CubeMX 生成的工程中,USART 初始化结构体变量,自动定义为全局变量。

```
/* Private Variables-------------------------------------------------- */
UART_HandleTypeDef huart1;
```
右键查看结构体成员:
```
typedef struct
{
USART_TypeDef    * Instance;       /*! < UART registers base address */
UART_InitTypeDef   Init;           /*! < UART communication parameters */
uint8_t    * pTxBuffPtr;           /*! < Pointer to UART Tx transfer Buffer */
uint16_t   TxXferSize;             /*! < UART Tx Transfer size          */
uint16_t   TxXferCount;            /*! < UART Tx Transfer Counter       */
```

```
uint8_t   * pRxBuffPtr;          /*! < Pointer to UART Rx transfer Buffer */
uint16_t  RxXferSize;            /*! < UART Rx Transfer size          */
uint16_t  RxXferCount;           /*! < UART Rx Transfer Counter        */
DMA_HandleTypeDef   * hdmatx;    /*! < UART Tx DMA Handle parameters   */
DMA_HandleTypeDef   * hdmarx;    /*! < UART Rx DMA Handle parameters   */
HAL_LockTypeDef   Lock;          /*! < Locking object                 */
__IO HAL_UART_StateTypeDef   State;  /*! < UART communication state   */
__IO uint32_t   ErrorCode;       /*! < UART Error code                */
}UART_HandleTypeDef;
```

HAL 库的 UART 结构体囊括了 UART 涉及的所有内容。

(1)包含了之前标准库就有的 6 个成员(波特率,数据格式等,在 UART_InitTypeDef Init 结构体中)。

(2)包含过采样、数据(发送或接收的)缓存、数据指针、串口 DMA 相关的变量、各种标志位等。包括要在整个项目流程中都要设置的各个成员。

该 UART_Handler 被称为串口的句柄,它被贯穿于整个 USART 收发的流程,比如开启中断方式的接收:

HAL_UART_Receive_IT(&huart1,(u8 *)aRxBuffer, RXBUFFERSIZE);

再比如后面要讲到的 MSP 与 Callback 回调函数:

void HAL_UART_MspInit(UART_HandleTypeDef * huart);

void HAL_UART_RxCpltCallback(UART_HandleTypeDef * huart);

在这些函数中,都调用了初始化时定义的句柄 huart。可见在 STM32CubeMX 中就是用 handle 指向操作对象的。

## 13.5　弱函数和回调函数

STM32CubeMX 采用了面向对象的编程思想,它为用户完成了一个面向对象设计的工程框架,用户不必知道底层的一些操作,它通过句柄、弱函数、回调函数等为用户开放了设计对象。

**1. 弱函数(被 __weak 修饰的函数)**

weak 是"弱"的意思,如果函数名称前面加上 __weak 修饰符,一般称这个函数为"弱函数"。对于加上了 __weak 修饰符的函数,可以在用户文件中重新定义一个同名函数,最终编译器编译的时候,会选择用户定义的函数。如果用户没有重新定义这个函数,编译器就会执行 __weak 声明的函数,并且不会报错。也就是说,一个函数被 __weak 修饰了,如果别处没定义,这个函数就是它,如果别处重定义了,就用新的函数,这样就实现了重载。有一个很大的好处,就是实现面向对象思想中的差异化编程,STM32CubeMX 实现了所有硬件的通用功能,而把不通用的部分通过可重载的函数开放给用户修改。 __weak 在回调函数和初始化函数中经常用到。例如,在 stm32f1xx_hal_uart.c 中可以找到 UART MSP 初始化函数。

```
/ **
 * @brief   UART MSP Init.
 * @param   huart   Pointer to a UART_HandleTypeDef structure that contains
 *                  the configuration information for the specified UART module.
 * @retval None
```

```
         */
__weak void HAL_UART_MspInit(UART_HandleTypeDef * huart)
{
  /* Prevent unused argument(s) compilation warning */
  UNUSED(huart);
  /* NOTE：This function should not be modified，when the callback is needed，
          the HAL_UART_MspInit could be implemented in the user file
   */
}
```

该弱函数 HAL_UART_MspInit 在 stm32f1xx_hal_msp.c 中被重载：

```
/**
 * @brief UART MSP Initialization
 * This function configures the hardware resources used in this example
 * @param huart：UART handle pointer
 * @retval None
 */
void HAL_UART_MspInit(UART_HandleTypeDef * huart)
{
  GPIO_InitTypeDef GPIO_InitStruct = {0};
  if(huart->Instance==USART1)
  {
  /* USER CODE BEGIN USART1_MspInit 0 */

  /* USER CODE END USART1_MspInit 0 */
    /* Peripheral clock enable */
    __HAL_RCC_USART1_CLK_ENABLE();

    __HAL_RCC_GPIOA_CLK_ENABLE();
    /** USART1 GPIO Configuration
    PA9       ---→ USART1_TX
    PA10      ---→ USART1_RX
    */
    GPIO_InitStruct.Pin = GPIO_PIN_9;
    GPIO_InitStruct.Mode = GPIO_MODE_AF_PP;
    GPIO_InitStruct.Speed = GPIO_SPEED_FREQ_HIGH;
    HAL_GPIO_Init(GPIOA, &GPIO_InitStruct);

    GPIO_InitStruct.Pin = GPIO_PIN_10;
    GPIO_InitStruct.Mode = GPIO_MODE_INPUT;
    GPIO_InitStruct.Pull = GPIO_NOPULL;
    HAL_GPIO_Init(GPIOA, &GPIO_InitStruct);

  /* USER CODE BEGIN USART1_MspInit 1 */

  /* USER CODE END USART1_MspInit 1 */
  }
}
```

再举一个简单的弱函数例子感受一下弱函数的重载过程。参照 6.2 节创建 STM32CubeMX 工程 Experiment_9_4_UART1_Printf_weak.ioc，USART1 的波特率为 9600。在 main.c 中添加如下程序代码：

```
/*  Private includes ------------------------- */
/*  USER CODE BEGIN Includes */
#include<stdio.h>
/*  USER CODE END Includes */

/*  USER CODE BEGIN PFP */
void weakFunction(void);                          //注意:这个 weakFunction 是本地函数
extern void someFunctionCall(void);               //someFunctionCall 是外部函数
/*  USER CODE END PFP */

    /*  USER CODE BEGIN 2 */
puts("测试 weak 函数:重载测试和未重载测试。\r\n");
someFunctionCall();
    /*  USER CODE END 2 */

/*  USER CODE BEGIN 4 */
int fputc(int ch, FILE * f)                       //实现标准输出 printf()的底层驱动函数
{
HAL_UART_Transmit(&huart1,(uint8_t *)&ch,1,10);
return ch;
}
//如果在这里不重写 weak 函数,则不重载
/*
void weakFunction(void)
{
//do something
puts("我是重载的 weak 函数,完成 weak 函数重载。\r\n");
return;
}
*/
/*  USER CODE END 4 */
```

建立程序文件 weakTest. c,放在 Src 文件夹中,并将其添加到 Application/User 中。
weakTest. c 程序如下:

```
#include<stdio.h>
__weak void weakFunction(void)
{
//do something
printf("我是 weak 函数,我还没有被重载。\r\n");
return;
}

void someFunctionCall(void)
{
//do something
puts("调用 weak 函数。\r\n");
weakFunction();
//do something
puts("完成 weak 函数调用。\r\n");
return;
}
```

程序运行分两步进行。

(1)如前述程序所示,在/＊ USER CODE BEGIN 4 ＊/中注销掉 void weakFunction (void),即在主程序中不重写 weak 函数。程序运行结果如图 13－11 所示。

图 13－11　未重载运行结果

(2)去掉对 void weakFunction(void)的注销。程序运行结果如图 13－12 所示。

图 13－12　重载后运行结果

**2. 回调函数(Callback 函数)**

相比于 STM32 的标准库,在 HAL 库中有一点比较大的改变是,中断都是通过回调函数开放给用户的,具体使用方式也是重载相关回调函数,不像标准库是直接在 stm32fxxx_it.c 里填写相关中断处理函数。这样做的好处是,HAL 帮我们处理了一些杂务,只把用户感兴趣的事件开放给用户。

Callback 函数一般都是由 __weak 函数产生,主要用于用户编写应用层代码。还是以 USART为例,在标准库中,串口中断以后,我们要先在中断中判断是否接收到中断,读出数据,顺便清除中断标志位,然后再对数据处理,这样如果我们在一个中断函数中写这么多代码,就会显得很混乱。在 HAL 库中,进入串口中断后,直接由 HAL 库中断函数进行托管:

```
void USART1_IRQHandler(void)
{
    HAL_UART_IRQHandler(&UART1_Handler);//调用 HAL 库中断处理公用函数
    /* * * * * * * * * * * * * 省略无关代码 * * * * * * * * * * * * * * */
}
```

HAL_UART_IRQHandler 这个函数完成了判断是哪个中断(接收还是发送,或者其他?),然后读出数据,保存至缓存区,顺便清除中断标志位等。

如果我们希望每接收到 8 个字节的数据就产生一次中断,在中断服务程序中将接收到的数据发送给上位机,同时启动中断方式的接收数据模式,那么每接收完 8 个字节,HAL_UART_IRQHandler 才会执行一次 Callback 函数。

在 HAL 库中,进入串口中断后,直接由 HAL 库中断函数进行托管,用户只要找到中断回调函数,并拷贝到 main.c 的 USER CODE BEGIN 4 下,编写自己的中断处理即可。

```
/* USER CODE BEGIN 4 */
void HAL_UART_RxCpltCallback(UART_HandleTypeDef * UartHandle)
{
    HAL_UART_Transmit(&huart1,RxData,8,10);   //轮询方式发送接收到的 8 个数据
    HAL_UART_Receive_IT(&huart1,RxData,8);    //启动下一次接收
}
/* USER CODE END 4 */
```

在这个 Callback 回调函数中,我们只需要对接收到的 8 个字节(保存在 RxData[]中)进行处理就可以,不用再手动清除中断标志位等操作。

STM32CubeMX 已经为我们生成了工程框架,并且完成了大部分外设的初始化,还通过 __weak 声明了用户可以重写的 Callback 函数,用户通过 Callback 函数来写应用层代码。STM32CubeMX 已经按照 HAL 库格式安排好了代码框架,我们只需在指定位置编写符合 HAL 库格式要求的代码即可。

## 13.6　MSP 函数

MSP(MCU Specific Package)函数是用来描述单片机具体方案的,MSP 是一组和 MCU 相关的初始化函数包。我们来看看正点原子对 MSP 的解释:要初始化一个串口,首先要设置和 MCU 无关的东西,例如波特率、奇偶校验、停止位等,这些参数设置和 MCU 没有任何关系,可以使用 STM32F1,也可以是 STM32F2/F3/F4/F7 上的串口。而一个串口设备需要一个 MCU 来承载,例如用 STM32F4 来做承载,PA9 作为发送,PA10 作为接收,MSP 就是要初始化 STM32F4 的 PA9、PA10,配置这两个引脚。所以 HAL 驱动方式的初始化流程就是 HAL_USART_Init()→HAL_USART_MspInit(),先初始化与 MCU 无关的串口协议,再初始化与 MCU 相关的串口引脚。

在 STM32 的 HAL 驱动中,HAL_PPP_MspInit()作为回调被 HAL_PPP_Init()函数所调用。当需要移植程序到 STM32F1 平台时,只需要修改 HAL_PPP_MspInit 函数的内容,而不需要修改 HAL_PPP_Init 入口参数内容。如果用 STM32CubeMX 直接使用图形化设置,STM32CubeMX 会自动生成 HAL_PPP_MspInit(),不需人工完成初始化函数。

在 HAL 库中,几乎每初始化一个外设就需要设置该外设与单片机内核之间的联系,比如 I/O 口是否复用等。由此可见,HAL 库相对于标准库多了 MSP 函数之后,移植性非常强,但

与此同时却增加了代码量和代码的嵌套层级,各有利弊。

同样,MSP 函数和回调函数一样,可以配合句柄,达到非常强的移植性,如:

void HAL_UART_MspInit(UART_HandleTypeDef * huart);

入口参数仅仅需要一个串口句柄,这样就能看出句柄的方便。

## 13.7　宏定义(__HAL_)

HAL 库函数中,以"HAL_"开头是函数可以找到其函数定义。而以"__HAL_"开头的是宏定义,形式上是函数,所以有时也称为宏函数,但其实现的方式是宏定义。

HAL 库并没有把所有的操作都封装成函数。对于底层的寄存器操作以及修改外设的某个配置参数,HAL 库会使用宏定义来实现,都是用__HAL_作为这类宏定义的前缀。获取某个参数,宏定义中一般会有_GET。而设置某个参数,宏定义中就会有_SET。在开发过程中,如果遇到寄存器级或者更小范围的操作时,可以到该外设的头文件中查找,一般都能找到相应的宏定义。

HAL 为每一种外设都提供了一组宏定义,类似于函数,功能是通过宏来直接修改寄存器的值。在 HAL 库函数说明文件 STM32F1xx HAL drivers.pdf 中可以找到各种外设对应的宏定义。也可以通过追踪定义的方式找到宏函数的定义。下面是一些与定时器相关的宏函数:

```
__HAL_TIM_SET_COUNTER(&htim3,150);            //可以设置计数初值为需要的值,默认是 0
__HAL_TIM_CLEAR_FLAG(&htim3,TIM_FLAG_UPDATE);
__HAL_TIM_SET_COMPARE(&htim3,TIM_CHANNEL_1,dutycycle);
ccr_cur = __HAL_TIM_GET_COMPARE(&htim4, TIM_CHANNEL_1);
__HAL_TIM_SET_COMPARE(&htim4, TIM_CHANNEL_1, 0);
__HAL_TIM_SetCompare(&htim,TIM_CHANNEL_1, cnt_tar);     /*设置捕获比较计数器 CC1 */
__HAL_TIM_CLEAR_IT(&htim3, TIM_IT_CC1);
__HAL_TIM_ENABLE_IT(&htim3, TIM_IT_CC1);               /*使能 CC1 中断 */
__HAL_TIM_DISABLE_IT(&htim3, TIM_IT_CC1);
CaptureNumber = ( int16_t )__HAL_TIM_GET_COUNTER(&htim3)+OverflowCount * 65535;
__HAL_TIM_DISABLE(&htim5);
__HAL_TIM_SetCounter(&htim5, 0);
__HAL_TIM_ENABLE(&htim5);
__HAL_TIM_ENABLE_IT(&htim5, TIM_IT_UPDATE);
__HAL_TIM_SET_PRESCALER(&htim6, PrescalerValue);
__HAL_TIM_SET_AUTORELOAD(&htim6, PeriodValue);
```

## 13.8　STM32_HAL 库开发方式

上面介绍了结构体、句柄、弱函数、回调函数、MSP 函数、宏函数等基本概念,本节系统介绍基于 STM32CubeMX 和 HAL 库的开发方式。

**1. STM32 的三种开发方式**

1)寄存器开发方式

优点:直接操作寄存器。更接近原理,知其然也知其所以然。

缺点:特殊功能寄存器是 51 单片机的数十倍,开发时需要经常查阅芯片的数据手册,费时费力。

2)标准库开发方式

ST 公司为每款芯片都编写了一份库文件,也就是工程文件里的 stm32F1xx 等。在这些.c、

.h 文件中包括一些常用量的宏定义,把一些外设也通过结构体变量封装起来,如 GPIO 口、时钟等。所以我们只需要配置结构体变量成员就可以修改外设的配置寄存器,从而选择不同的功能。

缺点:非常依赖具体硬件细节,很难移植。而且 ST 公司不再对这种方式提供更新服务,目前只推 HAL 库。

3)HAL 库开发方式

HAL(Hardware Abstraction Layer,硬件抽象层)库是 ST 公司目前力推的开发方式。HAL 库不仅把实现功能需要配置的寄存器进行了集成,还通过库函数实现了功能的集成。也就是说,同样的功能,标准库可能要用几句话,HAL 库只需用一句话就够了。HAL 库很好解决了程序移植的问题,不同型号的 STM32 芯片的标准库是不一样的,例如在 F4 上开发的程序移植到 F3 上不能通用,而使用 HAL 库,只要使用的是相同的外设,程序基本可以完全复制粘贴。使用 ST 公司研发的 STMCube 软件,可以通过图形化的配置功能,直接生成整个使用 HAL 库的工程文件,十分方便。

缺点:执行效率低;硬件抽象层隔离了硬件与软件之间的关系。

**2. HAL 库的内容**

HAL 库驱动文件的内容如图 13 - 13 所示,其中 BSP 为板级支持包,CMSIS 为 Cortex 系列处理器内核支持文件,STM32F1xx_HAL_Driver 为 STM32F1 系列器件的 HAL 库支持文件。

图 13 - 13　HAL 库驱动文件内容

**3. STM32Cube 固件组件之间的关系**

STM32Cube 固件组件之间的关系如图 13 - 14 所示,我们可以将其简化成图 13 - 15。

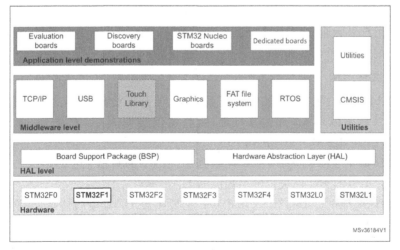

图 13 - 14　STM32Cube 固件组件之间的关系

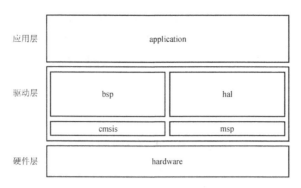

图 13-15　STM32Cube 固件组件之间的关系(简化版)

(1)把 cmsis 放在了驱动层的最底层,是因为 cmsis 库中包含的内容都和具体 cpu 内核相关,还有一些地址定义,都是非常底层的东西,而且 hal 层依赖于 cmsis。

(2)hal 底层增加了一层 msp,类似于 bsp,全称 mcu support package,这一层相当于 hal 的驱动层,将与硬件相关的部分如时钟配置、GPIO 配置等提取出来,交给用户配置。

**4. CubeMX 生成的工程中的重要文件**

1)stm32f1xx_hal_conf.h

这里面有许多用于配置的宏,比如用于精准延时的晶振频率,还有各个外设模块的开关等。

2)stm32f1xx_hal_msp.c

在 msp.c 文件里实现了平台相关的杂七杂八的操作,需要调用的时候会自动调用。如果我们要使用 uart、adc 等复杂的外设,CubeMX 会在 msp.c 文件里重写 HAL_UART_MspInit()、HAL_ADC_MspInit()等函数,当调用 HAL_PPP_Init()时,他们都会自动被调用。

3)stm32fxxx_it.c

存放与中断相关的函数。

注意:以上文件都是由 STM32CubeMX 自动生成的,除了 main.c 外,用户不能修改 STM32CubeMX 生成的所有文件。在 main.c 中,用户也只能在规定的地方添加自己的代码。如果在非规定区域添加代码,当修改 *.ioc 文件后,重新生成代码时,在非规定区域所写的代码将被丢弃。用户只能通过"弱函数"和"回调函数"来实现自己想要的操作。用户可以在 user 下添加自己的 *.c 和 *.h 文件。

**5. HAL 库文件结构**

STM32CubeMX 作为一个可视化的配置工具,对于开发者来说,大大节省了开发时间。STM32CubeMX 就是以 HAL 库为基础的,且目前仅支持 HAL 库及 LL 库。官方给出的 HAL 库的包含结构如图 13-16 所示。

(1)stm32f1xx.h 主要包含 STM32 同系列芯片的不同具体型号的定义。根据芯片型号包含具体的芯片型号的头文件决定使用相应的 HAL 库。

(2)stm32f1xx_hal.h:stm32f1xx_hal.c/h 主要实现 HAL 库的初始化、系统嘀嗒时钟相关函数及 CPU 的调试模式配置。

(3)stm32f1xx_hal_conf.h 文件是一个用户级别的配置文件,用来实现对 HAL 库的裁剪。该文件位于用户文件目录,不要放在库目录中。

(4)HAL 库文件名均以 stm32f1xx_hal 开头,后面加上_外设或者模块名(如:stm32f1xx
_hal_adc.c);

```
stm32f1xx_hal_ppp.c/.h        // 主要的外设或者模块的驱动源文件,包含了该外设的通用 API
stm32f1xx_hal_ppp_ex.c/.h     // 外围设备或模块驱动程序的扩展文件
```

这组文件中包含特定型号或者系列芯片的特殊 API,如果该特定的芯片内部有不同的实现方式,则该文件中的特殊 API 将覆盖_ppp 中的通用 API。

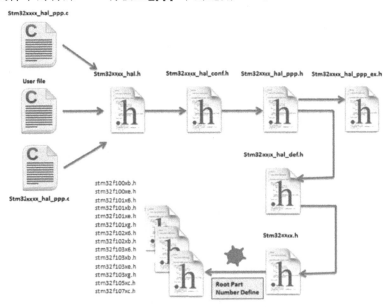

图 13 - 16　HAL 库的包含结构

stm32f1xx_hal.c/.h//文件用于 HAL 初始化,并且包含 DBGMCU、重映射和基于 systick 的时间延迟等相关的 API。

(5)其他库文件。

用户级别文件:

```
stm32f1xx_hal_msp_template.c    // 只有.c 没有.h。它包含用户应用程序中使用的外设的 MSP 初始
                                //  化和反初始化(主程序和回调函数),使用者复制到自己目录下使
                                //  用模板
stm32f1xx_hal_conf_template.h   // 用户级别的库配置文件模板。使用者复制到自己目录下使用
system_stm32f1xx.c              // 此文件主要包含 SystemInit()函数,该函数在刚复位及跳到 main
                                //  之前的启动过程中被调用。它不在启动时配置系统时钟(与标准
                                //  库相反),时钟的配置在用户文件中使用 HAL API 来完成
startup_stm32f1xx.s             // 芯片启动文件,主要包含堆栈定义,终端向量表等
stm32f1xx_it.c/.h               // 中断处理函数的相关实现。
```

(6)main.c/.h//主程序及其头文件。

根据 HAL 库的命名规则,其 API 可以分为以下四大类:

初始化/反初始化函数:HAL_PPP_Init(); HAL_PPP_DeInit();

```
IO 操作函数:        HAL_PPP_Read(); HAL_PPP_Write(); HAL_PPP_Transmit(); HAL_PPP_
                   Receive()
控制函数:          HAL_PPP_Set (); HAL_PPP_Get ();
状态和错误:        HAL_PPP_GetState (); HAL_PPP_GetError ();
```

注意:目前 LL 库是和 HAL 库捆绑发布的,所以在 HAL 库源码中,还有一些名为 stm32f2xx_ll_ppp 的源码文件,这些文件就是新增的 LL 库文件。使用 STM32CubeMX 生成项目时,可以选择 LL 库。

HAL 库最大的特点就是对底层进行了抽象。在此结构下,用户代码的处理主要分为三部分:处理外设句柄(实现用户功能,一般情况下 STM32CubeMX 都已经定义好了)、处理 MSP(一般情况下 CubeMX 都已经根据用户配置生成好了,不需要修改)、处理各种回调函数(这才是 HAL 库提供给用户可以修改功能的函数)。

### 6. HAL 库编程相关知识点——外设句柄定义

用户代码的第一大部分是对于外设句柄的处理。HAL 库在结构上对每个外设抽象成了一个称为 ppp_HandleTypeDef 的结构体,其中 ppp 就是每个外设的名字。所有函数都工作在 ppp_HandleTypeDef 指针之下。

(1)多实例支持(* Instance 指针):每个外设/模块实例都有自己的句柄。因此,实例资源是独立的。

(2)外围进程相互通信:该句柄用于管理进程例程之间的共享数据资源。

下面,以 ADC 为例:

```
/* *
    * @brief   ADC handle Structure definition
    */
typedef struct
{
    ADC_TypeDef * Instance;                    /*! < Register base address */
    ADC_InitTypeDef Init;                      /*! < ADC required parameters */
    __IO uint32_tNbrOfCurrentConversionRank;   /*! < ADC number of current conversion rank */
    DMA_HandleTypeDef    * DMA_Handle;         /*! < Pointer DMA Handler */
    HAL_LockTypeDef       Lock;                /*! < ADC locking object */
    __IO uint32_t         State;               /*! < ADC communication state */
    __IO uint32_t         ErrorCode;           /*! < ADC Error code */
}ADC_HandleTypeDef;
```

从上面的定义可以看出,ADC_HandleTypeDef 中包含了 ADC 可能出现的所有定义,用户想要使用 ADC,只要定义一个 ADC_HandleTypeDef 的结构体,给每个变量赋好值,对应的外设就抽象完了,接下来就是具体使用了。通过 CubeMX 配置 ADC 后,可以自动完成变量赋值。

### 7. HAL 库编程相关知识点——三种工作方式

HAL 库对所有的函数模型也进行了统一。在 HAL 库中,支持三种工作模式:轮询模式、中断模式、DMA 模式(如果外设支持)。其分别对应如下三种类型的函数(以 ADC 为例):

```
HAL_StatusTypeDef HAL_ADC_Start(ADC_HandleTypeDef * hadc);
HAL_StatusTypeDef HAL_ADC_Stop(ADC_HandleTypeDef * hadc);

HAL_StatusTypeDef HAL_ADC_Start_IT(ADC_HandleTypeDef * hadc);
HAL_StatusTypeDef HAL_ADC_Stop_IT(ADC_HandleTypeDef * hadc);

HAL_StatusTypeDef HAL_ADC_Start_DMA(ADC_HandleTypeDef * hadc, uint32_t * pData, uint32_t Length);
HAL_StatusTypeDef HAL_ADC_Stop_DMA(ADC_HandleTypeDef * hadc);
```

其中,带_IT 的表示工作在中断模式下;带_DMA 的表示工作在 DMA 模式下(注意: DMA 模式下也是开中断的);什么都没带的就是轮询模式(没有开启中断的)。使用者用何种方式应根据应用情况选择。

HAL 库架构下统一采用宏的形式对各种中断等进行配置,针对每种外设主要有以下宏:

__HAL_PPP_ENABLE_IT(HANDLE, INTERRUPT):使能一个指定的外设中断。

__HAL_PPP_DISABLE_IT(HANDLE, INTERRUPT):失能一个指定的外设中断。

__HAL_PPP_GET_IT (HANDLE, __INTERRUPT __):获得一个指定的外设中断状态。

__HAL_PPP_CLEAR_IT (HANDLE, __INTERRUPT __):清除一个指定的外设的中断状态。

__HAL_PPP_GET_FLAG (HANDLE, FLAG):获取一个指定的外设的标志状态。

__HAL_PPP_CLEAR_FLAG (HANDLE, FLAG):清除一个指定的外设的标志状态。

__HAL_PPP_ENABLE(HANDLE):使能外设。

__HAL_PPP_DISABLE(HANDLE):失能外设。

__HAL_PPP_XXXX (HANDLE, PARAM):指定外设的宏定义。

__HAL_PPP_GET IT_SOURCE (HANDLE, __INTERRUPT __):检查中断源。

### 8. HAL 库编程相关知识点——三大回调函数

在 CubeMX 生成的源码中,到处可见一些以 __weak 开头的函数,且这些函数,有些已经被实现了,比如:

```
__weak HAL_StatusTypeDef HAL_InitTick(uint32_t TickPriority)
  {
    /* Configure the SysTick to have interrupt in 1ms time basis */
HAL_SYSTICK_Config(SystemCoreClock/1000U);
    /* Configure the SysTick IRQ priority */
HAL_NVIC_SetPriority(SysTick_IRQn, TickPriority ,0U);
    /* Return function status */
return HAL_OK;
}
```

有些则没有被实现,例如:

```
__weak void HAL_SPI_TxCpltCallback(SPI_HandleTypeDef * hspi)
  {
  /* Prevent unused argument(s) compilation warning */
  UNUSED(hspi);
  /* NOTE : This function should not be modified, when the callback is needed,the HAL_SPI_Tx-
  CpltCallback should be implemented in the user file
  */
  }
```

所有带有 __weak 关键字的函数表示,都可以由用户自己来实现。如果出现了同名函数,且不带 __weak 关键字,那么编译器就会采用外部实现的这个不带 __weak 关键字的同名函数。在 HAL 库开发中,将采用 __weak 定义的函数叫做回调函数。

通常来说,HAL 库负责整个处理,以及 MCU 外设的处理逻辑,并将必要部分以回调函数的形式提供给用户,用户只需要在对应的回调函数中做修改即可。HAL 库包含如下三种用户级别的回调函数(PPP 为外设名):

（1）外设系统级初始化/解除初始化回调函数（用户代码的第二大部分,对于 MSP 的处理）：HAL_PPP_MspInit()和 HAL_PPP_MspDeInit()。

如__weak void HAL_SPI_MspInit(SPI_HandleTypeDef * hspi)。在 HAL_PPP_Init()函数中被调用,用来初始化底层相关的设备(GPIOs,clock,DMA,interrupt)。

（2）处理完成回调函数：HAL_PPP_ProcessCpltCallback * (Process 指具体某种处理,如 UART 的 Tx)

如__weak void HAL_SPI_RxCpltCallback(SPI_HandleTypeDef * hspi),当外设或者 DMA 工作完成后,触发中断,该回调函数会在外设中断处理或者 DMA 中断处理中被调用。

（3）错误处理回调函数：HAL_PPP_ErrorCallback。

如__weak void HAL_SPI_ErrorCallback(SPI_HandleTypeDef * hspi)。当外设或者 DMA 出现错误时,触发中断,该回调函数会在外设中断处理或者 DMA 的中断处理中被调用。

绝大多数用户代码均在以上三大回调函数中实现。HAL 库结构中,在每次初始化前（尤其是在多次调用初始化前）,先调用对应的反初始化(DeInit)函数。某些外设多次初始化时不调用反初始化函数会导致初始化失败。完成回调函数有多种,例如串口的完成回调函数有 HAL_UART_TxCpltCallback 和 HAL_UART_TxHalfCpltCallback 等。在实际使用中,发现 HAL 仍有不少问题,如在使用 USB 时,其库配置存在问题等,可在官方讨论区中查询问题的解决办法。

### 9. STM32_HAL 库开发小结

STM32_HAL 库通过以下三个工具实现了强大的可移植性：

（1）Handle(句柄)。

（2）MSP(MCU 支持包)。

（3）Callback(回调函数)。

用户可以完全不去理会底层是怎么操作的,不用去管各个寄存器的配置是怎么操作的,内部是怎么动作的,基于 HAL 库的代码更有逻辑性和可读性。

用户只需面对自己要解决的问题,重点放在需要处理的数据和实现的功能上。面向对象设计,而不是从底层开始设计,底层 STM32CubeMX 已经做好了,用户最多处理的是 Callback 函数。

使用 HAL 库编写程序（针对某个外设）的基本过程（以串口为例）如下：

（1）配置外设句柄。例如,在 stm32f1xx_hal_uart.h 中定义串口句柄 UART_HandleTypeDef;在 main.c 中定义结构体变量 UART_HandleTypeDef huart1;接着在 stm32f1xx_hal_uart.c 中使用初始化句柄 HAL_StatusTypeDef HAL_UART_Init(UART_HandleTypeDef * huart)(STM32CubeMX 已经完成,不许用户程序修改)。

（2）编写 MSP。例如,在 stm32f1xx_hal_msp.c 中实现 void HAL_UART_MspInit(UART_HandleTypeDef * huart) 和 void HAL_UART_MspDeInit(UART_HandleTypeDef * huart)(STM32CubeMX 已经完成,不许用户程序修改)。

（3）实现对应的回调函数。例如,在 main.c 中实现上面说明的三大回调函数中完成回调函数和错误回调函数(这才是用户需要写的程序代码部分)。

关于中断,HAL 提供了中断处理函数,只需要调用 HAL 提供的中断处理函数。用户自己的代码,不建议写到中断函数中,而应该写到 HAL 提供的回调函数中。

对于每一个外设,HAL 都提供了回调函数,回调函数用来实现用户自己的代码。整个调用结构由 HAL 库自己完成。例如:Uart 中,HAL 提供了 void HAL_UART_IRQHandler (UART_HandleTypeDef * huart);函数,触发中断后,只需要调用该函数即可,同时自己的代码写在对应的回调函数中即可。串口相关的回调函数如下:

```
void HAL_UART_TxCpltCallback(UART_HandleTypeDef * huart);
void HAL_UART_TxHalfCpltCallback(UART_HandleTypeDef * huart);
void HAL_UART_RxCpltCallback(UART_HandleTypeDef * huart);
void HAL_UART_RxHalfCpltCallback(UART_HandleTypeDef * huart);
void HAL_UART_ErrorCallback(UART_HandleTypeDef * huart);
```

**10. 基于 STM32CubeMX 和 HAL 库程序的移植**

设计一个基于 STM32 的电子系统时,经常会碰到要将一个外设从一个端口移到另外一个端口的情况,有时也会碰到更换 MCU 型号的情况。基于 STM32CubeMX 的 HAL 库程序开发为用户提供了非常方便的程序可移植性。通过 STM32CubeMX 的端口标号功能,使得程序表面上不具体涉及哪个端口,这样即使更换端口,只要修改 STM32CubeMX 工程配置即可,程序不需或只需做少量修改。例如,采用用户标号后,将 LED 从 PB9 改到 PE12,LED 按 1 秒 1 次闪烁的程序就不需要修改。

```
/ * Infinite loop * /
/ * USER CODE BEGIN WHILE * /
while (1)
{
    / * USER CODE END WHILE * /

    / * USER CODE BEGIN 3 * /
    HAL_GPIO_TogglePin(LED_GPIO_Port, LED_Pin);
    HAL_Delay(500);
}
/ * USER CODE END 3 * /
```

如果要将 STM32F107VCT6 上的工程移植到 STM32H743VIT6 上,首先要重建一个基于 STM32H743VIT6 的 STM32CubeMX 工程,然后参照 STM32F107VCT6 下的 STM32CubeMX 工程,对 STM32H743VIT6 进行配置,配置完成后生成工程代码,只需将 STM32F107VCT6 下工程文件夹 Src 中的 main.c 以及用户编写的模块程序 *.c 和 *.h 分别拷贝到 STM32H743VIT6 工程的 Src 和 Inc 文件夹中。再次打开基于 STM32H743VIT6 的 STM32CubeMX 工程文件,生成工程代码并打开后,添加 Src 中用户编写的模块程序 *.c 即可。

# 第 14 章　综合设计举例

采用 STM32CubeMX 可以快速生成工程框架,形成设计。如何协调 STM32 各模块之间的功能、传递参数等对于初学者来说比较困难,本章通过三个实例来展示如何采用 STM32CubeMX 快速完成一个设计的方法和步骤。本章采用的 MCU 是 STM32F107RCTx,外部晶振为 8 MHz,下载器采用的是 ST-Link。

## 14.1　等精度频率计

**1. 设计要求**

(1)采用等精度方式设计频率测量,以提高频率测量精度。

(2)用 MAX7219 驱动数码管显示测量到的频率。

**2. 设计步骤**

1)测频方法与等精度测频原理

(1)直接计数法。用一个定时器产生闸门时间 $T$;用另外一个定时器作为计数器,对 $f_x$ 的变化次数直接计数得到 $N_x$,则 $f_x = N_x/T$。最简单的方法是用一个定时器产生一个 1 s 的闸门信号,用另外一个计数器在 1 s 内对外部信号进行计数,1 s 内的计数值就是被测信号的频率。直接计数法适用对高频信号的频率测量,被测频率越高则精度越高。

(2)周期测频法。用一个定时器测量被测信号的两个上升沿之间的时间来测频的方法。周期测频法适用于低频测量。

(3)混合测频法。采用低端测周期、高端直接计数法的混合测频法可以增加测量精度。需要通过中界频率来判断测周还是测频,中界频率 $f_B = \sqrt{f_c/T}$,其中 $f_c$ 为定时器的计数时钟信号,$T$ 为直接计数法的闸门时间。

(4)等精度测频法。以上三种测频方法的共同点是测频误差随 $f_x$ 的变化而变化。等精度测频法的测频误差与 $f_x$ 无关。等精度测频法的原理是通过被测信号的上升沿或者下降沿来同时启动两个定时计数器分别对被测信号和内部时钟信号进行计数,对被测信号计数 $N$ 个脉冲后,计算出被测信号的频率。

设被测信号的周期为 $T_x$,在定时器 TIM1 对 $N$ 个外部脉冲进行计数的同时,定时器 TIM7 对内部时钟信号 $f_{in}$(72 MHz)也进行了 $M$ 个计数,因此有等式:$T_x \times N = M \times (1/f_{in})$,$f_x = (N \times f_{in})/M$。

2)MAX7219 简介

MAX7219 的典型应用电路如图 14-1 所示,其兼容 SPI 接口,工作时钟高达 10 kHz,有 150 μA 的低功耗关闭模式,共阴极 LED 显示驱动,亮度可控,可选数字译码或非译码。

串行数据格式见表 14-1,串行数据由地址和数据构成,D8~D11 为寄存器地址位,D0~

D7 为数据位,D12～D15 为无效位。在传输过程中,首先发送的是地址字节,然后是数据字节,传输时序符合 SPI 接口时序。数据寄存器、控制寄存器和译码模式描述请查阅 MAX7219 的 Datasheet。

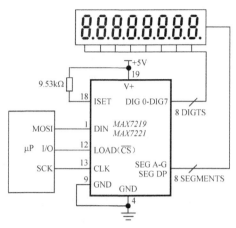

图 14 - 1  MAX7219 典型应用电路

表 14 - 1  串行数据格式

| D15 | D14 | D13 | D12 | D11 | D10 | D9 | D8 | D7 | D6 | D5 | D4 | D3 | D2 | D1 | D0 |
|-----|-----|-----|-----|-----|-----|----|----|----|----|----|----|----|----|----|----|
| × | × | × | × | 地址 | | | | MSB | | | 数据 | | | | LSB |

3)用 STM32CubeMX 快速形成 STM32F107 工程设计

创建 Experiment_10_1_FrequencyMeasure. ioc 工程,主要用到 STM32 内部的定时器 TIM1 和 TIM7,以及外部扩展的 MAX7219 控制的 8 位数码管显示。参照 8.3 节配置基本定时器 TIM1 和 TIM7,其中 TIM1 配置成对外部信号计数。外部待测信号同时接到 TIM1 的外部信号输入端和外部中断输入端。本章采用的 MCU 是 STM32F107RCTx,下载器采用的是 ST-Link,所以 Pinou & Configuration→SYS→Mode→Debug 选:Serial Wire,仅占用两个 I/O 口(PA13 和 PA14)。当 TIM1 配置成外部计数模式时,PA12 自动配置为 TIM1_ETR。将 PA10 配置成外部中断接口(GPIO_EXTI10),被测信号同时接到 TIM1_ETR 和 GPIO_EXTI10,这样一旦检测到外部中断,就同时启动 TIM1 和 TIM7。TIM1 对外部信号计数,TIM7 对内部信号计数,当 TIM1 计数到后,就可以计算被测信号的频率了。选择 SPI2 驱动 MAX7219,MAX7219 的 DIN 引脚接 SPI2_MOSI,MAX7219 的 CLK 引脚接 SPI2_SCK,采用软件 NSS 信号,用 PB12 作为 MAX7219 的片选信号,系统引脚配置如图 14 - 2 所示。

系统时钟配置如图 14 - 3 所示,注意 STM32F107RCTx 开发板的外部晶振为 8 MHz,应将 SYSCLK 配置为 72 MHz。TIM1 的配置如图 14 - 4 所示,将 TIM1 的 Clock Source 配置成 ETR2,其时钟源从外部输入,即对外部脉冲信号进行计数。我们选对外部脉冲信号计数脉冲来测量频率,每计数 10 个脉冲测量一次频率。使用 TIM1 仅仅计数 10 次即可,不需要预分频,所以将 TIM1 的 Prescaler 设置为 0,将 AutoReload Register 设置为 9 即可。TIM7 配置如图 14 - 5 所示,通过设置预分频 Prescaler 为 71,将内部 72 MHz 时钟信号分频成 1 MHz,然后对这个时钟信号计数,因此被测信号的频率不能高于这个频率。将 TIM7 的 AutoReload Register 设置为 999,每计数到 1000,在 TIM7 的定时中断服务程序中溢出计数+1。

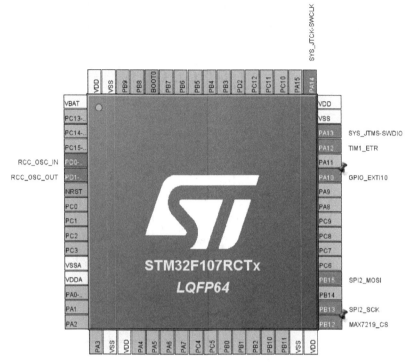

图 14-2　系统引脚配置

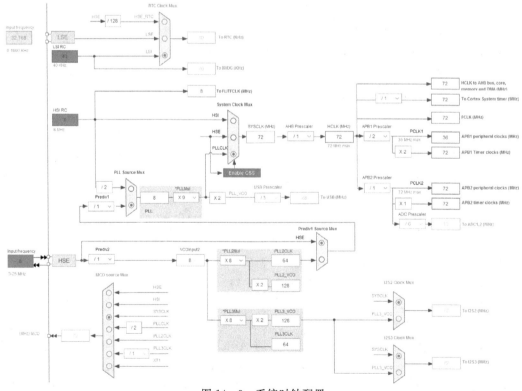

图 14-3　系统时钟配置

当 TIM1 计数到时,读出 TIM7 的计数值,就可以计算出 TIM7 的定时时间为(溢出次数×1000＋计数值),单位 μs。中断配置如图 14-6 所示,计数和外部中断都是瞬间完成的,所以没有设置中断优先级。SPI2 配置如图 14-7 所示,STM32 只需将数据写入 MAX7219,所以将 SPI2 的模式配置成 Transmit Only Master,采用软件 NSS 信号。MAX7219 的 CLK Clock Period 最小为 100 ns,因此,其 CLK 频率最大为 10 kHz,所以在配置 SPI 的波特率时,波特率不能选的过大。

配置完成,保存 STM32CubeMX 工程文件,点击"GENERATE CODE",生成代码工程框架并打开。

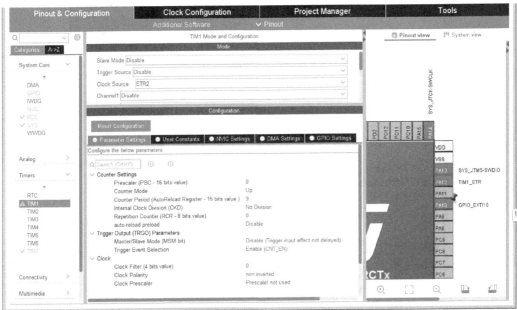

图 14-4　TIM1 配置

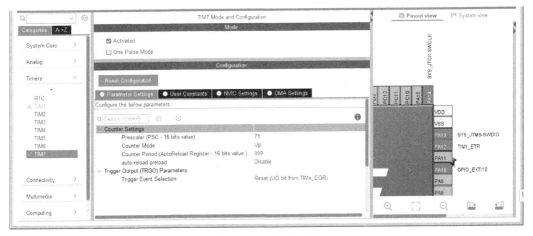

图 14-5　TIM7 配置

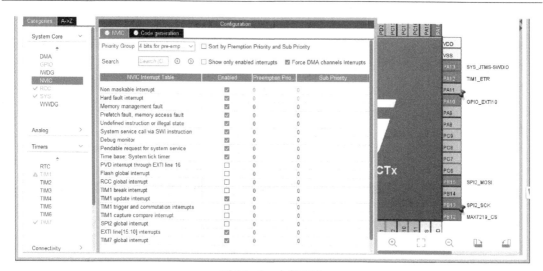

图 14 - 6　中断配置

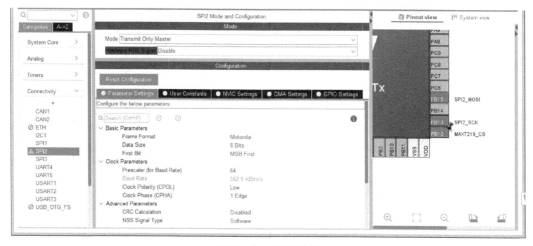

图 14 - 7　SPI2 配置

### 4)设计 MAX7219 驱动程序

(1)MAX7219 头文件 MAX7219.h。

```
#ifndef __MAX7219_H
#define __MAX7219_H

#include "main.h"
externSPI_HandleTypeDef hspi2;//必须声明 MAX7219.c 中使用的 hspi2 是一个外部句柄

//----------------MAX7219 端口定义----------------
#define Max7219_CS_0    HAL_GPIO_WritePin(MAX7219_CS_GPIO_Port,MAX7219_CS_Pin,GPIO
_PIN_RESET)//CS 置 0
#define Max7219_CS_1    HAL_GPIO_WritePin(MAX7219_CS_GPIO_Port,MAX7219_CS_Pin,GPIO
_PIN_SET)   //CS 置 1

//----------------MAX7219 数据寄存器地址----------------
#define Digit_0   0x01   //数码管 0 数据寄存器地址,最右边的数码管,对应最低位数据
```

```
# define Digit_1    0x02    //数码管 1 数据寄存器地址
# define Digit_2    0x03    //数码管 2 数据寄存器地址
# define Digit_3    0x04    //数码管 3 数据寄存器地址
# define Digit_4    0x05    //数码管 4 数据寄存器地址
# define Digit_5    0x06    //数码管 5 数据寄存器地址
# define Digit_6    0x07    //数码管 6 数据寄存器地址
# define Digit_7    0x08    //数码管 7 数据寄存器地址,最左边的数码管,对应最高位数据
                           //发送完数据寄存器地址后,接着发送要要显示的数据(0~9)
                           //要显示小数点时:显示数据+0x80, D7=1 即可显示小数点
# define Display__0x0A   //显示"-"
# define Display_E 0x0B   //显示"E"
# define Display_H 0x0C   //显示"H"
# define Display_L 0x0D   //显示"L"
# define Display_P 0x0E   //显示"P"
# define Display_blank 0x0F  //不显示
//----------------MAX7219 控制寄存器地址----------------
# define DecodMode 0x09    //译码模式控制寄存器地址。0x00--不译码,0xFF--BCD 译码
# define Intensity 0x0A    //亮度控制寄存器地址。0x00~0x0F,十六级亮度控制,越大越亮
# define ScanLimit 0x0B    //扫描控制寄存器地址。设定扫描显示数码管的个数,从 1 个到 8 个(0x00~
                           // 0x07)。
# define Shutdown 0x0C     //掉电控制寄存器。0--关闭显示,但可以进行读写。1--正常显示。
# define DisplaTest 0x0F   //显示测试控制寄存器。0--正常显示。1--全部显示 8。

//---------------MAX7219 模块可供外部调用的函数----------------
void Max7219_Init(void);
void Max7219_Test(void);
void Max7219_ShowNum(uint32_t num);
void Max7219_Blank(void);
void Max7219_HELP(void);

# endif
```

模块的头文件中应当有各种功能和应用,为后续开发和应用留有接口。用户只需关心头文件即可,在头文件中查找相关的接口和定义以及模块可供调用的函数和全局变量。一般情况下,用户不必关心 c 文件的相关细节。

(2)MAX7219 程序文件 MAX7219.c。

```
# include "MAX7219.h"

void Delay_xms(uint16_t x)
{
  uint16_t i,j;
  for(i=0;i<x;i++)
    for(j=0;j<672;j++);
}
//----------------------------------------
//功能:向 MAX7219 写入字节
//入口参数:DATA
//出口参数:无
//说明:
void Write_Max7219_byte(uint8_t DATA)
{
  Max7219_CS_0;
  HAL_SPI_Transmit(&hspi2,&DATA,1, 1000);
}
```

```
//----------------------------------------
//功能:向 MAX7219 写入数据
//入口参数:address、dat
//出口参数:无
//说明:
void Write_Max7219(uint8_t address,uint8_t dat)
{
    Max7219_CS_0；
    Write_Max7219_byte(address)；        //写入地址,即数码管编号
    Write_Max7219_byte(dat)；            //写入数据,即数码管显示数字
    Max7219_CS_1；
}

void Max7219_Init(void)
{
    Delay_xms(4000);//MAX7219 需要比较长的上电稳定时间
    Write_Max7219(DecodMode, 0xff)；     //译码方式:BCD 码
    Write_Max7219(Intensity, 0x02)；     //亮度
    Write_Max7219(ScanLimit, 0x07)；     //扫描界限;8 个数码管显示
    Write_Max7219(Shutdown, 0x01)；      //掉电模式:0;  普通模式:1
    Write_Max7219(DisplaTest, 0x00)；    //显示测试:1;  正常显示:0
    Delay_xms(2000)；
}

void Max7219_Test(void)
{
    uint8_t Digit_i;
    for(Digit_i=1;Digit_i<=8;Digit_i++) Write_Max7219(Digit_i,Digit_i)；
}

void Max7219_Blank(void)
{
    uint8_t Digit_i;
    for(Digit_i=1;Digit_i<=8;Digit_i++) Write_Max7219(Digit_i,Display_blank)；
}

void Max7219_HELP(void)
{
    Write_Max7219(Digit_7,Display_H)；
    Write_Max7219(Digit_6,Display_E)；
    Write_Max7219(Digit_5,Display_L)；
    Write_Max7219(Digit_4,Display_P)；
    Write_Max7219(Digit_3,Display__)；
    Write_Max7219(Digit_2,Display__)；
    Write_Max7219(Digit_1,Display__)；
    Write_Max7219(Digit_0,Display__)；
}
//* * * * * * * * * * * * * * * * * * * * * * * * * * * * * * * *
//    函数说明:m^n
//    入口数据:m:底数 n:指数
//    返回值:  result
//* * * * * * * * * * * * * * * * * * * * * * * * * * * * * * * *
uint32_t Max7219_pow(uint8_t m,uint8_t n)
{
```

```
    uint32_t result=1;
    while(n--)result * =m;
    return result;
}


// * * * * * * * * * * * * * * * * * * * * * * * * * * * * * * * * *
//    函数说明:MAX7219 显示字符码值
//    入口数据:num:待显示的数据
//    返回值:  无
// * * * * * * * * * * * * * * * * * * * * * * * * * * * * * * * * *
void Max7219_ShowNum(uint32_t num)
{
    uint8_t t,temp;
    uint8_t enshow=0;
    for(t=0;t<8;t++)                      //8 个数码管,8 位数据,循环 8 次
    {
        temp=(num/Max7219_pow(10,8-t-1))%10;  //从最高位开始依次取数
        if(enshow==0&&t<8)                //从最高位判断是否遇到不是零的数据
        {
            if(temp==0)                   //没有遇到不是零的数据,判断当前位数据
            {
                Write_Max7219(8-t,0x0f);  //如果是零则显示 blank
                continue;                 //继续测试下一位数据是否是零
            }else enshow=1;               //如果当前为不是零则 enshow 置 1
        }
        Write_Max7219(8-t,temp);          //如果 enshow=1 则显示当前位置数码管上的数据
    }
}
```

5)等精度测频程序 main. c

(1)添加用户头文件。

```
/ * USER CODE BEGIN Includes * /
#include "MAX7219. h"
/ * USER CODE END Includes * /
```

(2)添加用户变量。

```
/ * USER CODE BEGIN PV * /
uint8_t TIM1_Interrupt_Flag=0,i;     //TIM1 中断标志
uint32_t Over;                        //TIM7 溢出次数
uint16_t Counter7;                    //停止计数后,读 TIM7 的计数值
uint8_t Start=0;                      //启动 TIM1 和 TIM7 定时标志
uint32_t fx;                          //频率值
/ * USER CODE END PV * /
```

(3)MAX7219 初始化、显示初始界面。

```
/ * USER CODE BEGIN 2 * /
Max7219_Init();                       //Max7219 初始化
//Max7219_Blank();                    //Max7219 不显示
//Max7219_ShowNum(654321);            //测试数字量显示
//Max7219_Test();                     //测试 Max7219 功能
Max7219_HELP();                       //显示:HELP---—
HAL_Delay(1500);
HAL_GPIO_WritePin(GPIOC, GPIO_PIN_12, GPIO_PIN_RESET);   //程序运行测试
/ * USER CODE END 2 * /
```

(4)中断回调函数处理。外部中断检测到被测信号,则开启两个定时器分别对被测信号

和内部时钟信号计数。对外部信号计数满后,置对外部信号计数满标志,在主程序循环中检测该标志,一旦检测到该标志,则停止所有定时器计数,完成一次测量。

```
/ *  USER CODE BEGIN 4  * /
//定时到,中断回调函数
void HAL_TIM_PeriodElapsedCallback(TIM_HandleTypeDef * htim)
{
    if(htim->Instance==TIM1)              //判断是被测信号计数到吗?
    {
        TIM1_Interrupt_Flag=1;            //置 TIM1 中断标志,对被测信号计数到
    }
    if(htim->Instance==TIM7)              //判断是内部信号计数到吗?
    {
        Over=Over+1;                       //溢出次数加 1
    }
}


//被测信号接到外部中断引脚,每来一个被测信号的上升沿,中断一次
void HAL_GPIO_EXTI_Callback(uint16_t GPIO_Pin)
{
    if(Start==0)                          //如果 Start 为零,则开启一次新的测量过程
    {
        Start=1;                          //置开始测量标志
        HAL_TIM_Base_Start_IT(&htim7);    //启动中断方式的 TIM7,对内部时钟计数
        HAL_TIM_Base_Start_IT(&htim1);    //启动中断方式的 TIM1,对被测信号计数
    }
}
/ *  USER CODE END 4  * /
```

(5)在主循环中,如果检测到一次测量结束,则关闭外部中断和两个定时器,计算频率并显示。

```
/ *  Infinite loop  * /
/ *  USER CODE BEGIN WHILE  * /
while (1)
{
    / *  USER CODE END WHILE  * /

    / *  USER CODE BEGIN 3  * /
    //外部中断检测到有被测信号到来,置 Start=1,同时启动 TIM1 和 TIM7 对外部信号和
    //内部时钟信号计数,TIM1 对被测信号计数满时,置中断标志,触发一下过程:
    if((Start==1)&&(TIM1_Interrupt_Flag==1))   //判断是否一次测量结束
    {
        HAL_NVIC_DisableIRQ(EXTI15_10_IRQn);        //关闭外部中断 EXTI15_10_IRQn
        HAL_TIM_Base_Stop_IT(&htim7);               //停止 TIM7
        HAL_TIM_Base_Stop_IT(&htim1);               //停止 TIM1
        Start=0;                                     //置 Start=0,以便开启下一次测量
        TIM1_Interrupt_Flag=0;                       //清被测信号的计数到标志
        Counter7=__HAL_TIM_GET_COUNTER(&htim7);  //读取 TIM7 的计数值
        fx=(10 * 1000000)/(Over * 1000+Counter7);   //计算 fx
        Over=0;                                      //TIM7 溢出次数清零
        __HAL_TIM_SET_COUNTER(&htim7,0);            //TIM7 计数器清零
        Max7219_ShowNum(fx);                         //显示本次测量到的频率
        HAL_NVIC_EnableIRQ(EXTI15_10_IRQn);          //使能外部中断 EXTI15_10_IRQn,开启
```

下一次测量

```
    }
  }
/ *  USER CODE END 3  * /
```

**3. 运行结果**

运行程序前将 0～＋3.3V 的脉冲信号从 PA10 和 PA12 同时输入给单片机,系统上电后显示"HELP----",进入测量状态,显示被测信号的频率。

# 14.2　函数信号发生器

**1. 设计要求**

(1)能够产生正弦波、方波、三角波和锯齿波。

(2)波形频率可调。

(3)上位机采用高级语言编程实现函数信号发生器控制界面。

**2. 设计步骤**

1)用 STM32CubeMX 快速形成 STM32F107 工程设计

参照 14.1 节创建 Experiment_10_2_WaveGenerate.ioc 工程,主要用到 STM32 的定时器 TIM6、DAC 和 USART1,系统引脚配置如图 14-8 所示。

图 14-8　函数信号发生器 STM32F107 引脚配置

函数信号发生器的实现过程：通过定时器 TIM6 定时触发 DMA 方式的 DAC 转换，通过定时器控制输出信号的频率，TIM6 每次定时到后，就触发一次 DMA 方式的 DAC 转换，每次都是通过 DMA 方式从内部 RAM 的信号数据区中取一个数传给 DAC 进行转换，输出想要输出的波形。通过串口通信获取上位机传来的命令，根据命令改变波形的频率和波形类型。系统时钟配置与 14.1 节相同。DAC 的配置如图 14-9 所示，选择从通道 2 输出波形，PA5 会自动配置成 DAC_OUT2，将 Trigger 选择为 Timer 6 Trigger Out event，其他参数按默认即可。点击图 14-9 中的 DMA Settings→DAC 的 DMA 通道选择如图 14-10 所示。

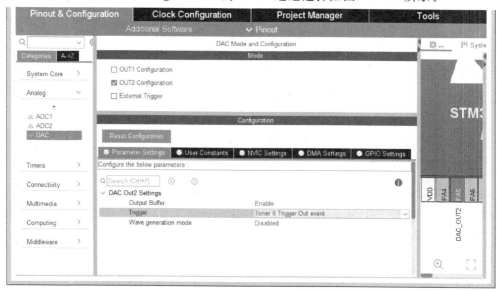

图 14-9　DAC 参数配置

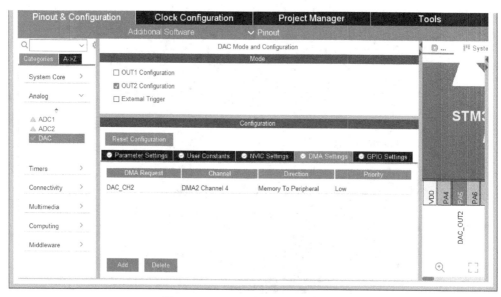

图 14-10　DAC 的 DMA 通道选择

在如图 14-11 所示界面，通过点击 Add，添加 DAC_CH2，点击 DAC_CH2，DAC_CH2

的 DMA 参数配置与图 14 - 11 一致。因为我们要连续不断地输出波形数据,所以 Mode 选为 Circular,这样 DMA 从 Memory 取数时,每次从顶到底取完数据后就会重新从顶到底取数据送给 DAC 去转换,而不需要 CPU 协同。如果是从外部端口取数则选择 Peripheral,我们这里是从内部 RAM 取数,所以选择 Memory。Data Width 的选择取决于定义的数据位宽,8 位宽度选择 Byte,16 位宽度选择 Half Word,32 位宽度选择 Word。

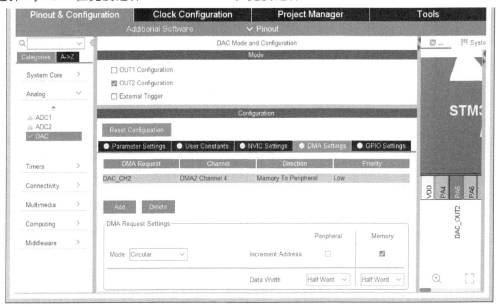

图 14 - 11    DAC_CH2 的 DMA Settings

配置完 DAC 的 DMA Settings 后,点图 14 - 11 所示的 NVIC Settings,可以看到 DAC_ CH2 的 DMA 中断被强制使能了,如图 14 - 12 所示。DAC 的其他设置保持默认即可。

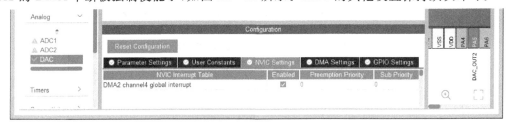

图 14 - 12    DAC_CH2 对应 DMA 的 NVIC Settings

TIM6 的配置如图 14 - 13 所示,设置预分频 Prescaler 为 71,将内部 72 MHz 时钟信号分频成 1 MHz,然后对这个时钟信号计数,将 AutoReload Register 设置为 9999,每计数到 10000,也就是每计 10000 $\mu$s 产生一个 Update Event 事件,触发一次 DMA 方式的 DAC 转换,所以必须将 Trigger Event Selection 选择为 Update Event。我们仅仅利用 TIM6 来触发 DMA 方式的 DAC 转换,所以不必设置 TIM6 的定时中断。

USART1 基本上按照默认方式配置,如图 14 - 14 所示,当其 Mode 选择为 Asynchronous 后,PA9 自动配置成 USART1_TX,PA10 自动配置成 USART1_RX,波特率为 115200 bits/s、8 位数据、1 个停止位、没有奇偶校验位、双向传输,每个数据位采样 16 次。在这个波形发生程序中,采用中断方式接收上位机传递来的命令,所以要使能 USART1 的

NVIC。系统的 NVIC 配置如图 14 - 15 所示。

配置完成,保存 STM32CubeMX 工程文件,点击"GENERATE CODE",生成代码工程框架并打开。

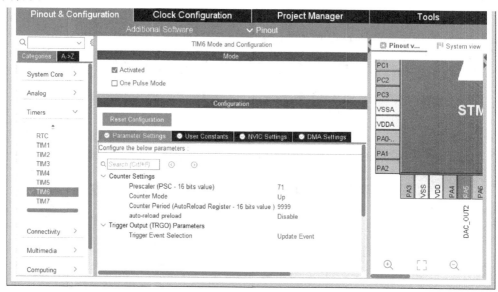

图 14 - 13　TIM6 配置

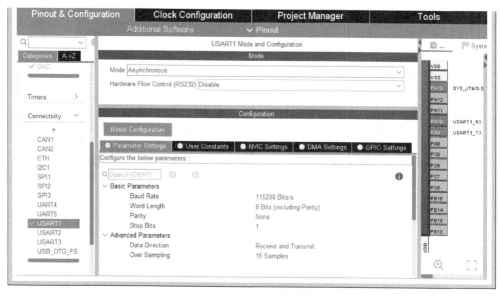

图 14 - 14　UART1 配置

图 14-15　系统 NVIC 配置

2)设计函数信号发生器下位机程序

可通过串口调试器控制函数信号发生器的输出波形的类型和频率。

波形发生程序 main. c:

(1)添加用户头文件。

```
/ * Private includes -------------------------- * /
/ * USER CODE BEGIN Includes * /
＃include "math. h"                    //因为要用到 sin 函数
/ * USER CODE END Includes * /
```

(2)添加用户变量。

```
/ * USER CODE BEGIN PV * /
uint8_t RxData[5];              //0x55、波形类型字节、频率高字节、频率低字节、0xAA
uint8_t UART1_IT_Flag＝0;        //UART1 中断标志
uint16_t WaveDataSamples[100];   //定义一个 100 点的数组
uint16_t PrescalerValue,PeriodValue;   //预分频值,定时值
/ * USER CODE END PV * /
```

(3)添加用户函数声明。

```
/ * USER CODE BEGIN PFP * /
void GetWaveData(uint8_t WaveMode);//正弦波数据生成函数说明
/ * USER CODE END PFP * /
```

(4)生成波形数据。

```
/ * USER CODE BEGIN 1 * /
GetWaveData(0);                //生成波形数据,初始为正弦波
/ * USER CODE END 1 * /
```

(5)启动定时器 TIM6、启动 DMA 方式的 DAC、启动串口中断方式接收,每接收 5 个数据产生一次串口中断。一旦启动 TIM6 和 DMA 方式的 DAC,DAC_CH2 就会输出波形。

```
/ * USER CODE BEGIN 2 * /
HAL_TIM_Base_Start(＆htim6);    //启动定时器 TIM6 基本方式
//启动 DMA 方式的 DAC,每次定时到从 Memory 区中输出一个点的数据给 DAC,共 100 个点
HAL_DAC_Start_DMA(＆hdac,DAC_CHANNEL_2,(uint32_t * )＆WaveDataSamples[0],100,DAC_
```

267

ALIGN_12B_R);

HAL_UART_Receive_IT(&huart1,RxData,5);//启动中断方式接收,接收到 5 个数据后产生接收中断

/* USER CODE END 2 */

(6)主循环程序。

```
/* Infinite loop */
/* USER CODE BEGIN WHILE */
while (1)
{
  /* USER CODE END WHILE */

  /* USER CODE BEGIN 3 */
  if(UART1_IT_Flag ==1)                    //如果有串口中断发生过,则处理接收到的命令
  {
    GetWaveData(RxData[1]);                //根据命令改变波形数据,切换波形
    PeriodValue=RxData[2] * 256+RxData[3] -1;//计算分频值
//  __HAL_TIM_SET_PRESCALER(&htim6,PrescalerValue);//如果要增大波形频率范围,可考虑增
                                                    //加对预分频的修改
    __HAL_TIM_SET_AUTORELOAD(&htim6,PeriodValue);//设置分频值,改变波形频率
    HAL_TIM_Base_Start(&htim6);            //重新启动 TIM6
    UART1_IT_Flag=0;                       //串口中断标志清零,以便下次中断
  }
}
/* USER CODE END 3 */
```

(7)波形生成程序与中断回调函数处理。

```
/* USER CODE BEGIN 4 */
/* 获得一个周期的波形数据,一个周期是 100 个点
如果输出信号的频率为 1 kHz,则每个点的时间间隔 1 ms/100=10 μs */
void GetWaveData(uint8_t WaveMode)
{
  int8_t i;
  switch(WaveMode)
  {
  case 0://Get Sine Wave Data
    {
      for(i=0;i<100;i++) WaveDataSamples[i]=2047 * sin(2 * i * 3.14159/100)+2048;
      break;
    }
  case 1://Get Triangle Wave Data
    {
      for(i=0;i<50;i++) WaveDataSamples[i]=(4095 * i)/50;
      for(i=50;i<100;i++)WaveDataSamples[i]=(4095 * (100-i))/50;
      break;
    }
  case 2://Get Sawtooth Wave Data
    {
      for(i=0;i<100;i++) WaveDataSamples[i]=(4095 * i)/100;
      break;
    }
  case 3://Get Square Wave Data
```

```
    {
        for(i=0;i<50;i++) WaveDataSamples[i]=0x0000;
        for(i=50;i<100;i++)WaveDataSamples[i]=0x0fff;
        break;
    }
    default: break;
    }
}


void HAL_UART_RxCpltCallback(UART_HandleTypeDef * huart)
{
    UART1_IT_Flag=1;                                    //置串口接收到数据中断标志
    HAL_UART_Receive_IT(&huart1,RxData,5);              //启动下一次接收
}
/* USER CODE END 4 */
```

对于输出波形频率 $f_x$,每个波形 100 个点,则每个点的时间间隔为 $10000/f_x$,单位 $\mu s$,此为定时 PeriodValue 的值,所以能够输出的最大频率为 10000 Hz,

3)上位机采用 VB. net 编写串口发送程序,实现函数信号发生器界面设计(见图14-16)

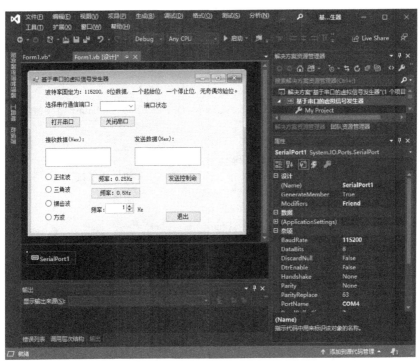

图 14-16　函数信号发生器界面设计

在 Form1. vb[设计]中添加如下控件:

(1)SerialPort1 控件:串口参数可以在属性窗口中设置,如果需要变化,也可以在程序中设置。

(2)CmboxcommCanBeUse 下拉选择框:用来选择串口。

(3)"打开串口""关闭串口""发送控制命令""退出"等按钮。

(4)"接收数据文本框""发送数据文本框"。

(5)"正弦波""三角波""锯齿波""方波"等单选按钮。

(6)频率设置相关:0.25 Hz 按钮、0.5 Hz 按钮、NumericUpDown 控件。

(7)一些 Label。

上位机 VB. net 程序如下:

```vbnet
ImportsSystem. IO. Ports                          '要用到串行口,所以必须添加 IO 端口


Public Class Form1
    Dim SendBytes As Byte() = New Byte() {&H55, &H0, &H9C, &H40, &HAA}
                               '定义发送数据数组


    Private SubButtonExit_Click(sender As Object, e As EventArgs) Handles ButtonExit. Click
        If SerialPort1. IsOpen = True Then
            SerialPort1. Close()
        End If
        End
    End Sub
        Private Sub Form1_Load(sender As Object, e AsEventArgs) Handles MyBase. Load
        '获取计算机有效串口
        Dim ports As String()
        ports =SerialPort. GetPortNames()                  '必须用命名空间,用 SerialPort,获取计
                                                            算机的有效串口

        Dim port As String
        For Each port In ports
            CmboxcommCanBeUse. Items. Add(port)            '向 combobox 中添加项
        Next port
        '默认显示第一个串口
        CmboxcommCanBeUse. SelectedIndex = 0
        Serial_Port1()                                      '初始化串口
        StatusLabe. Text = "串口未连接"
        StatusLabe. ForeColor = Color. Red
        RadioButtonSinWave. Checked = True
    End Sub


    Private Sub Form1 _ FormClosing (sender As Object, e AsFormClosingEventArgs) Handles
    Me. FormClosing
        If SerialPort1. IsOpen = True Then
            SerialPort1. Close()
        End If
    End Sub


    Private Sub Serial_Port1()                             '设置串口参数
        SerialPort1. BaudRate = 115200                     '波特率
        SerialPort1. PortName =CmboxcommCanBeUse. Text      '串口名称
        SerialPort1. DataBits = 8                          '数据位
        SerialPort1. StopBits =IO. Ports. StopBits. One       '停止位
        SerialPort1. Parity =IO. Ports. Parity. None          '校验位
        SerialPort1. ReadBufferSize = 2                    '读缓冲区,最小为2
```

```
        SerialPort1. WriteBufferSize = 2              '写缓冲区,最小为2
        SerialPort1. ReceivedBytesThreshold = 1       '每接收到一个字节的数据就产生一次
                                                       中断事件,这点非常重要
End Sub


'打开串口连接
Private SubOpenButton_Click(sender As Object, e As EventArgs) Handles OpenButton. Click
    Try
        SerialPort1. Open()                           '打开串口
        If SerialPort1. IsOpen = True Then
            StatusLabe. Text = "串口已连接"
            StatusLabe. ForeColor = Color. Green
        End If
    Catch ex As Exception
        MessageBox. Show(ex. Message)
    End Try
End Sub


'关闭串口连接
Private SubCloseButton_Click(sender As Object, e As EventArgs) Handles CloseButton. Click
    Try
        SerialPort1. Close()                          '关闭串口
        If SerialPort1. IsOpen = False Then
            StatusLabe. Text = "串口未连接"
            StatusLabe. ForeColor = Color. Red
            ReceiveTextBox. Text = ""
            ReceiveTextBox. Text = ""
        End If
    Catch ex As Exception
        MessageBox. Show(ex. Message)
    End Try
End Sub


Private SubCmboxcommCanBeUse_ SelectedIndexChanged (sender As Object, e As EventArgs)
Handles CmboxcommCanBeUse. SelectedIndexChanged
    Serial_Port1()                                    '修改串口设置
End Sub


'触发接收事件
Public SubSp_DataReceived(ByVal sender As Object, ByVal e As System. IO. Ports. SerialDataRe-
ceivedEventArgs) Handles SerialPort1. DataReceived
    Me. Invoke(New EventHandler(AddressOf Sp_Receiving)) '调用接收数据函数
End Sub


'接收数据
Private SubSp_Receiving(ByVal sender As Object, ByVal e As EventArgs)
    Try
        DiminDataLen As Integer = SerialPort1. BytesToRead() '读取缓存区字节数
        IfinDataLen > 0 Then
```

```
            DiminBytes(inDataLen - 1) As Byte, bytes As Byte
            Dim Data As Int16 = 0
            DimstrHex As String = ""
            SerialPort1. Read(inBytes, 0, inDataLen)
            For Each bytes IninBytes
                strHex = strHex + [String]. Format("{0:X2} ", bytes)
            Next
            ReceiveTextBox. Text = strHex        '为加速显示波形,去掉十六进制数显示
        End If
    Catch ex As Exception
        MessageBox. Show(ex. Message)
    End Try
End Sub


Private SubButton_SinWave_Click(sender As Object, e As EventArgs)
    SendBytes(1) = &H0
End Sub


Private SubButton_TriangleWave_Click(sender As Object, e As EventArgs)
    SendBytes(1) = &H1
End Sub


Private SubButton_SawtoothWave_Click(sender As Object, e As EventArgs)
    SendBytes(1) = &H2
End Sub


Private SubButton_SquareWave_Click(sender As Object, e As EventArgs)
    SendBytes(1) = &H3
End Sub


Private Sub ButtonFrequency_0_25Hz_Click(sender As Object, e AsEventArgs) Handles Button-
Frequency_0_25Hz. Click
    SendBytes(2) = &H9C
    SendBytes(3) = &H40
    ButtonFrequency_0_25Hz. BackColor =Color. Red
    ButtonFrequency_0_5Hz. BackColor =Color. White
    NumericUpDownFrequency. BackColor = Color. White
    Label5. BackColor =Color. White
    Label6. BackColor =Color. White
End Sub


Private Sub ButtonFrequency_0_5Hz_Click(sender As Object, e AsEventArgs) Handles Button-
Frequency_0_5Hz. Click
    SendBytes(2) = &H4E
    SendBytes(3) = &H20
    ButtonFrequency_0_25Hz. BackColor =Color. White
    ButtonFrequency_0_5Hz. BackColor =Color. Red
    NumericUpDownFrequency. BackColor = Color. White
    Label5. BackColor =Color. White
```

```vb
        Label6. BackColor =Color. White
    End Sub

    Private SubNumericUpDownFrequency_ValueChanged(sender As Object, e As EventArgs) Han-
    dles NumericUpDownFrequency. ValueChanged
        DimPeriodValue As Integer
        PeriodValue = 10000. 0 / NumericUpDownFrequency. Value     '四舍五入除法
        SendBytes(2) = PeriodValue \ 256                          '不带四舍五入除法
        SendBytes(3) = PeriodValue Mod 256
        ButtonFrequency_0_25Hz. BackColor =Color. White
        ButtonFrequency_0_5Hz. BackColor =Color. White
        NumericUpDownFrequency. BackColor = Color. Red
        Label5. BackColor =Color. Red
        Label6. BackColor =Color. Red
    End Sub

    Private SubRadioButtonSinWave_CheckedChanged(sender As Object, e As EventArgs) Handles
    RadioButtonSinWave. CheckedChanged
        SendBytes(1) = &H0
    End Sub

    Private SubRadioButtonTriangleWave_CheckedChanged(sender As Object, e As EventArgs) Han-
    dles RadioButtonTriangleWave. CheckedChanged
        SendBytes(1) = &H1
    End Sub

     Private SubRadioButtonSawtoothWave_ CheckedChanged (sender As Object, e As EventArgs)
     Handles RadioButtonSawtoothWave. CheckedChanged
        SendBytes(1) = &H2
    End Sub

    Private SubRadioButtonSquareWave_CheckedChanged(sender As Object, e As EventArgs) Han-
    dles RadioButtonSquareWave. CheckedChanged
        SendBytes(1) = &H3
    End Sub

    Private SubButtonSendContronlWords_Click(sender As Object, e As EventArgs) Handles Button-
    SendContronlWords. Click
        Dim i As Integer
        SendTextBox. Text = ""
        For i = 0 To 4
        SendTextBox. Text = SendTextBox. Text & ([String]. Format("{0:X2} ", SendBytes(i))) & " "
        Next i
        SerialPort1. Write(SendBytes, 0, 5)                        '从串口输出控制命令
    End Sub
End Class
```

### 3. 程序调试、运行结果

1）通过串口调试助手调试下位机波形发生程序

波形发生程序的初始信号为频率 1 Hz 的正弦波，用示波器观察 PA5(DAC_OUT2)的输出波形。如果手头没有示波器，可以将 PA5 接到开发板的 LED 指示灯上观察。连接计算机和开发板的串口，用串口调试助手控制波形类型和频率，串口数据格式为：0x55、波形类型字节、频率高字节、频率低字节、0xAA。其中，0x55 表示数据头，0x00 表示正弦波，0x01 表示三角波，0x02 表示锯齿波，0x03 表示方波，9C40H 为 1/4 Hz，4E20H 为 1/2 Hz，2710H 为 1 Hz，1388H 为 2 Hz，09C4H 为 4 Hz。

2）上位机 VB. net 程序控制下位机波形发生

切换上位机程序界面的波形类型，可观察到输出波形类型的改变，改变频率可观察到输出波形频率的改变。

## 14.3  生理信号的采集与显示

### 1. 设计要求

（1）根据生理信号的特点对其进行数据采集。

（2）将采集到的生理信号显示在 OLED 屏上，并显示被测信号的频率。

### 2. 设计步骤

1）用 STM32CubeMX 快速形成 STM32F107 工程设计

参照 14.1 节创建 Experiment_10_3_PhysiologicalSignalAcquisitionDisplay. ioc 工程，主要用到 STM32 内部的 ADC 和定时器及外部扩展的 OLED 液晶显示器，参照 8.3 节配置基本定时器 TIM7，参照 9.3 节配置内部 ADC。采用的 3.12 寸 OLED 屏的驱动芯片为 SSD1322，可以配置成并口或 SPI 接口，这里选择 SPI 接口，3.12 寸 OLED 屏和 STM32 开发板的连接需要 7 根线，其对应连接如表 14-2 所示，系统配置如图 14-17 所示。

表 14-2  OLED 屏和 STM32 的对应连接

| 3.12 寸 OLED 屏引脚 | STM32 开发板引脚 |
|---|---|
| GND | 电源地 |
| VCC | 3.3V 电源 |
| D0(SCL 移位时钟) | PA5(SPI1_SCK) |
| D1(SDA 数据输入输出) | PA7(SPI1_MOSI) |
| RES(复位) | PD2(OLED_RST) |
| DC(数据/命令控制) | PB5(OLED_DC) |
| CS(片选) | PA4(OLED_CS) |

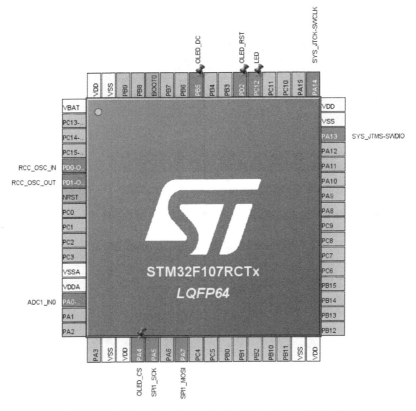

图 14 - 17　数据采集与显示系统的 STM32F107 引脚配置图

　　(1)ADC 配置。选择 ADC1 的通道 1 作为模拟信号输入,将 ADC 配置成定时触发启动模式(External Trigger Conversion Source 选 Timer 3 Trigger Out Event),这是 ADC 配置的关键。选择定时触发模式后,TIM3 定时时刻到即可触发 ADC 启动,ADC 转换结束后产生 ADC 采样完成中断,在 ADC 采样完成中断中读取转换结果即可,因此需要使能 ADC 中断,如图14-18所示。其他参数均按默认配置即可,ADC 的参数配置如图 14 - 19 所示。由于 PA4、PA5 和 PA7 被 SPI1 占用,所以 ADC1 和 ADC2 有黄色的三角叹号,IN4、IN5 和 IN7 为红色。切换到 Clock Configuration,将 ADC 的时钟配置成 12 MHz。

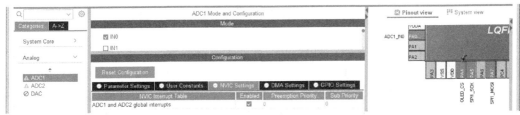

图 14 - 18　ADC 中断使能

图 14 - 19　ADC 参数配置

（2）TIM3 配置。将 Clock Source 选为 Internal Clock。将预分频 Prescaler 设置为 7199，Counter Period 设置为 39，则 72 MHz 的时钟频率被分频为 250 Hz，ADC 的采样率就是 250 Hz，每 4 ms 采样一个点。TIM3 配置端关键在于将 Trigger Event Selection 设置为 Update Event，这样配置后，TIM3 定时到后，就可以通过 Update Event 事件触发 ADC 采样，实现固定采样率的 ADC 转换了。TIM3 的其他设置均按默认设置，TIM3 配置如图 14 - 20 所示。注意：没有必要使能 TIM3 的定时中断，因为是通过内部定时更新事件触发 ADC 启动转换的。

（3）OLED 配置。对于 OLED，STM32F107 只负责对其进行数据写入，所以将 Mode 配置成 Transmit Only Master，选择软件 NSS 信号。在 12.4 节中讨论过 NSS 信号的问题，这里再重申一下，一个 SPI 接口上可以挂多个相同类型 SPI 器件，这里的相同类型是指 SPI Mode，而不一定是同一种器件。例如该 SPI1 接口上可以挂 OLED 和 SPI 接口的 DAC 等只写入的器件，STM32 输出的数据输出给哪个器件由片选信号决定，因此 SPI 接口一般选择软件片选信号，每个 SPI 接口的芯片都必须有自己的片选信号。SPI1 的配置如图 14 - 21 所示，SPI1 的其他配置均按默认即可。OLED 的其他引脚配置见图 14 - 22。

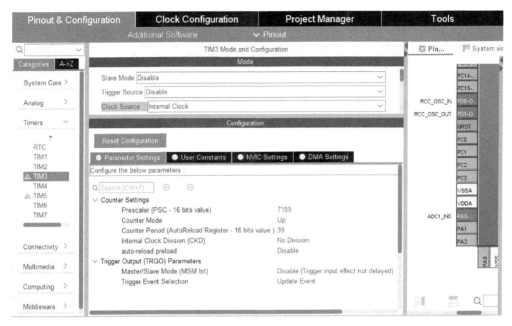

图 14 - 20　TIM3 配置

图 14 - 21　SPI1 配置

图 14 - 22  GPIO 的其他引脚配置

（4）LED 配置。该 LED 用于程序运行指示。每检测到一次脉搏波信号上升沿，LED 的亮灭状态翻转一次。

2）OLED 显示程序设计

该 3.12 寸 OLED 液晶显示器采用的是 SSD1322 驱动器，显示器的分辨率为 256 * 64，SSD1322 就是通过控制 256 * 64 各点的亮灭来实现显示的，每个点的亮度分为 16 级（0～15），当给一个点送数据 0x0 时该点不显示，送数据 0xF 时该点显示亮度最亮。要弄清楚显示方法，必须了解 SSD1322 的 GDDRAM（Graphic Display Data RAM ）结构，其行列结构如图 14 - 23所示，每一个行列坐标对应 4 个点，用两个字节的数据来控制其亮度，一个字节分成两半，各对应一个点。行列坐标的移动方向如图 14 - 24 所示。

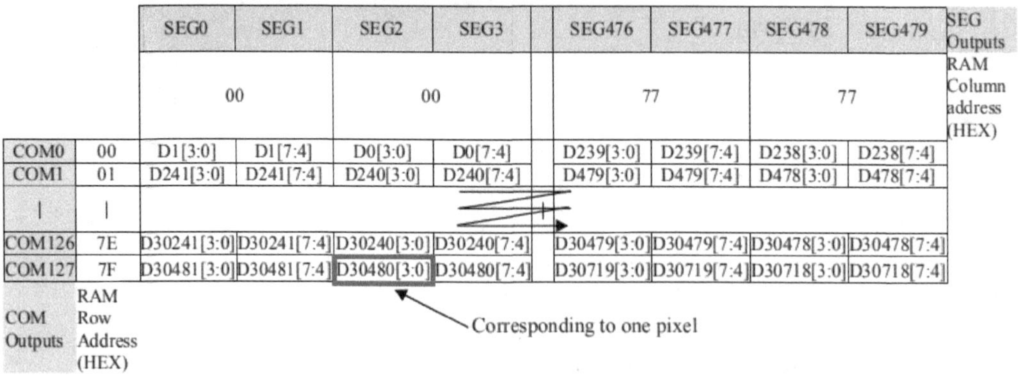

| | | SEG0 | SEG1 | SEG2 | SEG3 | SEG476 | SEG477 | SEG478 | SEG479 | SEG Outputs |
|---|---|---|---|---|---|---|---|---|---|---|
| | | 00 | | 00 | | 77 | | 77 | | RAM Column address (HEX) |
| COM0 | 00 | D1[3:0] | D1[7:4] | D0[3:0] | D0[7:4] | D239[3:0] | D239[7:4] | D238[3:0] | D238[7:4] | |
| COM1 | 01 | D241[3:0] | D241[7:4] | D240[3:0] | D240[7:4] | D479[3:0] | D479[7:4] | D478[3:0] | D478[7:4] | |
| | | | | | | | | | | |
| COM126 | 7E | D30241[3:0] | D30241[7:4] | D30240[3:0] | D30240[7:4] | D30479[3:0] | D30479[7:4] | D30478[3:0] | D30478[7:4] | |
| COM127 | 7F | D30481[3:0] | D30481[7:4] | D30480[3:0] | D30480[7:4] | D30719[3:0] | D30719[7:4] | D30718[3:0] | D30718[7:4] | |
| COM Outputs | RAM Row Address (HEX) | | | | | | | | | |

Corresponding to one pixel

图 14 - 23  GDDRAM 的行列结构

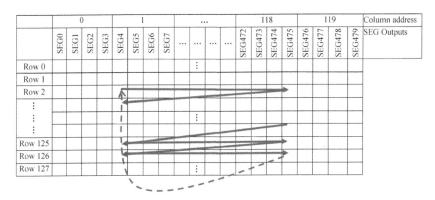

图 14-24　行列坐标的移动方向

在理解 SSD1322 显示驱动方式的基础上就可以编写显示驱动程序了,画图程序的关键是打点和画线。OLED 屏显示驱动程序包括:oled. h、oledfont. h、oled. c。

(1)OLED 显示头文件:oled. h,代码如下。

```
#ifndef __OLED_H
#define __OLED_H

#include "main. h"              //必须包含 main. h,其中有 CS、DC、RST 等引脚定义
extern SPI_HandleTypeDef hspi1;  //必须声明 oled. c 中使用的 hspi1 是一个外部句柄

//--------------OLED 端口操作宏定义--------------

#define OLED_RST_Clr() HAL_GPIO_WritePin(OLED_RST_GPIO_Port,OLED_RST_Pin,GPIO_
PIN_RESET)//RES
#define OLED_RST_Set() HAL_GPIO_WritePin(OLED_RST_GPIO_Port,OLED_RST_Pin,GPIO_
PIN_SET)

#define OLED_DC_Clr() HAL_GPIO_WritePin(OLED_DC_GPIO_Port,OLED_DC_Pin,GPIO_PIN_
RESET)//DC
#define OLED_DC_Set() HAL_GPIO_WritePin(OLED_DC_GPIO_Port,OLED_DC_Pin,GPIO_PIN_
SET)

#define OLED_CS_Clr()    HAL_GPIO_WritePin(OLED_CS_GPIO_Port,OLED_CS_Pin,GPIO_PIN_
RESET)//CS
#define OLED_CS_Set()    HAL_GPIO_WritePin(OLED_CS_GPIO_Port,OLED_CS_Pin,GPIO_PIN_
SET)

#define OLED_CMD   0                 //写命令
#define OLED_DATA 1                  //写数据
#define u8 unsigned char             //声明变量类型,包含 oled. h 后可用这些变量类型
#define u32 unsigned int
#define uchar unsigned char
#define uint unsigned int
#define MaxColumn64//Column:0~63, 每四个 SEG 是一个 Column,3. 12 寸 OLED 屏分辨率为:256
                   *64=(64*4)*4
#define MaxRow 64                    //Row:0~63
#define SEGi   4                     //对应一个字节的半个部分
```

```
//包含 oled.h 后可用以下函数
void OLED_WR_Byte(u8 dat,u8 mode);                //向 OLED 写数据或命令,mode 决定写数据还是命令
void Column_Address(u8 a,u8 b);                    //OLED 显示列的起始终止地址
void Row_Address(u8 a,u8 b);                       //OLED 显示行的起始终止地址
void OLED_Fill(u8 color);                          //OLED 清屏
void OLED_ShowChar(u8 x,u8 y,u8 chr,u8 sizey);     //OLED 显示字符函数
void OLED_ShowString(u8 x,u8 y,u8 * dp,u8 sizey);  //OLED 显示字符串
u32 oled_pow(u8 m,u8 n);                           //指数函数:m^n
void OLED_ShowNum(u8 x,u8 y,u32 num,u8 len,u8 sizey); //显示 8 位无符号整形数字量
void OLED_ShowChinese(u8 x,u8 y,u8 num,u8 sizey);  //OLED 显示汉字
void OLED_DrawBMP(u8 * BMP,u8 Gray_Level,u8 Color);//OLED 显示 BMP 图像
void Init_SSD1322(void);//SSD1322 初始化
void Point(u8 x,u8 y);                             //打点
void DrawLine_V_Up(u8 x,u8 y,u8 Length);           //向上画线
void DrawLine_V_Down(u8 x,u8 y,u8 Length);         //向下画线
void ClearFoward4Point(uchar ClearColumnAddress,uchar ClearRowAddress);
                                                   //清除前面 4 点 * 64 行
void ClearGRAM(void);                              //清除自定义的 GRAM
void DisplayPPM(uint8_t PPM);                      //显示生理信号的频率
void DisplayTitle(void);                           //显示设计名称

#endif
```

(2)字符头文件:oledfont.h,代码如下。

```
#ifndef __OLEDFONT_H
#define __OLEDFONT_H

const unsigned char F8X16[][16]=
{
{0x00,0x00,0x00,0x00,0x00,0x00,0x00,0x00,0x00,0x00,0x00,0x00,0x00,0x00,0x00,0x00},/ * "
",0 * /
{0x00,0x00,0x00,0xF8,0x00,0x00,0x00,0x00,0x00,0x00,0x00,0x33,0x30,0x00,0x00,0x00},/
* "!",1 * /
……
{0x00,0x06,0x01,0x01,0x02,0x02,0x04,0x04,0x00,0x00,0x00,0x00,0x00,0x00,0x00,0x00},/ * "
~",94 * /
     };

unsigned char Hzk16x16[][32]=
{
{0x80,0x40,0x30,0x1E,0x10,0x10,0x10,0xFF,0x10,0x10,0x10,0x10,0x10,0x10,0x00,0x00,0x40,
0x40,0x42,0x42,0x42,0x42,0x42,0x7F,0x42,0x42,0x42,0x42,0x42,0x40,0x40,0x00},/ * "生",
0 * /
{0x04,0x84,0x84,0xFC,0x84,0x84,0x00,0xFE,0x92,0x92,0xFE,0x92,0x92,0xFE,0x00,0x00,
0x20,0x60,0x20,0x1F,0x10,0x10,0x40,0x44,0x44,0x44,0x7F,0x44,0x44,0x44,0x40,0x00},/ * "
理",1 * /
……
{0x40,0x40,0x42,0x42,0x42,0x42,0x42,0xC2,0x42,0x42,0x42,0x42,0x42,0x40,0x40,0x00,0x20,
0x10,0x08,0x06,0x00,0x40,0x80,0x7F,0x00,0x00,0x00,0x02,0x04,0x08,0x30,0x00},/ * "示",
7 * /
};
```

......
......
＃endif

字符数组的产生可以通过字符取模程序 PCtoLCD2002. exe 得到,取模设置如图 14 - 25 所示。

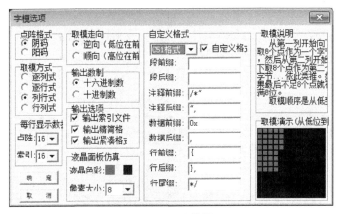

图 14 - 25　取模设置

(3)oled. c,代码如下。其中的字符显示部分程序可以查阅例程,这里仅介绍与波形显示相关的程序部分和涉及的函数。

```c
＃include "oledfont. h"
＃include "oled. h"

uint8_t GRAM[MaxColumn][MaxRow][SEGi];

//********************************************
//   函数说明:OLED 写入一个字节
//   入口数据:dat    数据
//            mode    数据/命令标志 0,表示命令;1,表示数据;
//   返回值: 无
//********************************************
void OLED_WR_Byte(u8 dat,u8 mode)
{
if(mode)
{
    OLED_DC_Set();                          //写数据
}
else
{
    OLED_DC_Clr();                          //写命令
}
OLED_CS_Clr();                              //片选使能
HAL_SPI_Transmit(&hspi1,&dat,1, 1000);      //向 OLED 写数据或命令字节
OLED_CS_Set();                              //将 CS 置 1
OLED_DC_Set();                              //将 DC 置 1
}


//********************************************
```

```
//      函数说明:OLED 显示列的起始、终止地址
//      入口数据:a   列的起始地址
//              b   列的终止地址
//      返回值:   无
// * * * * * * * * * * * * * * * * * * * * * * * * * * * * * * * *
void Column_Address(u8 a,u8 b)
{
OLED_WR_Byte(0x15,OLED_CMD);                    // Set Column Address
OLED_WR_Byte(0x1c+a,OLED_DATA);
OLED_WR_Byte(0x1c+b,OLED_DATA);
}


// * * * * * * * * * * * * * * * * * * * * * * * * * * * * * * * *
//      函数说明:OLED 显示行的起始、终止地址
//      入口数据:a   行的起始地址
//              b   行的终止地址
//      返回值:   无
// * * * * * * * * * * * * * * * * * * * * * * * * * * * * * * * *
void Row_Address(u8 a,u8 b)
{
OLED_WR_Byte(0x75,OLED_CMD);                    // Row Column Address
OLED_WR_Byte(a,OLED_DATA);
OLED_WR_Byte(b,OLED_DATA);
}


// * * * * * * * * * * * * * * * * * * * * * * * * * * * * * * * *
//      函数说明:OLED 清屏显示
//      入口数据:无
//      返回值:   无
// * * * * * * * * * * * * * * * * * * * * * * * * * * * * * * * *
void OLED_Fill(u8 color)
{
u8 x,y;
Column_Address(0,63);
Row_Address(0,63);
OLED_WR_Byte(0x5C,OLED_CMD);                    //写 RAM 命令
for(y=0;y<64;y++)
{
    for(x=0;x<64;x++)
    {
      OLED_WR_Byte(color,OLED_DATA);
      OLED_WR_Byte(color,OLED_DATA);
    }
  }
}


/* ---------------------清自定义显示 RAM------------------------- */
void ClearGRAM(void)
{
uint8_t j,i,n;
for(j=0;j<MaxColumn;j++)
```

```
{
  for(i=0;i<MaxRow;i++)
  {
    for(n=0;n<SEGi;n++)
    {
      GRAM[j][i][n]=0;
    }
  }
}
}
```

```
/* --------------------画点,坐标 x:0~255,y:0~63---------------------- */
void Point(u8 x,u8 y)
{
u8 dbit;
Column_Address(x/4,x/4);               //确定 x 所在的列,送列地址
Row_Address(y,y);                      //送行地址
OLED_WR_Byte(0x5C,OLED_CMD);           //写 RAM 命令
dbit=x%4;                              //点亮(x/4,y)位置上 GDDRAM 对 x 对应
                                       //  的位

switch(dbit)
{
  case 0:
  {
    GRAM[x/4][y][0]=0xf0;              //由 GDDRAM 的结构来的
    break;
}
case 1:
{
    GRAM[x/4][y][1]=0x0f;              //由 GDDRAM 的结构来的
    break;
}
case 2:
{
    GRAM[x/4][y][2]=0xf0;              //由 GDDRAM 的结构来的
    break;
}
case 3:
{
    GRAM[x/4][y][3]=0x0f;              //由 GDDRAM 的结构来的
    break;
}
default:
{
    OLED_WR_Byte(0xf0,OLED_DATA);
    OLED_WR_Byte(0x00,OLED_DATA);
    break;
}
}
OLED_WR_Byte(GRAM[x/4][y][0]|GRAM[x/4][y][1],OLED_DATA);//写行列坐标对应的 4 个
                                                        //  点,两个字节
```

```
OLED_WR_Byte(GRAM[x/4][y][2]|GRAM[x/4][y][3],OLED_DATA);//两个点用一个字节的
                                                          数据控制
}


/* ------------------------画向上垂直线子程序------------------------ */
void DrawLine_V_Up(u8 x,u8 y,u8 Length)//x=0~255;y=0~63;Length=1~64
{
u8 n=0;
do{Point(x,y-n);
n=n+1;
  }while(n<Length);
}


/* ------------------------画向下垂直线子程序------------------------ */
void DrawLine_V_Down(u8 x,u8 y,u8 Length)//x=0~255;y=0~63;Length=1~64
{
u8 n=0;
do{Point(x,y+n);
n=n+1;
  }while(n<Length);
}


/* ------------------清部分图形程序,清除前面4点*64行------------------ */
void ClearFoward4Point(uchar ClearColumnAddress,uchar ClearRowAddress) //Column=0~256/4-
1; Row=0~63;
{
uchar n=0;
        for(n=0;n<64;n++)                          //列不动,行动。实现当前列全灭
{
Column_Address(ClearColumnAddress,ClearColumnAddress);
Row_Address(ClearRowAddress+n,ClearRowAddress+n);
OLED_WR_Byte(0x5C,OLED_CMD);                       //写RAM命令
OLED_WR_Byte(0x00,OLED_DATA);
OLED_WR_Byte(0x00,OLED_DATA);
OLED_WR_Byte(0x00,OLED_DATA);
OLED_WR_Byte(0x00,OLED_DATA);
}
}


/* ------------------显示频率------------------ */
void DisplayPPM(uint8_t PPM)                       //显示生理信号的频率(次数/每分钟)
{
OLED_ShowNum(210,0,PPM,3,16);
OLED_ShowString(234,0,"PPM",16);
}


/* ------------------显示标题------------------ */
void DisplayTitle(void)
{
OLED_ShowChinese(64,24,0,16);       //生
OLED_ShowChinese(80,24,1,16);       //理
```

```
OLED_ShowChinese(96,24,2,16);      //信
OLED_ShowChinese(112,24,3,16);     //号
OLED_ShowChinese(128,24,4,16);     //采
OLED_ShowChinese(144,24,5,16);     //集
OLED_ShowChinese(160,24,6,16);     //显
OLED_ShowChinese(178,24,7,16);     //示
}
```

将编写好的 oled.c 保存到\Src 中,将 oled.h 和 oledfont.h 保存到\Inc 中。

3)在 mian.c 中完成定时采样和波形显示

添加代码如下:

(1)添加用户私有包含头文件。

```
/* USER CODE BEGIN Includes */
#include "oled.h"
#include "math.h"                  //因为要用到 sin 函数
/* USER CODE END Includes */
```

(2)声明用户变量。

```
/* USER CODE BEGIN PV */
uint16_t ADC_Value = 0;            //ADC 的采样值
uchar V_Base;                      //波形基线位置
uchar Zoom;                        //波形垂直方向放大因子
uchar ADC_Interrupt;               //Timer3 定时到,启动 ADC,ADC 转换结束中断标志
int Y,Y0;                          //波形当前及前一个点的垂直坐标
int U,U1;                          //以零为基准的采样电压对应的垂直坐标值
int U0;                            //过 U0 判断,用于信号频率检测
uint Xt;                           //水平坐标
uint16_t SinDataSamples[100];      //定义正弦波 100 点的数组
uint16_t Interval=1000,Rate=72;    //生理信号间期和频率
/* USER CODE END PV */
```

(3)声明用户函数类型。

```
/* USER CODE BEGIN PFP */
void GetSinData(void);             //正弦波数据生成函数说明
/* USER CODE END PFP */
```

(4)生成正弦波数据以备调用,正弦波是用来测试的。

```
/* USER CODE BEGIN 1 */
GetSinData();                      //生成正弦波数据
/* USER CODE END 1 */
```

(5)采样与显示初始化部分。

```
/* USER CODE BEGIN 2 */
HAL_TIM_Base_Start_IT(&htim3);     //启动定时器 T3
HAL_ADC_Start_IT(&hadc1);          //开启中断方式的 ADC1 转换
Init_SSD1322();                    //SSD1322 初始化
OLED_Fill(0x00);                   //OLED 清屏
DisplayTitle();                    //显示:生理信号采集显示
HAL_Delay(3000);                   //演示 3 秒
OLED_Fill(0x00);                   //OLED 清屏
Xt=0;                              //横坐标初值为 0
Y0=32;                             //纵向坐标初值为 0
U=32;                              //采样电压对应的垂直坐标点数初值
```

```
Zoom=1;                              //定义衰减倍数初值
V_Base=32;                           //基线值(OLED 纵向点数/2)
U0=40;                               //过 U0 判断
/* USER CODE END 2 */
```

(6)ADC 采样与频率检测程序。

```
/* USER CODE BEGIN 4 */
/* 获得一个周期的正弦波数据,一个周期是 100 个点
要求输出信号的频率为 2.5Hz,每个点的时间间隔 4ms,由定时器 2 控制 */
void GetSinData(void)                //波形数据用于代替 ADC 采样值来测试软件功能
{
unsigned int i;
for(i=0;i<100;i++)
{SinDataSamples[i]=30 * sin(2 * i * 3.14159/100)+32;}     //正弦波
//{SinDataSamples[i]=32 * sin(2 * 50 * 3.14159/100)+32;}   //直线
//{SinDataSamples[i]=i * 0.63;}                             //锯齿波
}


/* --------------------ADC 转换结束回调函数-------------------- */
void HAL_ADC_ConvCpltCallback(ADC_HandleTypeDef * AdcHandle)
{
/* Get the converted value of regular channel */
//static uint8_t jin;//正弦波取点计数器
static uint8_t NewU,OldU,OldU1,OldU2;     //当前波形点的值和前几个波形点的值
ADC_Interrupt=1;                          //ADC 转换结束中断标志
ADC_Value = HAL_ADC_GetValue(AdcHandle);
//读取 ADC 转换值
U=NewU=10 * ADC_Value;                    //将采样值转换成与显示相关的中间变量
//U=NewU=SinDataSamples[jin];             //用正弦波值替换 ADC 的采样值,来测试显示功能
//jin=jin+1;
//if(jin==100) jin=0;
if((NewU>U0)&&(OldU2<U0))                 //过 U0 点检测,即检测生理信号的前沿
{
Rate=(60 * 1000)/(Interval * 4);         //计算生理信号的频率用每分钟多少次表示(PPM)
Interval=0;                              //生理信号间期清零
HAL_GPIO_TogglePin(LED_GPIO_Port, LED_Pin);
                                         //每检测到一次生理信号前沿,LED 灯翻转一次亮灭
}
OldU2=OldU1;                             //移动检测窗口
OldU1=OldU;                              //OldU1 和 OldU2 是为了增大检测窗口
OldU=NewU;                               //当前值赋给前一个点
Interval=Interval+1;                     //生理信号间期计数器+1,间期=Interval * 4ms
}
/* USER CODE END 4 */
```

(7)波形显示的主循环部分。

```
/* Infinite loop */
/* USER CODE BEGIN WHILE */
while (1)
{
  /* USER CODE END WHILE */
```

```
/*  USER CODE BEGIN 3  */
Xt=0;                                    //x轴坐标计数器清零
ClearGRAM();                             //自定义的显示 RAM 清零
do{                                      //do－While 循环
    if (Xt%4==0)                         //判断,清除前面的 4 * 64 区域
    {
        if(Xt==0){ClearFoward4Point(0,0);ClearFoward4Point(1,0);}
        else ClearFoward4Point(Xt/4+1,0);
    }
    while(ADC_Interrupt==1)              //判断 ADC 定时 4ms 转换是否完成
    {//ADC 转换完成
    ADC_Interrupt=0;                     //ADC 定时 4ms 转换完成,清标志,开始显示波形
    U1=U-V_Base;                         //以中线 32 为基线转换采样结果对应的显示垂直位置
    Y=V_Base-U1/Zoom;                    //计算波形的 Y 坐标,保证波形正向显示
    if(Y>63){Y=63;}                      //削顶
    if(Y<0){Y=0;}                        //削底
    if (Y>Y0)
        {DrawLine_V_Up(Xt,Y,Y-Y0+1);}
                                         //当前点 Y 坐标大于前一个点的 Y 坐标,向下画线
    else if (Y<Y0)
        {DrawLine_V_Down(Xt,Y,Y0-Y+1);}  //当前点 Y 坐标小于前一个点的 Y 坐标,向上画线
    else
        {Point(Xt,Y);}                   //当前点 Y 坐标等于前一个点的 Y 坐标,打点
    Y0=Y;                                //当前点的 Y 坐标赋给前一个点
    Xt=Xt+1;                             //x轴坐标+1
    }
}while(Xt<256);                          //x轴坐标小于 256 则循环显示下一个点
DisplayPPM(Rate);                        //一帧显示完后显示频率值
    }
/*  USER CODE END 3  */
```

**3. 运行结果**

信号源输出幅度和频率可变的正弦波、三角波或方波,将被测信号接到 PA0 端,运行程序,可观察到实时、滚动、刷新显示的波形,每屏波形显示完后,在 OLED 屏的右上角显示波形的频率 PPM(次/分钟)。注意:信号源输出波形的幅度必须在 0～3.3 V。

# 学习与练习

1.采用自己熟悉的上位机编程语言,实现等精度频率计,在上位机上显示测量到的频率,重点分析系统可能达到的测频范围。增加波形识别功能。

2.设计一个频率、周期、占空比测量仪。

3.采用自己熟悉的上位机编程语言,实现函数信号发生器,要求频率、幅度、偏移都可调,重点分析系统可能达到的频率、幅度、偏移的调节范围。

4.设计一个四路 PWM 信号发生器,占空比和死区可调。

5.采用自己熟悉的上位机编程语言,实现双通道虚拟示波器,分析系统可能达到的最高采样率和被测信号的最高频率。采用交替采样方式提高采样率到 2 MHz。

6.采用液晶显示器显示相关参数和波形,完成上述题目。增加频谱分析功能。

# 附录 A:STM32F107 开发板元器件位置图

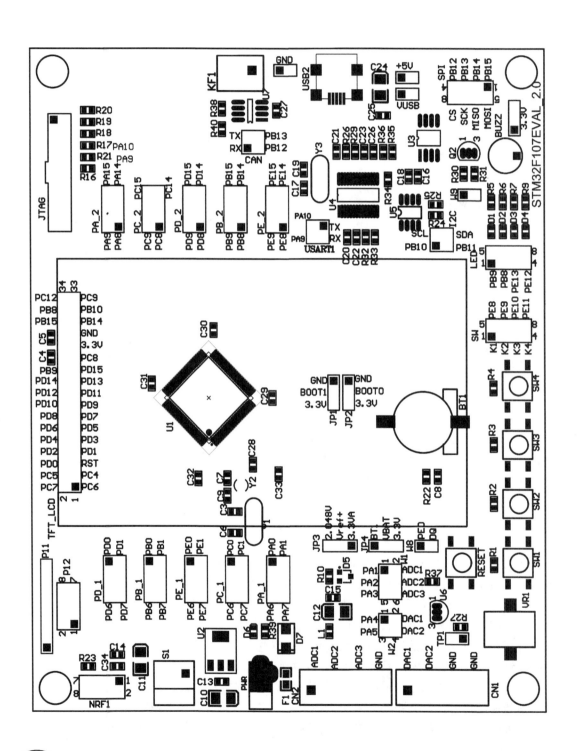

# 附录 B：STM32F107 开发板原理图

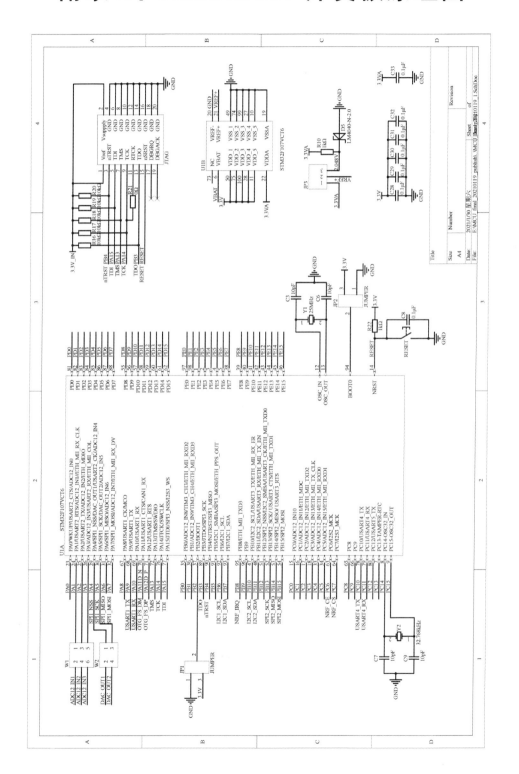

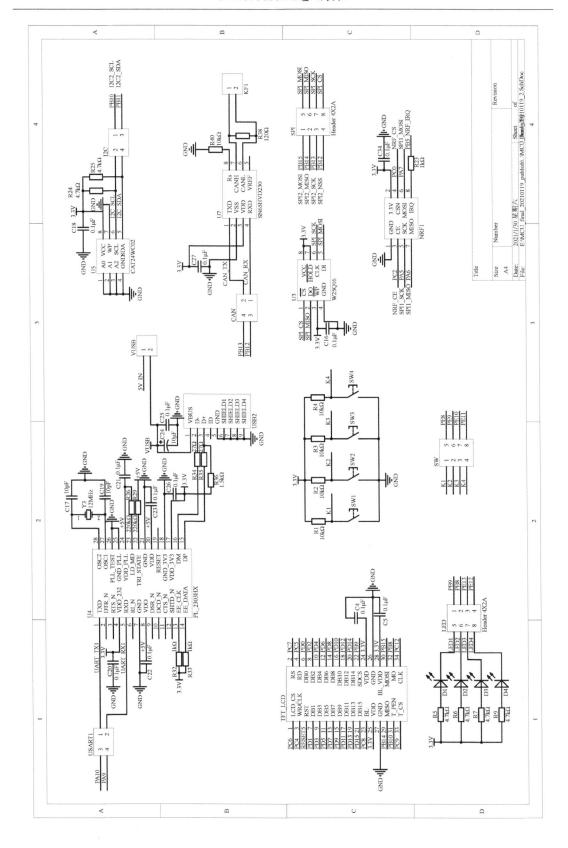

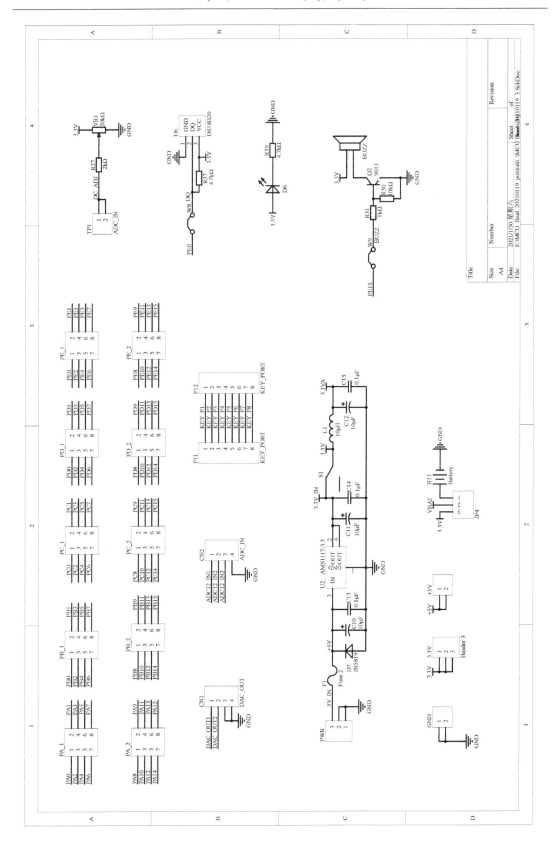

# 参考文献

[1] 张洋,左忠凯,刘军. STM32F7 原理与应用:HAL 库版(上)[M]. 北京:北京航空航天大学出版社,2017.

[2] 张洋,左忠凯,刘军. STM32F7 原理与应用:HAL 库版(下)[M]. 北京:北京航空航天大学出版社,2017.

[3] 刘军,张洋. 原子教你玩 STM32(寄存器版)[M]. 2 版.北京:北京航空航天大学出版社,2015.

[4] 刘火良,杨森. STM32 库开发实战指南[M].2 版.北京:机械工业出版社,2017.

[5] 郑旭升. 使用单片机测频的四种方法:兼谈等精度测频法的实现[J]. 测试技术学报,1996.

[6] 杨百军. 轻松玩转 STM32Cube[M]. 北京:电子工业出版社,2017.

[7] 谭浩强. C 程序设计[M]. 北京:清华大学出版社,2000.

[8] 林锐. 高质量程序设计指南:C++/C 语言[M]. 北京:电子工业出版社,2002.

[9] 姚文祥.ARM Cortex-M3 权威指南[M]. 宋岩,译. 北京:北京航空航天大学出版社,2009.

[10] 刘军,张洋. 精通 STM32F4[M]. 北京:北京航空航天大学出版社,2013.